"十三五"国家重点出版物出版规划项目

现代机械工程系列精品教材

普通高等教育"十一五"国家级规划教材

电气控制及可编程序控制器

第 3 版

主　编　林明星

副主编　董爱梅　管志光　李　莉
　　　　宋丽娜

参　编　苗秋华　陈广庆

主　审　陈义保

机 械 工 业 出 版 社

本书主要介绍电气控制技术中的继电接触器逻辑控制系统和可编程序控制器。主要内容包括：常用低压电器元件，典型基本控制电路，继电接触器逻辑控制电路的设计原理、分析方法，可编程序控制器的工作原理、编程指令、应用程序设计、网络通信以及应用实例等。可编程序控制器主要以广泛应用的 OMRON 公司的 CP1H 系列小型机为对象，并将其他常用的可编程序控制器放在附录中介绍。本书配有多媒体电子课件。

　　本书可作为高等学校机电类专业的教材，也可作为工程技术人员的参考书。

图书在版编目（CIP）数据

电气控制及可编程序控制器/林明星主编. —3 版. —北京：机械工业出版社，2019.12（2024.8 重印）
"十三五"国家重点出版物出版规划项目　现代机械工程系列精品教材
普通高等教育"十一五"国家级规划教材
ISBN 978-7-111-63796-7

Ⅰ.①电…　Ⅱ.①林…　Ⅲ.①电气控制-高等学校-教材②可编程序控制器-高等学校-教材　Ⅳ.①TM921.5②TP332.3

中国版本图书馆 CIP 数据核字（2019）第 212327 号

机械工业出版社（北京市百万庄大街 22 号　邮政编码 100037）
策划编辑：刘小慧　责任编辑：刘小慧　韩　静　王小东
责任校对：陈　越　封面设计：张　静
责任印制：单爱军
北京虎彩文化传播有限公司印刷
2024 年 8 月第 3 版第 2 次印刷
184mm×260mm·14.25 印张·349 千字
标准书号：ISBN 978-7-111-63796-7
定价：49.00 元

电话服务　　　　　　　　　　网络服务
客服电话：010-88361066　　机　工　官　网：www.cmpbook.com
　　　　　010-88379833　　机　工　官　博：weibo.com/cmp1952
　　　　　010-68326294　　金　书　网：www.golden-book.com
封底无防伪标均为盗版　　　　机工教育服务网：www.cmpedu.com

前　　言

电气控制技术在现代化的生产和实践中发挥着越来越大的作用。最初的电气控制主要指继电接触器逻辑控制系统，随着工业 4.0、中国制造 2025 等的提出，制造业对自动化、智能化生产模式的需求日益增长，可编程序控制器（PLC）技术得到了广泛应用，并且发展极为迅速，现已成为电气控制技术的主流。PLC 技术、机器人技术、CAD/CAM 技术已被列为工业自动化的三大支柱。虽然 PLC 正逐步取代继电接触器逻辑控制，但在传统的机电传动设备中，继电接触器逻辑控制仍是主要的电气控制方式，而且 PLC 是在继电接触器逻辑控制技术上发展起来的，学习好继电接触器逻辑控制系统是学习 PLC 的基础。因此，本书首先介绍继电接触器逻辑控制系统，在此基础上再介绍 PLC 的原理和应用。

PLC 课程是机电专业必修的专业基础课，对于提高学生实践和工程训练的能力，增强分析问题和解决问题的能力具有重要作用。本书是在前两版基础上修订而成的，相对于前两版，本书删除了"电动机调速系统"内容，并对其他章节进行整合，使得结构更加合理。本书以 OMRON 公司的 CP1H 系列小型机为主线，对 PLC 的内部结构、工作原理和相关指令进行了介绍，并突出了 PLC 的网络通信功能。在应用实例中，突出了新技术和新成果的发展，增加了许多 PLC 的新应用。本书共分七章。第一章主要介绍继电接触器逻辑控制系统，重点介绍笼型电动机的起动、正反转和制动等控制电路；第二章通过实例介绍电气控制电路分析方法；第三章介绍电气控制电路设计的基本规律及方法；第四章介绍 PLC 的基础知识；第五章介绍 CP1H 的指令及其使用方法；第六章介绍 PLC 的网络通信及可编程终端；第七章通过实例介绍 PLC 控制系统设计及其在工程中的应用。本书各章均配有习题与思考题。

本书由山东大学林明星教授（编写绪论、第五章第一节、附录 A、B）任主编，参加编写的人员有：山东理工大学董爱梅副教授（编写第一、二章）、山东交通学院管志光副教授（编写第五章第二至六节）和苗秋华讲师（编写第四章第三至五节）、哈尔滨工业大学（威海）李莉讲师（编写第六、七章）、中国海洋大学宋丽娜副教授（编写第三章）、山东科技大学陈广庆副教授（编写第四章第一、二节）。全书由林明星教授修改和统稿。烟台大学陈义保教授审阅了全书，并提出了许多修改意见，在此谨表谢意。

本书的编写得到了中国石油大学（华东）赵永瑞教授和山东理工大学赵玉刚教授的大力支持和帮助，同时参考了国内外许多优秀教材和论著等资料，在此向这些文献的作者表示衷心的感谢。

限于编者的水平，书中不足之处在所难免，恳请读者批评指正。

编　者

目 录

绪　　论

一、电气控制技术及其发展

在现代化的生产和实践中，产品是通过设备来生产和加工的，为了保证产品的生产效率和加工精度，需要对设备进行控制，控制方式主要有机械控制、电气控制、液压控制、气动控制或上述几种方式的配合使用。在某些生产设备中，各种控制方式的结合更有其突出优点，如液压控制与电气控制的大型压力机等。由于电气控制方式的显著优点，使得电气控制技术成为设备控制的主要方式。电气控制技术实际是电气控制原理在控制设备中的应用。在电气控制技术中，对电动机的控制是电气控制技术的主要研究内容，电动机包括普通电动机和控制电动机，控制方法有继电接触器控制、交直流调速控制、可编程序控制器（PLC）控制等。随着电子技术和计算机技术的不断进步和发展，还会出现各种各样新的控制方法。

最初的电气控制主要是继电接触器控制，由继电器、接触器、按钮、行程开关等组成，按一定的控制要求用电气连接线连接而成，通过对电动机的起动、制动、反向和调速的控制，实现生产加工过程的自动化，保证生产加工工艺的要求。其主要优点是：电路简单、设计安装方便、维护容易、价格低廉、抗干扰能力强，因而在许多机械设备中得到了广泛应用，其缺点是采用固定接线方式，灵活性差。继电接触器控制系统是现代电气控制技术的基础，其他控制技术都是在此基础上发展而来的。

随着生产技术的进步和生产过程的复杂化，对控制系统提出了新的要求，特别是多品种、小批量生产技术的出现，需要针对不同的生产工艺和要求来不断变换控制系统，而固定接线式的继电接触器控制系统根本无法满足不断变化的控制要求，而且生产系统的扩大需要采用更多的继电器，使控制系统的可靠性进一步降低。为此，美国数字设备公司（DEC）依据通用汽车（GM）公司的生产要求研制了第一台用来代替继电接触器控制系统的PLC，它可以依据生产工艺要求，通过改变控制程序来满足控制系统变化的要求，并在通用汽车公司的汽车生产线上试用成功，获得了极为满意的效果。PLC技术一出现，就得到了广泛应用，并且发展极为迅速，现已成为电气控制技术的主流。

随着计算机技术的发展，PLC将继电接触器系统的优点与计算机控制系统的编程灵活、功能齐全、应用面广、计算功能强等优点结合起来，已不仅仅是一种比继电接触器更可靠、功能更齐全、控制更灵活的工业控制器，而且是一种可以通过软件来实现控制的工业控制计算机。许多生产过程中，用PLC来实现整个生产流程的控制，常规电器仅仅是输入设备或执行电器。PLC技术、机器人技术、计算机辅助设计/计算机辅助制造（CAD/CAM）技术已被列为工业自动化的三大支柱。

电气控制技术是一门不断发展的技术，从最早的手动控制发展到自动控制，从简单控制发展到智能控制，从有触点的硬接线继电接触器逻辑控制发展到以计算机为中心的软件控制系统，从单机控制发展到网络控制，电气控制技术随着新技术和新工艺的不断发展而迅速发展。现代电气控制技术已经是应用了计算机、自动控制、电子技术、精密测量、人工智能、网络技术等许多先进科学技术的综合成果。

在电气控制技术中，低压电器元件是重要的基础元件，是电气控制系统安全可靠运行的基础和主要保证。随着新技术的出现和发展，传统的低压电器也不断更新换代，正朝着高性能、高可靠性、小型化、模块化、组合化、智能化和网络化方向发展。模块化和组合化大大简化了电器制造过程，可以通过不同的模块组合形成新的电器。由于微处理器的运行速度越来越快、体积越来越小以及产品集成技术的发展，使得越来越多的厂商将智能芯片集成到产品之中，包括许多传统的电器元件等，形成了智能电器。

现代化的工业生产过程不断需要逻辑控制，而且生产过程中的各种参数（例如温度、压力、流量、速度、时间、功率等）也要求能达到自动控制，这使得电气控制技术必须能够向前发展，满足生产要求。许多新技术就被引入到电气控制技术中，依据生产过程的参数变化和规律，自动调节各控制变量，保证生产过程和设备的正常运行，而且这个生产过程也可由计算机进行智能管理，实现集中数据处理、集中监控以及强电控制与弱电控制的结合。

计算机网络和通信技术的飞速发展，使得电气控制技术发生了巨大变革，基于网络的电气控制技术，不但能对工业现场电器进行控制与操作，而且能实现网络异地控制。通过网络，可以对现场的电器进行远程在线控制，根据需要进行编程和组态等，实现电气控制技术的信息化，构成由计算机进行智能化控制的信息管理系统。

将计算机网络引申到工业现场，形成了现场总线技术。现场总线技术是自动化领域中计算机通信体系最底层的低成本网络，是一种工业数据总线，能将传感器、执行器与控制器等现场设备连接起来，协调工作，实现控制系统的集成，优化整个系统的性能，而且由于采用相同的通信接口，使得现场控制设备实现了即插即用，具有可扩充性。现场总线技术的发展使得低压电器具有了智能化和网络通信功能。基于现场总线的电气设备和技术已成为电气技术的发展方向。

电气控制技术一直伴随着实现生产过程自动化、提高生产制造设备效率而不断发展。当今生产过程的柔性制造系统（FMS）、计算机集成制造系统（CIMS）、计算机辅助制造（CAM）、批量定制（MC）技术和智能制造技术（IMT）等为电气控制技术的发展提供了新的方向，柔性控制技术、智能控制技术等电气控制技术也必将进一步推动生产制造技术的进步。

电气控制技术已广泛应用在各行各业，从简单的电动机起停逻辑控制到加工生产线上的数控加工中心、柔性制造设备控制、机器人控制，从传统的机床加工设备控制到先进的物流系统设备、高速列车、海洋装备、智能生产线等，电气控制技术都发挥着越来越重要的作用。

随着"工业4.0"和"中国制造2025"战略的展开，工业以太网技术（Industrial Ethernet）和物联网技术（IoT）的广泛使用，为电气控制技术带来了深刻变革，实现了控制网络与信息网络的无缝集成。现场生产设备、控制器、测控仪表和传感器等任何物体都可与互联网相连接，进行信息交换和通信，实现电气控制技术的互联互通。

综上所述，随着科学技术的进步，特别是随着人工智能、机器人、大数据、智能制造技术的发展，电气控制正朝着集成化、信息化、智能化、网络化方向发展，并和各种新技术结合，相互促进、相互发展。

二、电气控制系统的组成

任何一个电气控制系统，都可以分为输入、控制器和输出三个部分，如图 0-1 所示。

图 0-1 电气控制系统的组成

1. 输入部分

输入部分是电气控制系统与工业生产现场控制对象的连接部分，一般由各种输入器件组成，其主要功能是把外部各种物理量转换为电信号，并输入到控制器中，如按钮、行程开关、热继电器以及各种传感器（热电偶、热电阻等）等。

2. 控制器

控制器是电气控制系统的核心，主要是将输入信息按一定的生产工艺和设备功能要求进行处理，产生控制信息。在继电接触器电气控制系统中，控制器主要为一些控制继电器，依据不同的生产控制要求，利用继电器机械触点的串联或并联及延时继电器的滞后动作等组合成控制逻辑，采用固定的接线方式连接起来完成控制输出。各控制电器一旦连接完毕，其要实现的控制功能也就固定，不会产生改变。如果控制系统的功能需要改变，则各控制电器元件本身和连线方式都需要重新改变。在 PLC 电气控制系统中，控制功能是可编程的，其控制逻辑以程序的方式存储在内存中，在控制功能需要改变时，通过编程来改变程序即可，使得控制系统变得非常方便和灵活，扩大了控制器的应用范围。这是与继电接触器逻辑控制系统的最大不同之处。

3. 输出部分

控制系统将输入经过控制处理后，再将控制信息输出。输出部分的功能是控制现场设备进行工作，将控制系统送来的信号转换成其他所需的物理信号，最终完成这个控制系统的功能，如电动机的起动停止、正反转，阀门的开关，工作台的移动、升降等。

三、本课程的性质与内容

本课程是机电专业必修的专业基础课，在专业领域里，对于提高学生工程实践的能力、增强分析问题和解决问题的能力具有重要作用。该课程的主要内容包含常用低压电器、电气控制系统的基本控制电路、典型机械设备电气控制电路分析、PLC 的原理与应用等。通过本课程的学习，使学生在熟悉常用低压电器、典型机械电气控制电路的基础上，具备分析、设计和改进机电设备电气控制电路的能力，掌握 PLC 的基本原理及编程方法，能根据工艺过程和控制要求进行 PLC 控制系统的硬件和软件的设计，了解 PLC 网络与通信以及电气控制技术的发展方向。

第一章 继电接触器控制电路的基本环节

继电接触器控制电路是由各种有触点的接触器、继电器、按钮、行程开关等组成的控制电路。其作用是实现对电力拖动的起动、正反转、制动和调速等运行性能的控制，实现对拖动系统的保护，满足生产工艺要求，从而实现生产加工自动化。任何复杂的电气控制电路，都是由一些比较简单的基本环节按需要组合而成的。本章主要介绍常用低压电器及继电接触器控制电路的基本环节。

第一节 常用低压电器

一、概述

低压电器是用于额定电压交流 1200V 或直流 1500V 及以下、能够根据外界施加的信号或要求自动或手动地接通和断开电路，从而断续或连续地改变电路参数或状态，以实现对电路或非电对象切换、控制、保护、检测、变换以及调节的电气设备。

低压电器种类繁多，其工作原理和结构形式也不同，但一般均有两个共同的基本部分。一是感受部分，它感受外界的信号，并通过转换、放大和判断，做出有规律的反应。在非自动切换电器中，感受部分有操作手柄、顶杆等多种形式；在有触点的自动切换电器中，感受部分大多是电磁机构。二是执行部分，它根据感受部分的指令，对电路执行"开""关"等任务。有的低压电器具有把感受和执行两部分联系起来的中间传递部分，使它们协同一致，按一定规律动作，如断路器类的低压电器。

低压电器在现代工业生产和日常生活中起着非常重要的作用。据一般统计，发电厂发出的电能有 80% 以上是通过低压电器分配使用的，每新增加 1 万 kW 发电设备，约需使用 4 万件以上各类低压电器与之配套。在成套电气设备中，有时与主机配套的低压电器部分的成本接近甚至超过主机的成本。在电气控制设备的设计、运行和维护过程中，如果低压电器元器件的品种规格和性能参数选用不当，或者个别元器件出现故障，可能导致整个控制设备无法工作，有时甚至会造成重大的设备或人身事故。本节从应用的角度选择几种常用的低压电器，对其工作原理、性能参数和选择方法作简要介绍。

二、接触器

接触器是一种可频繁地接通和分断电路的控制电器，主要用于控制电动机、电热设备、电焊机等，在电力拖动自动控制电路中广泛应用。

1. 结构与工作原理

目前最常用的接触器是电磁接触器，它一般由电磁机构、触点与灭弧装置、释放弹簧机构、支架与底座等几部分组成，其结构如图 1-1 所示。其工作原理是：当吸引线圈通电后，电磁系统即把电能转化为机械能，所产生的电磁力克服释放弹簧与触点弹簧的反力使铁心吸合，并带动触点支架使动、静触点接触闭合。当吸引线圈断电或电压显著下降时，由于电磁吸力消失或过小，衔铁在弹簧反力作用下返回原位，同时带动动触点脱离静触点，将电路切断。

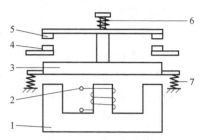

图 1-1　接触器结构示意图
1—铁心　2—线圈　3—衔铁
4—静触点　5—动触点
6—触点弹簧　7—释放弹簧

2. 接触器的分类

按主触点控制的电路中电流种类划分，接触器可分为交流接触器和直流接触器；按电磁机构的操作电源划分，则分为交流励磁操作和直流励磁操作的接触器两种。此外，接触器还可按主触点的数目分为单极、两极、三极、四极和五极等几种，直流接触器通常为前两种，交流接触器通常为后三种。

3. 接触器的选用

要想正确地选用接触器，就必须了解接触器的主要技术数据，其主要技术数据有：

1）电源种类：交流或直流。

2）主触点额定电压、额定电流。

3）辅助触点的种类、数量及触点的额定电压。

4）电磁线圈的电源种类、频率和额定电流。

5）额定操作频率，即允许每小时接通的最多次数。

选用时，一般交流负载用交流接触器，直流负载用直流接触器。当用交流接触器控制直流负载时，必须降额使用，因为直流灭弧比交流灭弧困难。对于频繁动作的负载，考虑到操作线圈的温升，宜选用直流励磁操作接触器。

接触器的选择主要依据以下几方面：

1）根据负载性质选择接触器的类型。

2）额定电压应大于或等于主电路工作电压。

3）额定电流应大于或等于被控电路的额定电流。

4）吸引线圈的额定电压和频率要与所在控制电路的选用电压和频率相一致。

接触器的额定电压、电流是指主触点的额定电压、电流。当控制电动机负载时，一般根据电动机功率 P_d 计算接触器的主触点电流 I_c，即

$$I_c \geq \frac{P_d \times 10^3}{KU_{nom}} \tag{1-1}$$

式中，K 为经验常数，一般取 1~1.4；P_d 为电动机功率（kW）；U_{nom} 为电动机额定线电压（V）；I_c 为接触器主触点电流（A）。

三、继电器

继电器是一种根据某种输入信号的变化，接通或断开控制电路实现控制目的的电器。输

入信号可以是电压、电流等电量，也可以是温度、速度、压力等非电量。

继电器的种类很多，按输入信号的性质可分为电压继电器、电流继电器、时间继电器、速度继电器和压力继电器等；按工作原理可分为电磁式继电器、电动式继电器、热继电器和电子式继电器等。

继电器的结构及工作原理与接触器类似，主要区别在于：继电器可对多种输入量的变化做出反应，而接触器只有在电压信号下动作；继电器是用于切断小电流的控制电路和保护电路，而接触器是用于控制大电流电路；继电器没有灭弧装置，也无主副触点之分。

下面介绍几种常用的继电器。

1. 电磁式继电器

由于电磁式继电器具有工作可靠、结构简单、制造方便、寿命长等一系列优点，故在电气控制系统中应用最为广泛。电磁式继电器按吸引线圈电流的种类不同，有直流和交流两种；按输入信号的性质，电磁式继电器可分为电压继电器和电流继电器。

电磁式继电器的结构如图1-2所示。电流继电器与电压继电器的区别主要是线圈参数的不同，前者为了检测负载电流，一般线圈要与之串联，因而匝数少而线径粗，以减少产生的压降；后者要检测负载电压，故线圈要与之并联，需要电抗大，故线圈匝数多而线径细。

中间继电器实质上是电压继电器的一种，但它的触点数多（多至6对或更多），触点电流大（额定电流为5~10A），动作灵敏（动作时间不大于0.05s）。其用途是当其他继电器的触点数或触点容量不够时，可借助中间继电器来扩大触点数或触点容量，起到中间转换作用。

选用继电器需综合考虑继电器的通用性、功能特点、使用环境、额定工作电压及电流，同时还要考虑触点的数量、种类，以满足控制电路的要求。

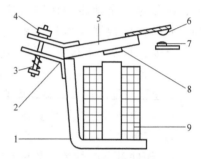

图1-2 电磁式继电器的结构

1—铁心 2—旋转棱角
3—释放弹簧 4—调节螺母
5—衔铁 6—动触点
7—静触点 8—非磁性垫片
9—线圈

2. 时间继电器

当感受部分接收外界信号后，经过设定的延时时间才使执行部分动作的继电器称为时间继电器。按延时的方式分为通电延时型、断电延时型和带瞬动触点的通电（或断电）延时型继电器等，对应的输入/输出时序关系如图1-3所示。

按工作原理划分，时间继电器可分为电磁式、空气阻尼式、模拟电子式和数字电子式等。随着电子技术的飞速发展，后两种特别是数字电子式时间继电器以其延时精度高、调节范围宽、功能多、体积小等优点而成为市场上的主导产品。

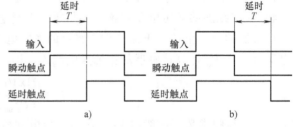

图1-3 时间继电器的时序关系

a) 通电延时型 b) 断电延时型

选择时间继电器，主要考虑控制电路所需要的延时触点的延时方式（通电延时还是断电延时），以及各类触点的数目，根据使用条件选择品种规格。

3. 热继电器

热继电器是依靠电流流过发热元件时产生的热量，使双金属片发生弯曲而推动执行机构动作的一种电器，主要用于电动机的过载保护、断相及电流不平衡运行的保护及其他电气设备发热状态的控制。

热继电器的工作原理如图 1-4 所示。热元件（双金属片）2 由膨胀系数不同的两种金属片组合的复层材料构成（设上层膨胀系数大）。当电流过大时，与负载串联的加热元件 1 发热量增大，使双金属片 2 温度升高、弯曲度加大，进而拨动扣板 3 使之与扣钩机构 5 脱开，在弹簧 10 的作用下动触点 8、静触点 9 断开，从而使电路停止工作，起到电路过载时保护电气设备的作用。通过调节压动螺钉 4 就可整定热继电器的整定电流值。根据拥有

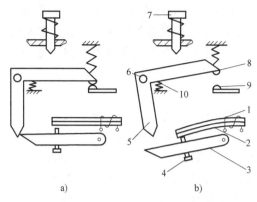

图 1-4　热继电器的工作原理示意图
a）正常状态　b）过载状态
1—加热元件　2—双金属片　3—扣板　4—压动螺钉
5—扣钩机构　6—支点　7—复位按键
8—动触点　9—静触点　10—弹簧

热元件的多少，热继电器可分为单相、两相和三相热继电器；根据复位方式，热继电器可分为自动复位和手动复位两种。

热继电器的动作时间与通过电流之间的关系特性呈现反时限特性（见图 1-5 中曲线 2），在保证电动机绕组正常使用寿命的条件下，合理调整热继电器的反时限特性与电动机容许过载特性（见图 1-5 中曲线 1）之间的关系，就可保证电动机在发挥最大效能的同时安全工作。

热继电器的选用要注意以下几个方面：

1）长期工作制下，按电动机的额定电流来确定热继电器的型号与规格。热继电器元件的额定电流 I_{RT} 接近或略大于电动机的额定电流 I_{nom}，即

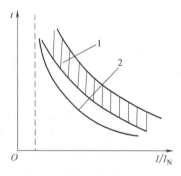

图 1-5　热继电器保护特性与
电动机过载特性的配合
1—电动机过载特性
2—热继电器的保护特性

$$I_{RT} = (0.95 \sim 1.05)I_{nom} \tag{1-2}$$

使用时，热继电器的整定旋钮应调到电动机的额定电流值处，否则将不起保护作用。

2）对于星形联结的电动机，因其绕组相电流与线电流相等，选用两相或三相普通的热继电器即可。

3）对于三角形联结的电动机，当在接近满载的情况下运行时，如果发生断相，最严重一相绕组中的相电流可达额定电流值的 2.5 倍左右，而流过热继电器的线电流也达额定电流值的 2 倍以上，此时普通热继电器的动作时间能满足保护电动机的要求。当负载率为 58% 时，若发生断相，则流过承受全电压的相绕组的电流等于 1.15 倍额定相电流，但此时未断相的线电流正好等于额定线电流，所以热继电器不会动作，最终电动机会损坏。因此，三角形联结的电动机在有可能不满载工作时，必须选用带断相保护功能的热继电器。

当负载小于 50% 额定功率时，由于电流小，一相断线时也不会损坏电动机。

4）对频繁正反转及频繁通断工作和短时工作的电动机，不宜采用热继电器来保护。

5）如遇到下列情况，选择热继电器的整定电流要比电动机额定电流高一些：

① 电动机负载惯性转矩非常大，起动时间长。

② 电动机所带动的设备不允许任意停电。

③ 电动机拖动的负载为冲击性负载，如冲床、剪床等设备。

4. 速度继电器

速度继电器常用于电动机的反接制动电路中，它的结构原理如图1-6所示。2为转子，由永久磁铁做成，随电动机轴转动；3为定子，其上有定子短路绕组4；5为定子柄，可绕定轴摆动；按图中规定的转动方向，6、7、8为正向触点，9、10、11为反向触点。当转子转动时，永久磁铁的磁场切割定子上的短路导体，并使其产生感应电流，永久磁铁与这个电流互相作用，将使定子向着轴的转动方向摆动，并通过定子柄拨动动触点。当轴的转速接近零时（约100r/min），定子柄在恢复力的作用下恢复到原来的位置。

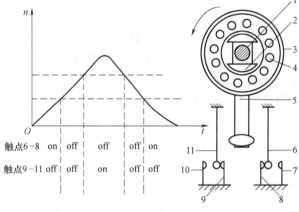

图1-6 速度继电器

1—转轴 2—转子 3—定子 4—定子短路绕组
5—定子柄 6、11—动触点 7、8、9、10—静触点

速度继电器的主要参数是额定工作转速，它由电动机的额定转速进行选择。

5. 固态继电器

固态继电器（Solid State Relay，SSR）是20世纪70年代中后期发展起来的一种新型无触点继电器。固态继电器是由固态半导体器件组成的无触点开关器件，它较之电磁继电器具有工作可靠、寿命长、对外界干扰小、能与逻辑电路兼容、抗干扰能力强、开关速度快、无火花、无动作噪声和使用方便等一系列优点，因而具有很宽的应用领域，有逐步取代传统继电器之势，并进一步扩展到许多传统继电器无法应用的领域，如计算机的输入/输出接口、外围和终端设备。在一些要耐振、耐潮、耐腐蚀、防爆等特殊工作环境中以及要求高可靠的工作场合，较之传统的电磁继电器它都有无可比拟的优越性。固态继电器的缺点是过载能力低，易受温度和辐射影响，通断阻抗比小。固态继电器分为直流固态继电器和交流固态继电器，前者的输出采用晶体管，后者采用晶闸管。

图1-7a是交流固态继电器的结构，为四端有源器

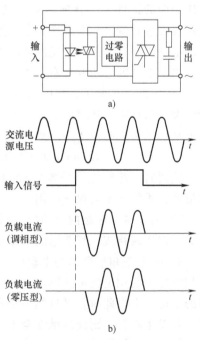

图1-7 交流固态继电器的结构与工作波形

a）结构 b）工作波形

件，其中两个端子为输入控制端，另外两个为输出控制端。为实现输入和输出间的电气隔离，器件中采用了高耐压的光电耦合器。当输入信号后，其输出呈导通状态，否则呈阻断状态。

交流固态继电器的触发形式可分为零压型和调相型两种，图 1-7b 是两种触发方式的工作波形。零压型触发形式的交流固态继电器内部设有过零检测电路（调相型没有），当施加输入信号后，只有当负载电源电压达到过零区时，输出级的晶闸管才能导通，所以可能产生最大半个电源周期的延时；输入信号撤消后，负载电流低于晶闸管的维持电流时，晶闸管关断。由于负载工作电流近似正弦波，谐波干扰小，所以应用很广泛。调相型触发形式的交流固态继电器，当施加输入信号后，输出级的晶闸管立即导通；关断方式与前者相同。

固态继电器的主要参数有输入电压、输入电流、输出电压、输出电流、输出漏电流等。

四、熔断器

熔断器是当通过它的电流超过规定值达一定时间后，以它本身产生的热量使熔体熔化，从而分断电路的电器。熔断器的种类很多，结构也不同，主要有插入式熔断器、有/无填料封闭管式熔断器及快速熔断器等。

通过熔体的电流与熔体熔化时间的关系称为熔化特性（亦称安秒特性），它和热继电器的保护特性一样，都是反时限的。

选择熔断器，主要是从熔断器的种类、额定电压、熔断器额定电流等级和熔体的额定电流等方面考虑。

额定电压是根据所保护电路的电压来选择的。熔体电流的选择是熔断器选择的核心。

对于如照明电路等没有冲击电流的负载，应使熔体的额定电流等于或稍大于电路的工作电流 I，即

$$I_R \geqslant I \tag{1-3}$$

式中，I_R 为熔体额定电流。

对于一台异步电动机，熔体可按下列关系选择

$$I_R = (1.5 \sim 2.5) I_{nom} \quad \text{或} \quad I_R = I_{st}/2.5 \tag{1-4}$$

式中，I_{nom} 为电动机的额定电流；I_{st} 为电动机的起动电流。

对于多台电动机由一个熔断器保护，熔体按下列关系选择

$$I_R \geqslant I_m/2.5 \tag{1-5}$$

式中，I_m 为可能出现的最大电流。如果几台电动机不同时起动，则 I_m 为容量最大的一台电动机的起动电流，加上其他各台电动机的额定电流。

例如，两台电动机不同时起动，一台电动机额定电流为 14.6A，一台额定电流为 4.64A，起动电流都为额定电流的 7 倍，则熔体电流为

$$I_R \geqslant (14.6 \times 7 + 4.64)/2.5 \mathrm{A} \approx 42.7 \mathrm{A} \tag{1-6}$$

可选用 RL1—60 型熔断器，配用 50A 的熔体。

五、断路器

断路器曾称空气开关、自动开关，适用于低压配电电路不频繁通断控制，在电路发生短路、过载或欠电压等故障时，能自动分断故障电路，是低压配电电路中应用广泛的一种保护

电器。在功能上，它相当于刀开关、熔断器、热继电器、过电流继电器和欠电压继电器等的组合，其结构如图 1-8a 所示。

断路器的主触头是由操作机构（手动或电动）合闸的。由图 1-8a 可知，当电路发生过载、过电流或欠电压、失电压情况时，通过杠杆 4 的作用使得锁扣 3 与传动杆 2 脱开，分断弹簧 9 将动触头复位切断电路。安装分励脱扣器 5 后，可通过按钮 SB 用于远距离分断电路。漏电保护断路器内装有漏电脱扣器。热脱扣器 7 与过电流脱扣器 8，使得断路器拥有如图 1-8b 所示的保护特性曲线。不同型号的断路器所配置的脱扣器的种类不同，有的备有相应的附件供需要时选配。

选择断路器时应考虑的主要参数有额定电压、额定电流和允许分断的极限电流

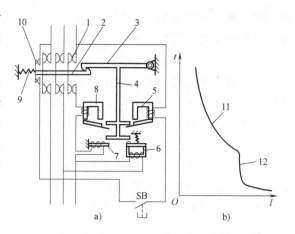

图 1-8　断路器的结构及保护特性
a）结构示意图　b）保护特性曲线
1—主触头　2—传动杆　3—锁扣
4—杠杆　5—分励脱扣器　6—欠电压脱扣器
7—热脱扣器　8—过电流脱扣器　9—分断弹簧
10—辅助触头　11—热脱扣　12—过电流脱扣

等。断路器脱扣器的额定电流应等于或大于负载允许的长期平均电流；断路器的极限分断能力要大于或等于电路最大短路电流；欠电压脱扣器额定电压应等于主电路额定电压。断路器脱扣器的整定应按下述原则：热脱扣器的整定电流应与被控对象（负载）额定电流相等；电流脱扣器的瞬时脱扣整定电流应大于负载正常工作时的尖峰电流；保护电动机时，电流脱扣器的瞬时脱扣整定电流为电动机起动电流的 1.7 倍。

六、主令电器

主令电器主要用于闭合、断开控制电路，以发布命令或信号，达到对电力拖动系统的控制或实现程序的控制。主令电器主要有以下几种。

1. 按钮

按钮通常是短时接通或断开小电流控制电路的电器。按钮在结构上有多种形式，如用手扭动旋转进行操作的旋转式按钮，按钮内可装入信号灯以显示信号的指示灯式按钮，装有蘑菇形钮帽以表示紧急操作的紧急式按钮等。

按钮主要是根据所需要的触点数、触点形式、使用的场合及颜色来选择。

2. 行程开关、接近开关和光电开关

行程开关是用来反映工作机械的行程，发出命令以控制其行动方向或行程大小的主令电器。如果把行程开关安装在工作机械行程终点处，以限制其行程，就称其为限位开关或终点开关。

接近开关是非接触式的检测装置，当运动着的物体接近它到一定距离范围内时，它就能发出信号，从而进行相应的操作。按工作原理分，接近开关有高频振荡型、霍尔效应型、电容型、超声波型等。接近开关的主要技术参数有动作距离、重复精度、操作频率、复位行程等。

光电开关是另一种类型的非接触式检测装置，它有一对光发射和接收装置。根据两者的

位置和光的接收方式分为对射式和反射式，作用距离从几厘米到几十米不等。

选用时，要根据使用场合和控制对象确定检测元件的种类。例如，当被测对象运动速度不是太快时，可选用一般用途的行程开关；而在工作频率很高，且对可靠性及精度要求也很高时，应选用接近开关；不能接近被测物体时，应选用光电开关。

3. 万能转换开关

万能转换开关是由多组同结构的触头组件叠装而成的多回路控制电器。由于它能转换多种和多数量的电路，用途广泛，故被称为万能转换开关。

4. 主令控制器

主令控制器亦称主令开关，它主要用于在控制系统中按照预定的程序来分合触头，以发布命令或实现与其他控制电路的联锁和转换。由于控制电路的容量一般都不大，所以主令控制器的触头也是按小电流设计的。

和万能转换开关一样，主令控制器也是借助于不同形状的凸轮使其触头按一定的次序接通和分断。因此，它们在结构上也大体相同，只是主令控制器除了手动式产品外，还有由电动机驱动的产品。

七、控制变压器

当控制电路所用电器较多、电路较为复杂时，一般需采用经变压器降压的控制电源，以提高电路的安全性和可靠性。控制变压器主要根据所需变压器容量及一次、二次电压等级来选择。控制变压器可根据下面两种情况来选择其容量：

1. 依据控制电路最大工作负载所需要的功率计算

一般可根据下式计算：

$$P_T \geqslant K_T \sum P_{XC} \tag{1-7}$$

式中，P_T 为所需变压器容量（V·A）；K_T 为变压器容量储备系数，一般取 $K_T = 1.1 \sim 1.25$；$\sum P_{XC}$ 为控制电路最大负载时工作的总功率（V·A）。

显然对于交流电器（交流接触器、交流中间继电器及交流电磁阀线圈等），$\sum P_{XC}$ 应取吸持功率值。

2. 变压器的容量应满足已吸合的电器在又起动吸合另一些电器时仍能吸合

可根据下面公式计算：

$$P_T \geqslant 0.6 \sum P_{XC} + 1.5 \sum P_{sT} \tag{1-8}$$

式中，$\sum P_{sT}$ 为同时起动的电器的总吸持功率（V·A）。

关于式中的系数作如下说明：由于电磁继电器起动时负载电流的增加要下降，但一般在下降额定值的20%时，所有吸合电器不释放，系数0.6就是从这一点考虑的。式中第二项系数1.5为经验系数，它考虑到各种电器的起动功率换算到吸持功率，以及电磁继电器在保证起动吸合的条件下，变压器容量只是该器件的起动功率的一部分等因素。

最后所需变压器的容量，应由以上两式中所计算出的最大容量来决定。

八、其他常用电器

1. 刀开关

刀开关是结构最简单、应用最广泛的一种手动电器。在低压电路中，作为不频繁接通和分断电路用，或用来将电路与电源隔离。

刀开关的主要技术参数有额定电压、额定电流、通断能力等。选择刀开关时，应使其额定电压等于或大于电路的额定电压；其电流应等于或大于电路的额定电流；可根据刀开关的使用场合选择其操作方式，如开关柜内使用，选择杠杆操作或直接手动操作等。

2. 转换开关

转换开关又称组合开关，主要用作电源的引入开关，也称电源隔离开关。它也可以起停5kW 以下的异步电动机，但每小时的接通次数不宜超过 20 次，开关的额定电流一般取电动机额定电流的 1.5~2.5 倍。

九、智能电器

随着微电子技术、计算机与信息技术的发展，电器智能化得到了加速发展，并具有自诊断、记忆功能，自动化程度及可靠性有了较大提高，而且还扩充了测量、显示、控制、参数设定、报警、数据记忆及网络通信等功能，能与中央控制计算机进行双向通信，组成监控、保护与信息传递的网络系统。

1. 软起动器

交流电动机起动时起动电流较大，如笼型电动机的起动电流是额定工作电流的 6~8 倍，尤其大功率电动机其起动电流会给电网带来较大的冲击，造成电网电压下降，影响设备的正常运行，同时也会给设备带来较大的机械冲击，影响设备的稳定运行和寿命。因此，希望电动机起动时要平稳，避免冲击。有时在停止时也有此项要求，为了满足不同的起动、停止要求，就出现了电动机智能控制器（软起动器）。

图 1-9 所示为软起动器原理框图。软起动设备的功率部分由三对正反并联的晶闸管组成，它由电子控制电路调节加到晶闸管上的触发脉冲的角度，以此来控制加到电动机上的电

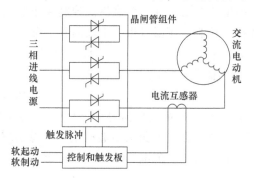

图 1-9　软起动器原理框图

压，使加到电动机上的电压按某一规律慢慢达到全电压。通过适当地设置控制参数，可以使电动机的转矩和电流与负载要求得到较好的匹配。软起动器还有软制动、节电和各种保护功能。

2. 智能型断路器

智能型断路器是指具有智能化控制单元的低压断路器。

智能型断路器与普通断路器一样，也有基本框架（绝缘外壳）、触头系统和操作机构，所不同的是普通断路器上的脱扣器换成了具有一定人工智能的控制单元。这种智能型控制单元的核心是具有单片计算机功能的微处理器，其功能不但覆盖了全部脱扣器的保护功能（如短路保护、过电流保护、过热保护、漏电保护、断相保护等），而且还能够显示电路中的各种参数（电流、电压、功率、功率因数等），扩充了测量、控制、报警、数据记忆及传输、通信等功能，其性能大大优于传统的断路器产品。

智能型断路器原理框图如图 1-10 所示。单片机对各路电压和电流信号进行规定的检测，

当电压过高或过低时发出断相脱扣信号。当断相功能有效时，若三相电流不平衡超过设定值，发出断相脱扣信号，同时对各相电流进行检测，根据设定的参数实施三段式（瞬动、短延时、长延时）电流热模拟保护。

　　智能电器还有很多，如智能型接触器、继电器以及智能型电动机保护控制器和智能型成套电控装置等。一个智能电器可实现传统意义上的几个电器产品的功能，多功能化是智能化产品的特点。近年来，现场总线技术的出现，促进了传统电器进一步向智能化方向发展，使智能电器进一步实现信息化，在现场级实现因特网/企业内联网（Internet/Intranet）功能，对现场的智能电器进行远程在线控制、编程和组态等，这使智能化电器进入了信息电器的新时代。

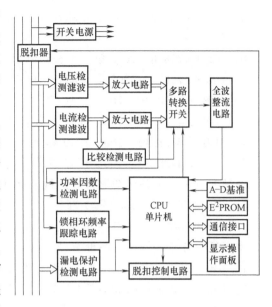

图 1-10　智能型断路器原理框图

第二节　笼型电动机的起动控制电路

一、电气控制电路介绍

　　电气控制电路主要由各种电器元器件（如接触器、继电器、电阻、开关）和电动机等用电设备组成。为了设计、分析研究、安装维修时阅读方便，在绘制电气控制电路图时，必须使用国家统一规定的电气图形符号和文字符号。电气原理图中电器元器件的图形符号和文字符号必须符合国家标准规定。与电气制图有关的主要国家标准有：

　　1）GB/T 4728—2008～2018：《电气简图用图形符号》。

　　2）GB/T 5465—2008～2009：《电气设备用图形符号》。

　　3）GB/T 20063—2006～2009：《简图用图形符号》。

　　4）GB/T 5094—2005～2018：《工业系统、装置与设备以及工业产品结构原则与参照代号》。

　　5）GB/T 20939—2007：《技术产品及技术产品文件结构原则　字母代码　按项目用途和任务划分的主类和子类》。

　　6）GB/T 6988—2006～2008：《电气技术用文件的编制》。

　　最新的《电气简图用图形符号》国家标准 GB/T 4728 的具体内容包括：

　　1）GB/T 4728.1—2018 第 1 部分：一般要求。

　　2）GB/T 4728.2—2018 第 2 部分：符号要素、限定符号和其他常用符号。

　　3）GB/T 4728.3—2018 第 3 部分：导体和连接件。

　　4）GB/T 4728.4—2018 第 4 部分：基本无源元件。

　　5）GB/T 4728.5—2018 第 5 部分：半导体管和电子管。

6）GB/T 4728.6—2008 第6部分：电能的发生与转换。

7）GB/T 4728.7—2008 第7部分：开关、控制和保护器件。

8）GB/T 4728.8—2000 第8部分：测量仪表、灯和信号器件。

9）GB/T 4728.9—2008 第9部分：电信：交换和外围设备。

10）GB/T 4728.10—2008 第10部分：电信：传输。

11）GB/T 4728.11—2008 第11部分：建筑安装平面布置图。

12）GB/T 4728.12—2008 第12部分：二进制逻辑元件。

13）GB/T 4728.13—2008 第13部分：模拟元件。

最新的《电气设备用图形符号》国家标准GB/T 5465的具体内容包括：

1）GB/T 5465.1—2009 第1部分：概述与分类。

2）GB/T 5465.2—2008 第2部分：图形符号。

本书还参考了《简图用图形符号》国家标准GB/T 20063，和本书有关的部分有：

1）GB/T 20063.2—2006 第2部分：符号的一般应用。

2）GB/T 20063.4—2006 第4部分：调节器及其相关设备。

3）GB/T 20063.5—2006 第5部分：测量与控制装置。

4）GB/T 20063.6—2006 第6部分：测量与控制功能。

5）GB/T 20063.7—2006 第7部分：基本机械构件。

6）GB/T 20063.8—2006 第8部分：阀与阻尼器。

电气设备常用文字符号及图形符号见附录A。

电气控制系统图一般有三种：电气原理图、电气安装接线图和电器元器件布置图。这三种图的绘制应遵循的相关国家标准是GB/T 6988《电气技术用文件的编制》。

1. 电气原理图

电气原理图表示电气控制电路的工作原理以及各电器元器件的作用和相互关系，而不考虑各电器元器件实际安装位置和实际连线情况。绘制电气原理图时，一般遵循下面的规则：

1）电气控制电路分为主电路和控制电路。一般主电路画在左侧，控制电路画在右侧。

2）电气控制电路中，同一电器的各导电部分如线圈和触点常常不画在一起，但要用同一文字符号标注。

3）电气控制电路的全部触头、触点都按"非激励"状态绘出。"非激励"状态对电操作元件如接触器、继电器等是指线圈未通电时的触点状态；对机械操作元件如按钮、行程开关等是指没有受到外力时的触点状态；对主令控制器是指手柄置于"零位"时各触头的状态；断路器和隔离开关的触头处于断开状态。

2. 电气设备安装图

电气设备安装图表示各种电气设备在机械设备和电气控制柜中的实际位置。各电器元器件的安装位置是机械设备的结构和工作要求决定的，如电动机要和被拖动的机械部件放在一起，行程开关应放在要取得信号的地方，操作元件放在操作方便的地方，一般电器元器件应放在控制柜内。

3. 电气设备接线图

电气设备接线图表示各电气设备之间实际接线情况。绘制接线图时应把各电器元件的各个部分（如触点与线圈）画在一起；文字符号、元器件连接顺序、电路号码编制都必须与电气原理图一致。电气设备安装图和接线图是用于安装接线、检查维修和施工的。

二、笼型电动机的起动控制电路

三相笼型异步电动机由于结构简单、价格便宜、坚固耐用等一系列优点获得了广泛应用。它的控制电路大都由继电器、接触器、按钮等有触头、触点的电器组成。起动控制有直接起动和减压起动两种方式。

1. 直接起动控制电路

一些控制要求不高的简单机械如小型台钻、砂轮机、冷却泵等都直接用开关起动，如图 1-11 所示。它适用于不频繁起动的小功率电动机，但不能实现远距离控制和自动控制。图 1-12 是电动机采用接触器直接起动电路，许多中小型卧式车床的主电动机都采用这种起动方式。

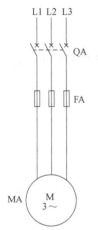

图 1-11　开关直接起动电路

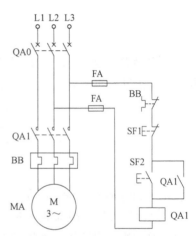

图 1-12　接触器直接起动电路

控制电路中的接触器辅助触点 QA1 是自锁触点。其作用是：当放开起动按钮 SF2 后，仍可保证 QA1 线圈通电，电动机运行。通常将这种用接触器本身的触点来使其线圈保持通电的环节称作自锁环节。

2. 减压起动控制电路

较大功率的笼型异步电动机（大于 10kW）因起动电流较大，一般都采用减压起动方式起动，起动时降低加在电动机定子绕组上的电压，起动后再将电压恢复到额定值，使之在正常电压下运行。电枢电流和电压成正比例，所以降低电压可以减小起动电流，不致在电路中产生过大的电压降，减小对电路电压的影响。常用的减压起动有星形—三角形换接、定子串电阻、自耦变压器等起动方法。

（1）星形—三角形减压起动控制电路　正常运行时，电动机定子绕组是接成三角形的，起动时把它接成星形，起动即将完毕时再恢复成三角形。目前 4kW 以上的 Y、Y2 系列的三相笼型异步电动机定子绕组在正常运行时，都是接成三角形的，对这种电动机就可采用星形—三角形减压起动。

图 1-13 是一种星形—三角形减压起动控制电路。从主电路可知，如果控制电路能使电动机接成星形（即 QA$_\curlyvee$ 主触点闭合），并且经过一段延时后再转换成三角形（QA$_\curlyvee$ 主触点打

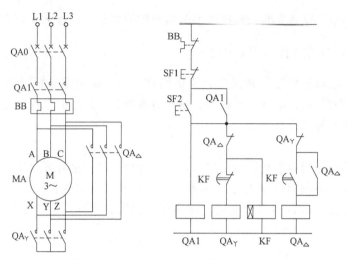

图1-13 星形—三角形减压起动控制电路

开，$QA_\triangle$ 主触点闭合），则电动机就能实现减压起动，而后再自动转换到正常速度运行。控制电路的工作过程如下：

$$
按\,SF2\rightarrow\begin{cases}\rightarrow QA1\,通电\\[2pt]\rightarrow QA_Y\,通电\\[2pt]\rightarrow KF\,通电\xrightarrow{\ 延时\ }\begin{cases}\rightarrow QA_Y\,通电\\\rightarrow QA_\triangle\,仍通电\end{cases}\end{cases}
$$

QA_Y 与 $QA_\triangle$ 的动断触点是保证接触器 $QA_\triangle$ 与 QA_Y 不会同时通电，以防电源短路。$QA_\triangle$ 的动断触点同时也使时间继电器 KF 断电（起动后不需要 KF 得电）。

（2）定子串电阻减压起动控制电路　图1-14是定子串电阻减压起动控制电路。电动机起动时，在三相定子电路中串接电阻，使电动机定子绕组电压降低，起动后再将电阻短路，

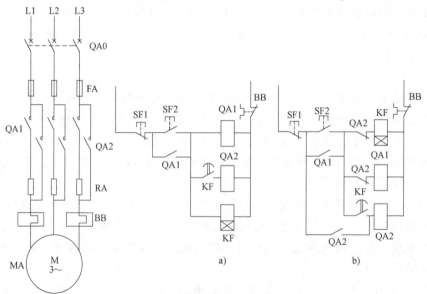

图1-14 定子串电阻减压起动控制电路

电动机仍然在正常电压下运行。这种起动方式由于不受电动机接线形式的限制，设备简单，因而在中小型生产机械中应用较广。机床中也常用这种串接电阻的方法限制点动及制动的电流。

图 1-14 所示控制电路的工作过程如下：

$$按 SF2 \rightarrow \begin{cases} \rightarrow QA1 通电（电动机串电阻起动）\\ \rightarrow KF 通电 \xrightarrow{\text{延时}} QA2 通电（短接电阻，电动机正常运行）\end{cases}$$

只要 QA2 得电就能使电动机正常运行。但图 1-14a 所示电路在电动机起动后 QA1 与 KF 一直得电动作，这是不必要的。电路图 1-14b 就解决了这个问题，接触器 QA2 得电后，其动断触点将 QA1 及 KF 断电，QA2 自锁。这样，在电动机起动后，只要 QA2 得电，电动机便能正常运行。

3. 自耦变压器减压起动

一般工厂常用的自耦变压器起动方法是采用成品的补偿减压起动器，这种成品的补偿减压起动器包括手动、自动操作两种形式。手动操作的补偿器有 QJ3、QJ5 等型号，自动操作的有 XJ01 等型号。自耦变压器起动方法适用于容量较大和正常运行时定子绕组接成星形、不能采用星形—三角形起动的笼型电动机。这种起动方式设备费用大，通常用来起动大型和特殊用途的电动机。

三、点动与长动控制

在生产实践中，有的生产机械需要点动控制，有的生产机械既需要按常规工作，又需要点动控制。图 1-15 所示为能实现点动的几种控制电路。

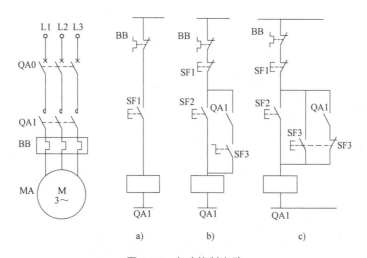

图 1-15 点动控制电路

图 1-15a 所示是最基本的点动控制。起动按钮 SF1 没有并联接触器 QA1 的自锁触点，按下 SF1，QA1 线圈通电，电动机起动运行；松开 SF1，QA1 线圈又断电释放，电动机停止运转。

图 1-15b 所示是带转换开关 SF3 的点动控制电路。当需要点动控制时，只需把开关 SF3 断开，由按钮 SF2 来进行点动控制。当需要正常运行时，只需把开关 SF3 合上，将 QA1 的

自锁触点接入，即可实现连续控制。

图 1-15c 中增加了一个复合按钮 SF3 来实现点动控制。需要点动控制时，按下点动按钮 SF3，其常闭（又称动断）触点先断开自锁电路，常开（又称动合）触点后闭合，接通控制电路，QA1 线圈通电，衔铁被吸合，主触点闭合接通三相电源，电动机起动运转；当松开点动按钮 SF3 时，其常开触点先断开，常闭触点后闭合，QA1 线圈断电释放，主触点断开电源，电动机停止运转。图中由按钮 SF2 来实现连续控制。

第三节　电动机正反转控制电路

控制电路能对电动机进行正、反向控制是生产机械的普遍需要，如大多数机床的主轴或进给运动都需要两个方向运行，故要求电动机能够正反转。只要把电动机定子三相绕组所接电源任意两相对调，电动机定子相序即可改变，从而就可使电动机改变旋转方向。如果用两个接触器 QA1 和 QA2 来完成电动机定子相序的改变，那么由正转与反转电路组合起来就成了正反转控制电路。

一、电动机正反转电路

图 1-16 为异步电动机正反转控制电路。从图 1-16a 可知，按下 SF2，正向接触器 QA1 得电动作，主触点闭合，使电动机正转。按下停止按钮 SF1，电动机停止。按下 SF3，反向接触器 QA2 得电动作，主触点闭合，使电动机定子绕组与正转时相比相序相反，则电动机反转。

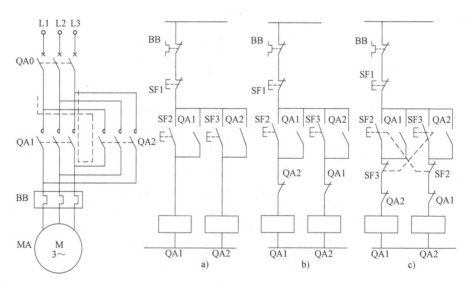

图 1-16　异步电动机正反转控制电路

a）无互锁　b）"正—停—反"控制　c）"正—反—停"控制

从主电路看，如果 QA1、QA2 同时通电动作，就会造成主电路短路。在电路 1-16a 中如果既按了 SF2 又按了 SF3，就会造成上述事故，因此这种电路是不能采用的。图 1-16b 把接触器的动断辅助触点互相串联在对方的控制回路中进行互锁控制，这样当 QA1 得电时，由于 QA1 的动断触点打开，使 QA2 不能通电，此时即使按下 SF3 按钮，也不能造成短路，反之也是一样。接触器辅助触点这种相互制约的关系称为"互锁"或"联锁"。如果现在电动机正在正转，想要反转，则在图 1-16b 中必须先按停止按钮 SF1 后，再按反向按钮 SF3 才能实现，显然操作不方便。图 1-16c 利用复合按钮 SF2、SF3 就可直接实现由正转变成反转。采用复合按钮还可以起到互锁作用，这是由于按下 SF2 时，只有 QA1 得电动作，同时 QA2 回路被切断；按下 SF3 时，只有 QA2 得电，同时 QA1 回路被切断。

但是，只用按钮进行互锁而不用接触器动断触点之间的互锁是不可靠的。在实际中可能出现这样的情况：由于负载短路或大电流的长期作用，接触器的主触点被强烈的电弧"烧焊"在一起，或者接触器的机构失灵使衔铁卡住总是处在吸合状态，这都可能使主触点不能断开，这时如果另一接触器动作，就会造成电源短路事故。如果用的是接触器动断触点进行互锁，不论什么原因，只要一个接触器是吸合状态，它的互锁动断触点就必然将另一接触器线圈电路切断，这就能避免事故的发生。

二、正反转自动循环电路

图 1-17 是机床工作台往返循环的控制电路，实质上是用行程开关来自动实现电动机正反转的，组合机床、龙门刨床、铣床的工作台常用这种电路实现往返循环。

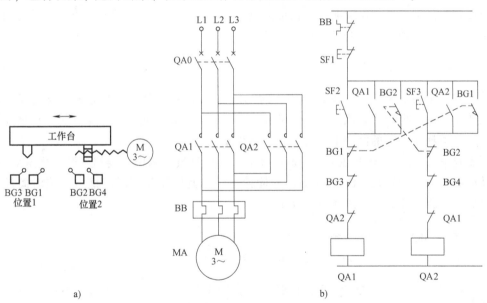

图 1-17　行程开关控制的正反转电路
a）工作台自动循环示意图　b）控制线路

BG1、BG2、BG3、BG4 为行程开关，按要求安装在固定的位置上。当挡铁压下行程开关时，其动合触点打开，其实这是按一定的行程用挡铁压下行程开关，代替了手动按钮。

按下正向起动按钮 SF2，接触器 QA1 得电动作并自锁，电动机正转使工作台前进。当运行到 BG1 位置时，挡铁压下 BG1，BG1 动断触点使 QA1 断电，但 BG1 的动合触点使 QA2 得电动作并自锁，电动机反转使工作台后退。当挡铁又压下 BG2 时，使 QA2 断电，QA1 又得电动作，电动机又正转使工作台前进，这样可一直循环下去。

SF1为停止按钮，SF2与SF3为不同方向的复合起动按钮（之所以用复合按钮，是为了满足改变工作台方向时，不按停止按钮可直接操作）。限位开关BG3与BG4安装在极限位置，当由于某种故障，工作台到达BG1（或BG2）位置时，未能切断QA1（或QA2）时，工作台将继续移动到极限位置，压下BG3（或BG4），此时最终把控制电路断开，使电动机停止，避免工作台由于越出允许位置所导致的事故，因此BG3、BG4起限位保护作用。

上述这种用行程开关按照部件的位置或机件的位置变化所进行的控制，称作按行程原则的自动控制，或称行程控制。

第四节 电动机制动控制电路

三相异步电动机从切断电源到完全停止旋转，由于惯性，总要经过一定时间，这往往不能适应某些生产机械工艺要求。如万能铣床、卧式镗床、组合机床等，无论从提高生产效率，还是从安全等方面考虑，都要求能迅速停车和准确定位。这就要求对电动机进行制动，强迫其立即停车。制动停车的方式有两大类，即机械制动和电气制动。机械制动采用机械抱闸或液压装置制动；电气制动实质是使电动机产生一个与原来转子的转动方向相反的制动转矩。常用的电气制动是能耗制动和反接制动。

一、能耗制动控制电路

能耗制动是在三相异步电动机要停车时切除三相电源的同时，把定子绕组接通直流电源，在转速为零时再切除直流电源。这种制动方法，实质上是把转子原来存储的机械能转变为电能，又消耗在转子的制动上，所以称作能耗制动。

图1-18就是为了实现上述的过程而设计的，其中直流电源中串接的可调电阻RA，可调节制动电流的大小。很显然图1-18给出的能耗制动控制电路是用时间继电器按时间控制的原则组成的电路。控制电路工作过程如下：

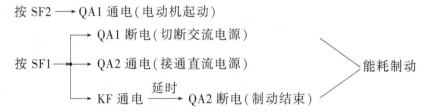

能耗制动的特点是制动作用的强弱与直流电流的大小和电动机转速有关，在同样的转速下电流越大制动作用越强。一般取直流电流为电动机空载电流的3~4倍，过大会使定子过热。

二、反接制动控制电路

反接制动实质上是改变异步电动机定子绕组中的三相电源相序，产生与转子转动方向相反的转矩，因而起到制动作用。

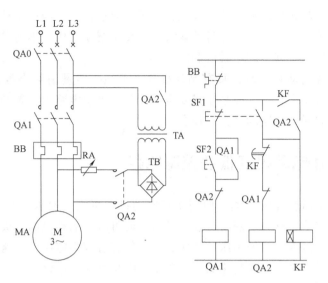

图 1-18　能耗制动控制电路

反接制动过程为：当想要停车时，首先将三相电源切换，然后当电动机转速接近零时，再将三相电源切除。图 1-19 所示的控制电路就是要实现这一过程的。

当电动机正方向运行时，如果把电源反接，电动机转速将由正转急速下降到零。如果反接电源不及时切除，则电动机又要从零速反向起动运行。所以必须在电动机制动到零速时，将反接电源切断，电动机才能真正停下来。控制电路是用速度继电器来"判断"电动机的停与转。电动机与速度继电器的转子是同轴连接，电动机转动时，速度继电器的动合触点闭合，电动机停止时动合触点打开。

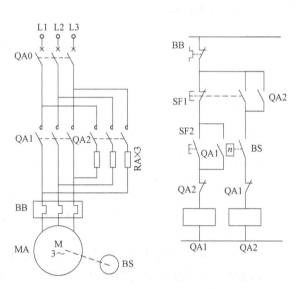

图 1-19　反接制动控制电路

图 1-19 所示电路的工作过程如下：

按 SF2 →QA1 通电（电动机正转运行）→BS 的动合触点闭合

按 SF1 —— QA1 断电

—— QA2 通电（开始制动）—— $n \approx 0$, BS 复位 —— QA2 断电（制动结束）

图 1-19 所示控制电路中停止按钮使用了复合按钮 SF1，并在其动合触点上并联了 QA2 的动合触点，使 QA2 能自锁。这样在手动控制电动机转动时，虽然 BS 的动合触点闭合，但只要不按停止按钮 SF1，QA2 不会得电，电动机也就不会反接电源，只有操作停止按钮 SF1 时，QA2 才能得电，制动电路才能接通。

电动机反接制动电流很大，故在主电路中串入电阻 RA，以防止制动时电动机绕组过热。

反接制动时,旋转磁场的相对速度很大,定子电流也很大,因此制动效果显著。但制动过程中有冲击,对传动部件有害,能量消耗大,故反接制动适用于不需要频繁起动、制动的设备,如铣床、镗床、中型车床主轴的制动。

能耗制动与反接制动相比较,具有制动准确、平稳、能量消耗小等优点。但制动力较弱,特别是在低速时尤为突出,而且还需要直流电源,控制电路也较复杂,故能耗制动适用于电动机容量较大和起动、制动频繁的场合。

第五节 双速电动机高低速控制电路

有些生产机械不需要连续变速,使用变速电动机即可满足要求。与普通电动机不同的是,变速电动机的定子备有多组绕组,改变其接法就可改变电动机的磁极对数,从而改变其转速。双速电动机在机床中,如车床、铣床、镗床等都有较多应用。双速电动机就是通过改变定子绕组的磁极对数来改变其转速的。图1-20a和b为双速电动机三相绕组连接图。图a为三角形(四极,低速)与双星形(二极,高速)联结;图b为星形(四极,低速)与双星形(二极,高速)联结。

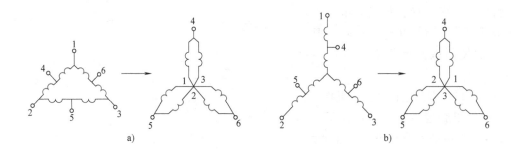

图1-20 双速电动机改变磁极对数原理图

a)三角形—双星形转换 b)星形—双星形转换

若低速运行时,电动机三相绕组1、2、3端接入三相电源;在高速运行时,4、5、6端接入三相电源。这会使电动机因变极而改变旋转方向,因此变极后必须改变绕组的相序。双速电动机调速控制电路如图1-21所示,图中接触器QA1工作时,电动机为低速运行;接触器QA2、QA3工作时,电动机为高速运行,注意变换后相序已改变。SF2、SF3分别为低速和高速起动按钮。按低速按钮SF2,接触器QA1通电并自锁,电动机接成三角形,低速运转;若按高速起动按钮SF3,则直接起动,接触器首先使QA1通电自锁,时间继电器KF线圈通电自锁,电动机则先低速运转;当KF延时时间到时,其常闭触点打开,切断接触器QA1线圈电源,其常开触点闭合,接触器QA2、QA3线圈通电自锁,QA3的通电使时间继电器KF线圈断电,故自动切换使QA2、QA3工作,电动机高速运转。这样先低速后高速的控制,目的是限制起动电流。

双速电动机调速的优点是可以适应不同负载性质的要求。如需要恒功率调速时可采用三角形—双星形联结;如需要恒转矩调速时用星形—双星形联结。双速电动机调速电路简单、维修方便;缺点是其调速方式为有级调速。

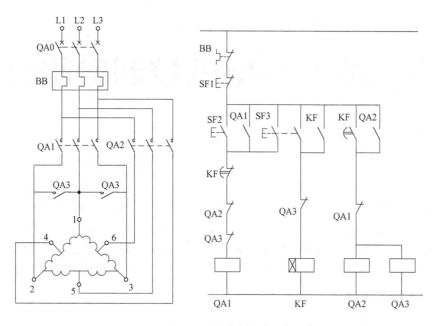

图 1-21 双速电动机高、低速控制电路

习题与思考题

1-1 继电器和接触器有何异同？试说明它们各自的适用场合。

1-2 时间继电器和中间继电器在电路中各起什么作用？

1-3 主令电器有什么作用？包含哪些主要器件？

1-4 智能断路器与普通断路器相比，有什么优点？

1-5 试设计两台笼型电动机 MA1、MA2 的顺序起动、停止的控制电路。

1）MA1、MA2 能顺序起动，并能同时或分别停止。

2）MA1 起动后 MA2 起动。MA1 可点动，MA2 可单独停止。

1-6 试设计某机床主电动机控制电路图。要求：①可正、反转；②可正向点动、两处起停；③可反接制动；④有短路和过载保护；⑤有安全工作照明及电源信号灯。

第二章 电气控制电路分析

生产机械种类繁多，其控制方式和控制电路各不相同，在阅读分析各种电气图样过程中，重要的是要掌握其基本分析方法。本章通过典型生产机械电气控制电路的实例分析，进一步阐述电气控制系统的分析方法与分析步骤，使读者掌握阅读分析电气原理图的方法，培养读图的能力并掌握有代表性的几种典型生产机械控制电路的原理，了解电气控制系统，为电气控制系统的设计、安装、调试、维护打下基础。

第一节 电气控制电路分析基础

一、电气控制电路分析的内容与要求

通过对各种技术资料的分析，掌握电气控制电路的工作原理、技术指标、使用方法、维护要求等。电气控制电路分析的具体内容和要求主要包括以下方面：

1. 设备说明书

设备说明书由机械（包括液压部分）与电气两部分组成，在分析时首先要阅读这两部分说明书，重点掌握以下内容：

设备的结构，主要技术指标，机械、液压、气动部分的传动方式与工作原理。

电气传动方式，电动机及执行电器的数目、规格型号、安装位置、用途与控制要求。

了解设备的使用方法，各操作手柄、开关、按钮、指示装置的布置以及在控制电路中的作用。

必须清楚地了解与机械、液压部分直接关联的电器（行程开关、电磁阀、电磁离合器、传感器等）的位置、工作状态及与机械、液压部分的关系和在控制中的作用等。

2. 电气原理图

电气原理图由主电路、控制电路、辅助电路、保护、联锁环节以及特殊控制电路等部分组成，这是控制电路分析的中心内容。

在分析电气原理图时，必须与阅读其他技术资料结合起来。例如，各种电动机及执行元件的控制方式、位置及作用，各种与机械有关的位置开关、主令电器的状态等，只有通过阅读说明书才能了解。

在原理图分析中还可以通过所选用的电器元件的技术参数，分析出控制电路的主要参数和技术指标，估计出各部分的电流、电压值，以便在调试或检修中合理地使用仪表。

3. 电气设备接线图

阅读分析接线图，可以了解系统的组成分布状况，各部分的连接方式，主要电气部件的布置、安装要求，导线和穿线管的规格型号等。这是安装设备不可缺少的资料。

阅读分析接线图要与阅读分析说明书、电气原理图结合起来。

4. 电器元件布置图

这是制造、安装、调试和维护电气设备必需的技术资料。在调试、检修中可通过元件布置图方便地找到各种电器元件和测试点，进行必要的检测、调试和维修保养。

二、电气原理图的阅读分析方法

从说明书中可以了解生产设备的构成、运动方式、相互关系以及各电动机和执行电器的用途和控制要求，电气原理图就是根据这些要求设计而成。原理图阅读分析的基本原则是：化整为零、顺藤摸瓜、先主后辅、集零为整、安全保护、全面检查。

最常用的方法是查线分析法。即采用化整为零的原则以某一电动机或电器元件（如接触器或继电器线圈）为对象，从电源开始，自上而下，自左而右，逐一分析其接通、断开关系（逻辑条件），并区分出主令信号、联锁条件、保护要求。

电气原理图的分析方法与步骤：

（1）分析主电路 无论电路设计还是电路分析都是先从主电路入手。主电路的作用是保证整机拖动要求的实现，从主电路的构成可分析出电动机或执行电器的类型、工作方式、起动、转向、调速、制动等控制要求与保护要求等内容。

（2）分析控制电路 主电路各控制要求是由控制电路来实现的，运用"化整为零""顺藤摸瓜"的原则，将控制电路按功能划分为若干个局部控制电路，从电源和主令信号开始，经过逻辑判断，写出控制流程，以简便明了的方式表达出电路的自动工作过程。

（3）分析辅助电路 辅助电路包括执行元件的工作状态显示、电源显示、参数测定、照明和故障报警等。这部分电路具有相对独立性，起辅助作用但又不影响主要功能。辅助电路中很多部分是受控制电路中的元件来控制的。

（4）分析联锁和保护环节 生产机械对安全性、可靠性有很高的要求，实现这些要求，除了合理地选择拖动、控制方案外，在电路控制中还设置了一系列电气保护和必要的电气联锁。在电气原理图的分析过程中，电气联锁与电气保护环节是一个重要内容，不能遗漏。

（5）分析特殊控制环节 在某些控制电路中，还设置了一些与主电路、控制电路关系不密切、相对独立的某些特殊环节，如产品技术装置、自动检测系统、晶闸管触发电路、自动调温装置等。这些部分往往自成一个小系统，其读图的方法可参照上述分析过程，并灵活运用所学的电子技术、变流技术、自控原理、检测与转换等知识逐一分析。

（6）总体检查 经过"化整为零"，逐步分析每一局部电路的工作原理以及各部分之间的控制关系之后，还必须用"集零为整"的方法检查整个控制电路，看是否有遗漏。特别要从整体角度去进一步检查和理解各控制环节之间的联系，以正确理解原理图中每一个电器元件的作用、工作过程及主要参数。

第二节 C650 卧式车床电气控制电路分析

一、主要结构和运动形式

C650 卧式车床属中型车床，加工工件回转直径最大可达 1020mm，长度可达 3000mm。其结构主要由床身、主轴变速箱、刀架、尾座、丝杠和光杠等部分组成，如图 2-1 所示。

车床有两种主要运动：一是卡盘带动工件的旋转运动，称主运动（切削运动）；另一种是溜板刀架带动刀具运动，称进给运动。两种运动由同一台电动机带动并通过各自的变速箱调节主轴转速或进给速度。此外，为提高效率、减轻劳动强度、便于对刀和减小辅助工时，C650 卧式车床的刀架还能快速移动，称为辅助运动。

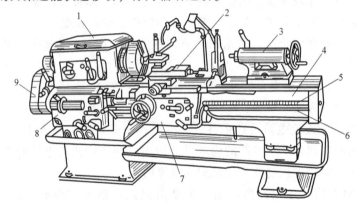

图 2-1 C650 卧式车床外形图

1—主轴变速箱 2—溜板与刀架 3—尾座 4—床身 5—丝杠 6—光杠 7—溜板箱 8—进给箱 9—挂轮箱

二、控制要求

C650 卧式车床由 3 台三相笼型异步电动机拖动，即主电动机 M1、冷却泵电动机 M2 和刀架快速移动电动机 M3。

从车削工艺要求出发，对各电动机的控制要求主要是：

1）主电动机 M1（30kW）。由它完成主运动的驱动，要求：直接起动连续运行方式，并有点动功能以便调整，能正反转以满足螺纹加工需要，停车时带有电气制动，此外，还要显示电动机的工作电流以监视切削状况。

2）冷却泵电动机 M2。用以在加工时提供切削液，采用直接起动、单向运行、连续工作方式。

3）快速移动电动机 M3。单向点动、短时工作方式。

4）要求有局部照明和必要的电气保护与联锁。

三、电气控制电路分析

根据上述控制要求设计的 C650 卧式车床电气原理图如图 2-2 所示，其使用的电器元件符号与功能说明如表 2-1 所示，电路分析步骤如下。

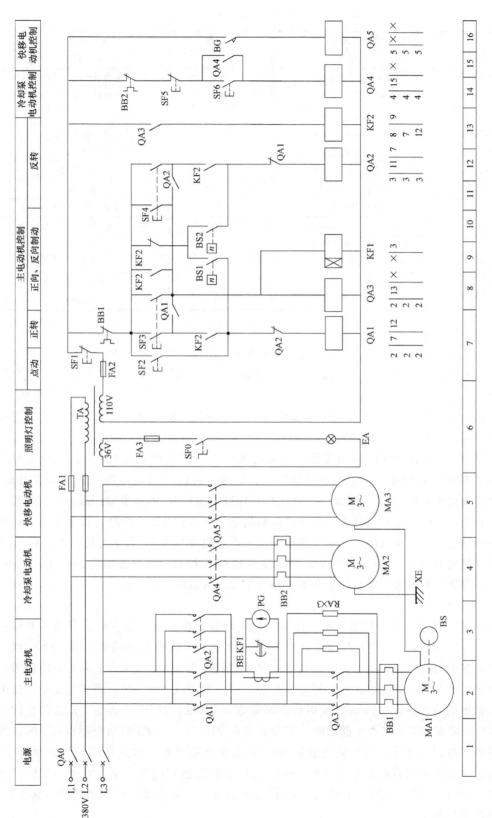

图 2-2 C650 卧式车床电气原理图

表 2-1　电器元件符号与功能说明表

符　号	名称及用途	符　号	名称及用途
MA1	主电动机	SF1	总停按钮
MA2	冷却泵电动机	SF2	主电动机正向点动按钮
MA3	快速移动电动机	SF3	主电动机正向起动按钮
QA1	主电动机正转接触器	SF4	主电动机反向起动按钮
QA2	主电动机反转接触器	SF5	冷却泵电动机停止按钮
QA3	短接限流电阻接触器	SF6	冷却泵电动机起动按钮
QA4	冷却泵电动机接触器	TA	控制变压器
QA5	快移电动机接触器	FA1~FA3	熔断器
KF2	中间继电器	BB1	主电动机过载保护热继电器
KF1	通电延时时间继电器	BB2	冷却泵电动机保护热继电器
BG	快移电动机点动手柄开关	RA	限流电阻
SF0	照明灯开关	EA	照明灯
BS	速度继电器	BE	电流互感器
PG	电流表	QA0	隔离开关

1. 主电路分析

图 2-2 所示的主电路中有三台电动机，隔离开关 QA0 将 380V 的三相电源引入。电动机 MA1 的电路接线分为三部分：第一部分由正转控制交流接触器 QA1 和反转控制交流接触器 QA2 的两组主触点构成电动机的正、反转接线；第二部分为电流表 PG 经电流互感器 BE 接在主电动机 MA1 的主电路上，以监视电动机绕组工作时的电流变化，为防止电流表被起动电流冲击损坏，利用时间继电器的延时动断触点（3 区），在起动的短时间内将电流表暂时短接掉；第三部分为串联电阻控制部分，交流接触器 QA3 的主触点（2 区）控制限流电阻 RA（3 区）的接入和切除。在进行点动调整时，为防止连续的起动电流造成电动机过载，串入 3 个限流电阻 RA，保证电路设备正常工作。速度继电器 BS 的速度检测部分与电动机的主轴同轴相连，在停车制动过程中，当主电动机转速低于 BS 的动作值时，其常开触点可将控制电路中反接制动的相应电路切断，完成制动停车。电动机 MA2 由交流接触器 QA4 控制其主电路的接通和断开，电动机 MA3 由交流接触器 QA5 控制。为保证主电路的正常运行，主电路中还设置了熔断器的短路保护环节和热继电器的过载保护环节。

2. 控制电路分析

（1）主电动机正、反转起动与点动控制　当正转起动按钮 SF3 压下时，其两常开触点同时闭合，一常开触点（7 区）接通交流接触器 QA3 的线圈电路和时间继电器 KF1 的线圈电路，时间继电器的常闭触点（3 区）在主电路中短接电流表 PG，以防止电流对电流表的冲击；经延时断开后，电流表接入电路正常工作；QA3 的主触点（2 区）将主电路中限流电阻短接，其辅助动合触点（13 区）同时将中间继电器 KF2 的线圈电路接通，KF2 的常闭触点（9 区）将停车制动的基本电路切除，其动合触点（8 区）与 SF3 的动合触点（7 区）均在闭合状态，控制主电动机的交流接触器 QA1 的线圈电路得电工作并自锁，其主触点（2 区）闭合，电动机正向直接起动并结束。QA1 的自锁回路由它的常开辅助触点（7 区）和 KF2 的常开触点（9 区）组成，来维持 QA1 的通电状态。反向直接起动控制过程与其相同，只是起动按钮为 SF4。

SF2 为主电动机点动控制按钮。按下 SF2 点动按钮，直接接通 QA1 的线圈电路，电动机 MA1 正向直接起动，这时 QA3 线圈电路并没有接通，因此其主触点不闭合，限流电阻 RA 接入主电路限流，其辅助动合触点不闭合，KF2 线圈不能得电工作，从而使 QA1 线圈电路形不成自锁。松开按钮 SF2，MA1 停转，实现了主电动机串联电阻限流的点动控制。

另外，接触器 QA3 的辅助触点数量是有限的，故在控制电路中使用了中间继电器 KF2。因为 KF2 没有主触点，而 QA3 辅助触点又不够，所以用 QA3 来带一个 KF2，这样就解决了在主电路中使用主触点，而控制电路辅助触点不够的问题。KF2 的线圈也可以直接和 QA3 的线圈并联使用。

（2）主电动机反接制动控制电路 C650 卧式车床采用反接制动的方式进行停车制动，停车按钮按下后开始制动过程。当电动机转速接近零时，速度继电器的触点打开，结束制动。

下面以原工作状态为正转时进行停车制动过程为例，说明电路的工作原理。

当电动机正向正常运转时，速度继电器 BS 的动合触点 BS2 闭合，制动电路处于准备状态；按下停车按钮 SF1，切断控制电源，QA1、QA3、KF2 线圈均失电，此时控制反接制动电路工作与否的 KF2 动断触点（9 区）恢复原状（即闭合），与触点 BS2 一起，将反转交流接触器 QA2 的线圈电路接通，电动机 MA1 接入反相电流，反向起动转矩将平衡正向惯性转动转矩，强迫电动机迅速停车。当电动机速度降低到速度继电器的动作值时，速度继电器触点 BS2 复位打开，切断 QA2 的线圈电路，完成正转的反接制动。在反接制动过程中，QA3 失电，所以限流电阻 RA 一直起限制反接制动电流的作用。反转时的反接制动工作过程和正转时相似，此时在反转状态下，触点 BS1 闭合，制动时，接通交流接触器 QA1 的线圈电路，进行反接制动。

（3）刀架的快速移动和冷却泵电动机的控制 刀架快速移动是由转动刀架手柄压动位置开关 BG，接通快速移动电动机 MA3 的接触器 QA5 的线圈电路，QA5 的主触点闭合，MA3 电动机起动运行，经传动系统驱动溜板带动刀架快速移动。

起动按钮 SF6 和停止按钮 SF5 控制接触器 QA4 线圈电路的通断，来完成冷却泵电动机 MA2 的控制。

（4）辅助电路 开关 SF0 可控制照明灯 EA，且 EA 为 36V 的安全照明电压。

第三节 CK6132 型数控车床电气控制电路分析

CK6132 型数控车床广泛应用于中小型工件的内外圆柱面、圆锥面、圆弧面、端面、切槽、倒角等工序的切削加工，适合于复杂、高精度零件的多品种、中小批量产品加工。它采用卧式车床布局，主要由主轴箱、刀架、尾座、床身和控制面板等部件组成。X 轴和 Z 轴使用交流伺服电动机和滚珠丝杠驱动，主轴使用交流变频电动机驱动，且在主轴末端安装有主轴脉冲编码器，以保证主轴准确停在规定位置及准确进行螺纹切削。CK6132 型数控车床电气控制电路如图 2-3 所示。

1. 主电路分析

CK6132 型数控车床主电路由图 2-3 中 1 区 ~ 5 区组成。其中 1 区为电源开关及保护部

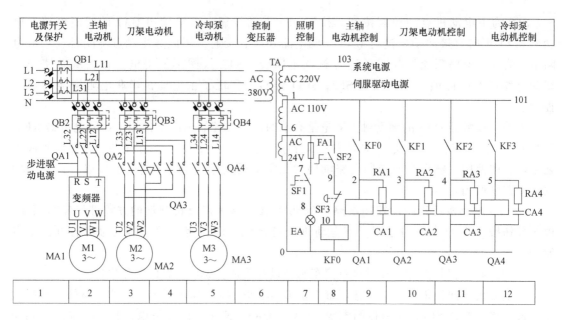

图 2-3 CK6132 型数控车床电气控制电路

分，2 区为主轴电动机 MA1 主电路，3 区和 4 区为刀架电动机 MA2 主电路，5 区为冷却泵电动机 MA3 主电路。对应主电路图中使用的各电器元件符号及功能说明如表 2-2 所示。

表 2-2 主电路图中各电器元件符号及功能说明表

符　号	名称及用途	符　号	名称及用途
MA1	主轴电动机	QA2	MA2 正转接触器
MA2	刀架电动机	QA3	MA2 反转接触器
MA3	冷却泵电动机	QA4	MA3 控制接触器
QA1	MA1 控制接触器	QB1~QB4	断路器

电路通电后，断路器 QB1 将 380V 的三相电源引入 CK6132 型数控车床主电路。其中主轴电动机 MA1 和冷却泵电动机 MA3 主电路均属于单向运转单元主电路结构。MA1、MA3 工作状态分别由接触器 QA1、QA4 进行控制，即当某接触器主触点闭合时，对应电动机起动运转。断路器 QB2、QB4 实现电动机 MA1、MA3 短路、过载及欠电压等保护功能。此外，变频器实现主轴电动机 MA1 调速及正、反转控制等功能。

刀架电动机 MA2 主电路属于正、反转控制单元主电路结构。其中接触器 QA2 控制刀架电动机 MA2 正转电源的接通与断开，接触器 QA3 控制刀架电动机 MA2 反转电源的接通与断开。断路器 QB3 实现电动机 MA2 短路、过载及欠电压等保护功能。

2. 控制电路分析

CK6132 型数控车床控制电路由图 2-3 中 6 区~12 区组成。其中 6 区为控制变压器部分。实际应用时，合上断路器 QB1，380V 交流电压加至控制变压器 TA 一次绕组两端，经降压后输出 220V 交流电压给数控系统及伺服驱动电路供电，输出 110V 交流电压给控制电路供电，输出 24V 交流电压给照明电路供电。对应控制电路图中使用的主要电器元件符号及功能说明如表 2-3 所示。

表 2-3　控制电路图中主要电器元件符号及功能说明表

符　号	名称及用途	符　号	名称及用途
TA	控制变压器	SF3	MA1 急停开关
FA1	熔断器	KF0～KF3	中间继电器
SF1	照明灯控制开关	RA1～RA4、CA1～CA4	阻容吸收元件
SF2	MA1 转换开关	EA	照明灯

CK6132 型数控车床主轴电动机 MA1、刀架电动机 MA2、冷却泵电动机 MA3 主电路中接通电路的电器元件分别为接触器 QA1、接触器 QA2、QA3 和接触器 QA4 主触头。所以，在确定各控制电路时，只需各自找到它们相应元件的控制线圈即可。

（1）主轴电动机 MA1 控制电路　主轴电动机 MA1 控制电路由图 2-3 中 8 区、9 区对应电器元件组成。实际应用时，当需要主轴电动机 MA1 起动运转时，将转换开关 SF2 扳至闭合状态，中间继电器 KF0 得电吸合，其动合触点闭合，接通接触器 QA1 线圈电源，QA1 得电吸合，其主触头闭合，接通主轴电动机 MA1 工作电源，MA1 起动运转。当需要主轴电动机 MA1 停止运转时，按下其急停开关 SF3 即可。

（2）刀架电动机 MA2 控制电路　刀架电动机 MA2 控制电路由图 2-3 中 10 区、11 区对应电器元件组成。实际应用时，中间继电器 KF1、KF2 工作状态由数控系统进行控制。当中间继电器 KF1 动合触点闭合时，接触器 QA2 得电吸合，其主触头闭合，接通刀架电动机 MA2 正转电源，MA2 正向起动运转；当中间继电器 KF2 动合触点闭合时，接触器 QA3 得电吸合，其主触头闭合，接通刀架电动机 MA2 反转电源，MA2 反向起动运转。

（3）冷却泵电动机 MA3 控制电路　冷却泵电动机 MA3 控制电路由图 2-3 中 12 区对应电器元件组成。实际应用时，中间继电器 KF3 工作状态由数控系统进行控制。当 KF3 动合触点闭合时，接触器 QA4 得电吸合，其主触点闭合，接通冷却泵电动机 MA3 工作电源，MA3 起动运转；当 KF3 动合触点断开时，则 MA3 停止运转。

（4）照明电路　照明电路由图 2-3 中 7 区对应电器元件组成。实际应用时，24V 交流电压经熔断器 FA1 和控制开关 SF1 加至照明灯 EA 两端。FA1 实现照明电路短路保护功能，SF1 实现照明灯 EA 控制功能。

第四节　ZKN 型数控铣床电气控制电路分析

ZKN 型数控铣床采用经济型 ZKN 数控系统，具有铣削、镗削、钻削等切削功能，可在没有模具的情况下完成凸轮、模板、模具等形状复杂零件的加工。ZKN 型数控铣床电气控制电路如图 2-4 所示。

1. 主电路分析

ZKN 型数控铣床主电路由图 2-4 中 1 区~3 区组成。其中 1 区为电源开关及保护部分，2 区为主轴电动机 MA1 主电路，3 区为冷却泵电动机 MA2 主电路。对应主电路图中使用的各电器元件符号及功能说明如表 2-4 所示。

电路通电后，断路器 QB1 将 380V 的三相电源引入 ZKN 型数控铣床主电路。实际应用时，主轴电动机 MA1 和冷却泵电动机 MA2 主电路均属于单向运转单元主电路结构。MA1、MA2 工作状态分别由接触器 QA1、QA2 进行控制，即当某接触器主触点闭合时，对应电动

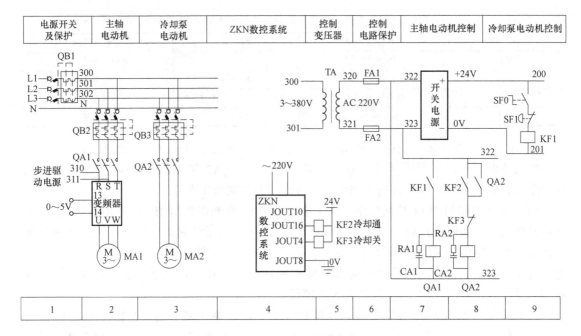

图 2-4 ZKN 型数控铣床电气控制电路

机起动运转。断路器 QB2、QB3 实现电动机 MA1、MA2 短路、过载及欠电压等保护功能。此外，变频器实现主轴电动机调速及正、反转控制等功能。

表 2-4 主电路电器元件符号及功能说明表

符 号	名称及用途	符 号	名称及用途
MA1	主轴电动机	QA2	MA2 控制接触器
MA2	冷却泵电动机	QB1~QB3	断路器
QA1	MA1 控制接触器		

2. 控制电路分析

ZKN 型数控铣床控制电路由图 2-4 中 4 区~9 区组成，其中 5 区为控制变压器部分。实际应用时，合上断路器 QB1，380V 交流电压加至控制变压器 TA 一次绕组两端，经降压后输出 220V 交流电压给控制电路供电；同时 220V 交流电压经开关电源控制后输出 24V 直流电压给数控系统供电。

由图 2-4 中 4 区~9 区可知，ZKN 型数控铣床控制电路由主轴电动机 MA1 控制、冷却泵电动机 MA2 控制、ZKN 数控系统、开关电源等电路组成。对应控制电路图中使用的主要电器元件符号及功能说明如表 2-5 所示。

表 2-5 控制电路图中电器元件符号及功能说明表

符 号	名称及用途	符 号	名称及用途
TA	控制变压器	SF1	急停开关
FA1、FA2	熔断器	KF1~KF3	中间继电器
SF0	MA1 转换开关	RA1、CA1、RA2、CA2	阻容吸收元件

ZKN 型数控铣床主轴电动机 MA1、冷却泵电动机 MA2 主电路中接通电路的电器元件分

别为接触器 QA1、QA2 主触点。所以，在确定各控制电路时，只需各自找到它们相应元件的控制线圈即可。

（1）主轴电动机 MA1 控制电路　主轴电动机 MA1 控制电路由图 2-4 中 7 区、9 区对应电器元件组成。电路通电后，当需要主轴电动机 MA1 起动运转时，将转换开关 SF0 扳至闭合状态，中间继电器 KF1 得电吸合，其动合触点闭合，接通接触器 QA1 线圈电源，QA1 得电吸合。其主触点闭合，接通主轴电动机 MA1 工作电源，MA1 起动运转。当需要主轴电动机 MA1 停止运转时，按下其急停开关 SF1 即可。

（2）冷却泵电动机 MA2 控制电路　冷却泵电动机 MA2 控制电路由图 2-4 中 8 区对应电器元件组成。实际应用时，中间继电器 KF2、KF3 工作状态由数控系统进行控制。当 KF2 动合触点闭合时，QA2 得电吸合并自锁，其主触点闭合接通冷却泵电动机 MA2 工作电源，MA2 起动运转；当 KF3 动断触点断开时，MA2 停止运转。

习题与思考题

2-1　电气控制系统分析的任务是什么？主要分析哪些内容？应达到什么要求？

2-2　在电气控制电路分析中，主要涉及哪些资料和技术文件？各有什么用途？请说明电气原理图分析的基本方法与步骤。

2-3　从主电路的组成说明 C650 卧式车床主电动机 MA1 的工作状态和控制要求。

2-4　分析 CK6132 型数控车床电气控制电路。

2-5　分析 ZKN 型数控铣床电气控制电路。

第三章 电气控制电路设计

工业生产中，所用的机电设备很多，但其电气控制系统的设计原则和方法基本相同。电气控制系统的设计一般包括确定拖动方案，选择电动机功率和设计电气控制电路。电气控制电路的设计又分为主电路设计和控制电路设计。

电气控制电路设计主要采用两种设计方法：经验设计法和逻辑设计法。经验设计法主要是根据生产工艺要求，利用各种典型的电路环节，直接设计控制电路，这种方法要求设计人员必须熟悉大量的控制电路，掌握多种典型电路的设计资料，具有丰富的经验，在设计过程中，经常需要经过反复修改和试验，使电路符合设计要求。这种方法比较简单，常为工程设计人员采用。逻辑设计法主要是根据生产工艺要求，利用逻辑代数分析设计控制电路，采用这种方法设计的电路比较合理，适合完成工艺要求较复杂的电路设计。但是，逻辑设计法难度较大，不易掌握，设计出来的电路不太直观。

第一节 电气控制电路设计的一般原则及内容

一、电气控制电路设计的一般原则

1) 最大限度地满足机电设备对电气控制电路的要求。
2) 在满足生产要求的同时，应尽可能地使电路简单、实用。
3) 保证控制安全，便于操作和维修。

二、电气控制电路设计的内容和步骤

1) 确定电气设计的技术条件。
2) 选择电气传动形式和控制方案。
3) 确定电动机的类型、功率、转速和型号。
4) 设计电气控制原理图。
5) 选择电器元件，制定电动机和电器元件明细表。
6) 设计电动机、执行电磁铁、电气控制元件以及检测元件的总布置图。
7) 设计电气柜、操作台、器件安装板以及非标准器件专用安装零件。
8) 绘制装配图和接线图。
9) 编写设计计算说明书和使用操作说明书。

三、设计过程中应注意的几个问题

1. 在满足生产要求的前提下，控制电路应力求简单、经济

1) 根据自动控制的工艺要求，正确地选择各个独立控制部分的电路和环节。

2) 同一电器的不同零部件在电路中应尽可能具有更多的公共连线，以简化电器的外部接线，缩短连接导线的数量和长度。如图 3-1 所示的起停自锁电路，按钮在操作台或面板上，接触器在电器柜中，前者需由操作台引出 4 根导线，后者只引出 3 根导线。

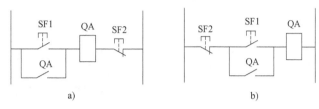

图 3-1　减少连接导线的数量
a) 不合理　b) 合理

3) 根据工艺要求，正确选用电器零部件。

4) 在满足生产工艺要求的前提下，减少不必要的触点以简化电路。

5) 在控制电路中，除其工作的必要电器通电外，其余的电路尽可能不通电，以提高系统的稳定性和可靠性。

2. 保证控制电路工作可靠和安全

1) 正确连接电器的触点。如图 3-2 所示，一般情况下，线圈的一端应连接在一起，接到电源的一根母线上。同一电器的动合和动断辅助触点靠得很近，如果分别接到电源的不同相上，触点断开时产生的电弧可能在两触点间形成飞弧，造成电源短路。

2) 正确连接电器的线圈。两个电器需要同时动作时，其线圈应当并联。如图 3-3 所示，在交流控制电路中，不能串联两个电器的线圈。因为每个线圈所分到的电压与线圈阻抗成正比，两个电器不能同时闭合。例如，接触器 QA2 先闭合，线圈的电感显著增加，电压降也显著增大，从而使 QA1 的线圈电压达不到动作电压，不能闭合。

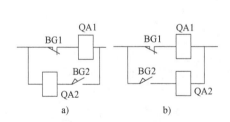

图 3-2　正确连接电器的触点
a) 错误　b) 正确

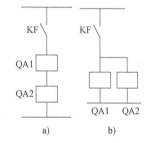

图 3-3　正确连接电器的线圈
a) 错误　b) 正确

带有大电磁线圈（如电磁铁 MB）与普通接触器线圈并联连接时，如图 3-4 所示，断电时由 KF 动断触点和电阻 RA 构成放电电路，避免接触器误动作（应断开而不断开）。

3) 在控制电路中应该避免出现寄生电路，如图 3-5 所示。

4) 避免电器依次动作。应减少多个器件依次通电后才接通另一个器件的情况，以保证工作的可靠性，如图 3-6 所示。

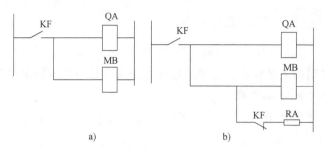

图 3-4 电磁铁与接触器线圈并联

a）不合理 b）合理

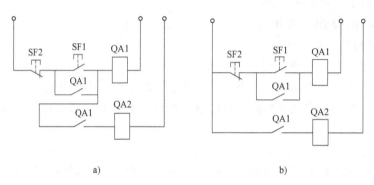

图 3-5 避免出现寄生电路

a）不合理 b）合理

5）电气联锁和机械联锁共同使用。

6）设计的电路应适用所在电网的质量和要求。

7）在电路中采用小容量继电器触点来控制大容量接触器的线圈。

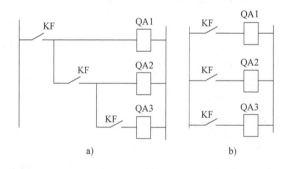

图 3-6 避免电器依次动作

a）不合理 b）合理

第二节 电气控制电路设计的基本规律

在电气控制电路设计过程中，经常应用各种典型的控制环节，这些控制环节主要指的是电路设计的基本控制规律，以及应当在设计中增加的各种适当的保护措施。

电气控制电路设计的基本规律包括：联锁的控制规律和控制过程变化参量的控制规律。

一、联锁的控制规律

在生产机械和自动线上，不同的运动部件之间存在相互联系、相互制约的关系，这种关系称为联锁。联锁控制一般分为两种类型：顺序控制和制约控制。例如，车床主轴转动时，要求油泵先给齿轮箱供油润滑，然后主拖动电动机才允许起动，这种联锁控制称为顺序控制。龙门刨床工作台运动时，不允许刀架运动，这种联锁控制称为制约控制，通常把制约控制称为联锁控制。

1. 起动、停止和点动

生产机械在正常连续工作的状态下，要求对电动机进行正常起动、停车控制；而当生产机械进行试车、调整或处于单步工作的状态时，要求电动机实现点动控制。

（1）正常起动、停止控制　典型的电动机正常起动和停车控制电路如图 3-7a 所示。按钮 SF1 为起动按钮，按钮 SF2 为停车按钮。接触器 QA 的动合触点为自锁触点，构成自锁环节，由接触器自身的触点来确保接触器线圈保持通电。起动按钮 SF1 和接触器 QA 的自锁触点并联（即逻辑"或"）的环节称为自锁环节，具有对控制指令的记忆功能。当起动按钮 SF1 松开复位后，QA 的自锁触点闭合，保证 QA 线圈的持续通电。

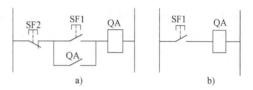

图 3-7　起动和点动控制电路图
a）正常起动停车控制电路图　b）点动控制电路图

（2）点动控制　如图 3-7b 所示，当按下按钮 SF1 时，电动机转动；松开按钮后，按钮自动复位断开，电动机停转，实现点动控制。

（3）起动和点动的联锁控制　生产机械经常要求既能够连续工作，又能够实现调整的点动工作。因此，在控制电路中要求同时具备正常起动和点动控制的两个基本环节，二者不能存在冲突，这就要求实现二者的联锁控制。下面介绍几种可以采用的起动、点动联锁控制方法。

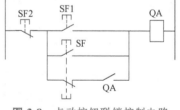

图 3-8　点动按钮联锁控制电路

1）采用点动按钮联锁的控制电路。如图 3-8 所示，联锁控制主要由复合按钮 SF 实现。在默认条件下，SF 的动断触头与 QA 的自锁触头串联，构成正常起动的自锁环节。当按下点动按钮 SF 时，其动合触头闭合，形成点动控制电路。

注意：在点动控制过程中，如果 QA 线圈的释放时间大于 SF 的恢复时间，就会出现点动控制无法正常工作的情况。因为一次点动结束，SF 的动断触头复位时，QA 的自锁触头尚未断开，使自保环节通电，电路无法进行下一次点动操作。

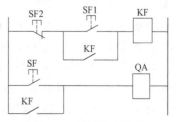

图 3-9　采用继电器联锁的点动控制电路

2）采用继电器联锁的控制电路。如图 3-9 所示，点动按钮 SF 与继电器 KF 的动合触点并联，由继电器 KF 线圈的通、断电实现正常起动、停止控制。进行点动控制之前，先按下停车按钮 SF2，使继电器 KF 断电，再按下点动按钮 SF，实现点动控制。

3）采用手动开关联锁的控制电路。在机床的控制电路中，经常采用手动开关 SF3 作为点动按钮，实现联锁功能。如图 3-10 所示，在调整机床时，预先打开点动按钮 SF3，切断 QA 自锁电路，进行点动控制。调整完毕后，必须闭合 SF3，使自锁电路恢复，才能实现正常工作时的起动控制。

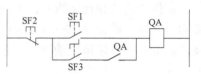

图 3-10 采用手动开关的点动控制电路

2. 正反向接触器间的联锁

生产机械要求具有上下、左右、前后等正反方向的动作，要求电动机可以实现正反转控制。实现正反转控制的主电路接入正向接触器 QA1 和反向接触器 QA2。在控制电路中，应当考虑避免出现由于误操作（同时接通 QA1 和 QA2）而出现短路的情况。因此，在设计这种电路时，应实现正反向接触器间的联锁。

如图 3-11 所示，SF 为停止按钮，SF1 为正向起动按钮，SF2 为反向起动按钮。在正向接触器 QA1 线圈的电路中，串入反向接触器 QA2 的动断触头，实现正反向接触器间的联锁（互锁）。如果希望不用按下停止按钮 SF，直接按下反向按钮 SF2 即可实现电动机反向工作，SF1、SF2 可以采用复合按钮（图 3-12）或转换开关。

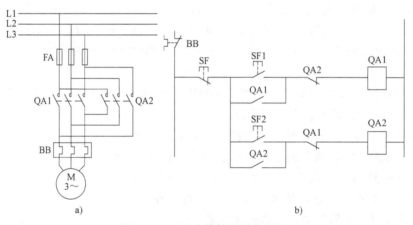

图 3-11 正反向接触器间的联锁

a）主电路　b）控制电路

3. 顺序起动的控制规律

以车床主轴为例，主电路如图 3-13a 所示，主轴拖动电动机 M1、润滑油泵电动机 M2。控制电路如图 3-13b 所示，QA2 的动合触点串入 QA1 的线圈电路中，实现先 QA2 通电、后 QA1 通电的顺序动作。起动时，同时按下按钮 SF1、SF3，油泵先给齿轮箱供油润滑，QA2 的动合触点闭合，然后才允许主轴拖动电动机起动。

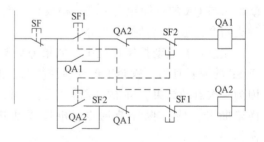

图 3-12 采用复合按钮的联锁控制电路

4. 联锁控制规律的普遍规则

1）制约控制：要求接触器 QA1 动作时，QA2 不能动作。将接触器 QA1 的动断触点串

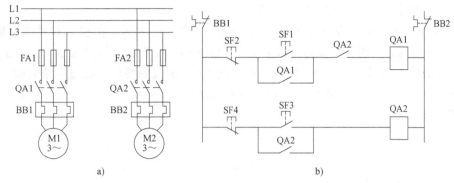

图 3-13　车床主轴顺序起动控制电路

a）主电路　b）控制电路

接在接触器 QA2 的线圈电路中，即逻辑"非"关系。

2）顺序控制：要求接触器 QA1 动作后，QA2 才能动作。将接触器 QA1 的动合触点串接在接触器 QA2 的线圈电路中，即逻辑"与"关系。

二、控制过程变化参量的控制规律

根据工艺过程的特点，准确地监测和反映模拟参量（如行程、时间、速度、电流等）的变化，来实现自动控制的方法，即按控制过程中变化参量进行控制的规律。

1. 行程原则控制

以生产机械运动部件或机件的几何位置作为控制的变化参量，主要使用行程开关进行控制，这种方法称为行程原则控制。例如，龙门刨床的工作台往返循环的控制电路。

如图 3-14 所示，限位开关 BG1 放在左端需要反向的位置，BG2 放在右端需要反向的位置，机械挡铁装在运动部件上。正向运动时，按正转按钮 SF1，QA1 通电自锁，电动机正向旋转，带动工作台左移。压下 BG1，其动断触点断开，切断 QA1 的线圈电路。同时，BG1 的动合触点闭合，接通 QA2 的线圈电路，电动机反转，带动工作台右移，压下 BG2，工作台实现左右移动的自动控制。限位开关 BG3、BG4 分别起到左右

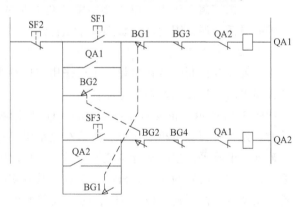

图 3-14　行程原则控制电路

超限位保护作用，当工作台移动到左右的极限位置时动作。

注意：运动部件经过一次自动往复循环，电动机要进行两次反接制动过程，易出现较大的反接制动电流和机械冲击。因此，这种电路只适用于电动机容量较小、循环周期较长、电动机转轴具有足够刚性的拖动系统中。在选择接触器容量时，应比一般情况下选择的容量大一些。

2. 时间原则控制

以时间作为控制的变化参量，主要采用时间继电器进行控制的方法称为时间原则控制。

例如，定子绕组串电阻减压起动控制电路。

如图 3-15 所示，主电路由接触器 QA1、QA2 主触点构成串电阻接线和短接电阻接线，并由时间继电器 KF 实现从起动到正常工作状态的切换。按下起动按钮 SF1，接触器 QA1 线圈得电，电动机串电阻减压起动。同时，时间继电器 KF 线圈得电，经过一定时间，其延时闭合动合触点闭合，QA2 线圈得电，QA1、KF 线圈断电。QA2 主触点闭合，电阻短接，电动机全压运行。

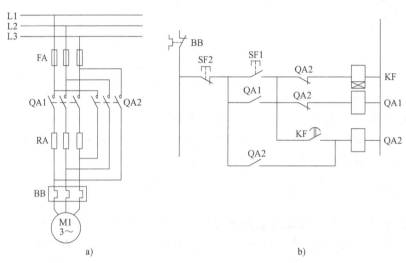

图 3-15 定子串电阻减压起动时间原则控制电路

a）主电路 b）控制电路

时间原则控制多用于难以直接检测变化参量的自动控制中，而且时间继电器的通用性好，控制灵活方便，因而能代替某些原则控制。

3. 速度原则控制

以速度作为控制的变化参量，主要采用速度继电器进行控制的方法称为速度原则控制，例如异步电动机反接制动控制电路。

如图 3-16 所示，正反向接触器 QA1、QA2 主触点接通电动机的正反转电路。进行反接制动时，先将三相电源相序切换，然后在电动机接近零速时，将电源及时切断，实现反接制动。速度继电器可以检测接近零速的信号，直接反映控制过程的转速信号，因此可以采用速度原则控制的方法来判断电动机的零速点并及时切断三相电源。按下起动按钮 SF1，电动机正转。制动时，按下复合按钮 SF2，QA1 线圈断电，速度继电器 BS 的动合触点在转子惯性转动下仍然闭合通电，使得 QA2 线圈得电，实现反接制动，当电动机转速接近零速时，BS 的动合触点断开，QA2 断电，制动结束，电动机停车。

4. 电流原则控制

根据生产需要，经常需要参照负载或机械力的大小进行控制。机床的负载与机械力在交流异步电动机或直流他励电动机中往往与电流成正比。因此，将电流作为控制的变化参量，采用电流继电器实现的控制方法称为电流原则控制。例如机床的夹紧机构，当夹紧力达到一定强度，不能再大时，要求给出信号，使夹紧电动机停止工作。

如图 3-17 所示，将过电流继电器 KF 线圈串接在夹紧电动机 M 的主电路某一相中，当

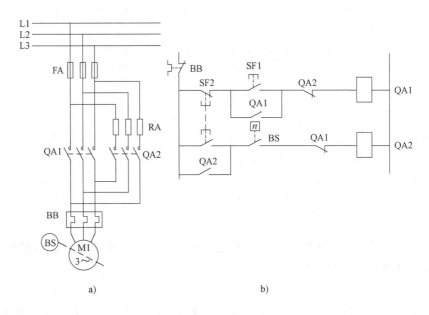

图 3-16 反接制动速度原则控制电路

a）主电路 b）控制电路

夹紧力达到最大时，相当于电动机工作在堵转状态，此时电流很大，将过电流继电器 KF 整定在此数值，发出信号切断夹紧接触器电路，夹紧电动机停转。

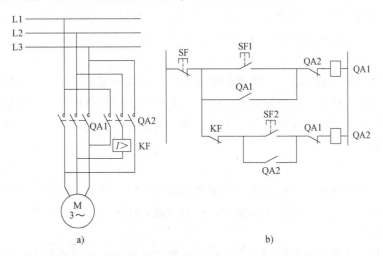

图 3-17 电流原则夹紧力控制电路

a）主电路 b）控制电路

电流原则控制的应用实例很多，例如机床的进刀系统，当主轴负载过大时，要求减小进刀量；直流电动机励磁电路断线的电流保护；电流控制原则起动直流电动机等。

三、多地点控制

当生产机械需要在两地或两地以上地点进行操作时，称为多地点控制。例如，龙门刨床要求可以在固定的操作台上控制，也可以在机床四周用悬挂按钮控制；又如，为了便于集中管理，由中央控制台进行多台设备控制，但是每台设备调整检修时，又需要就地进行控制等。

如图3-18所示，进行两地控制，应当有两组按钮，其电路设计的普遍规则是：各个操作地点的起动按钮（动合按钮）并联，即逻辑"或"的关系；停车按钮（动断按钮）串联，即逻辑"与非"的关系。

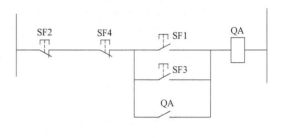

图3-18　多地点控制电路

四、电路中的保护措施

在电气控制电路中，常用的保护措施有短路电流保护，过电流保护，热保护，零电压、欠电压保护，弱磁保护及超速保护等。

1. 短路保护

短路电流会引起电器绝缘层烧坏，使电动机绕组和电器产生机械性损坏。因此，出现短路电流时，应当可靠、迅速地切断电路，同时保护装置不应因起动电流而动作。经常采用的保护方法有以下两种：

（1）熔断器保护　适用于动作准确度要求不高和自动化程度较差的系统。如小功率的笼型异步电动机和小功率的直流电动机。

（2）过电流继电器保护或断路器保护　过电流继电器通过控制接触器的通断电来实现断路保护作用，但需要注意的是，这会使接触器触点的容量加大。

2. 过电流保护

由于不正确地起动或者过大的负载转矩而引起的过电流现象，产生的电流一般比短路电流小。频繁起动的电动机、正反转重复短时工作制的电动机容易出现过电流现象。通常，采用过电流继电器实现过电流保护，当电流达到其整定值时，瞬时切断电源。热继电器也可以用于过电流保护。

3. 热保护

若电动机长期超载运行，其绕组会因温升超过允许值而损坏。因此，需要考虑采用热继电器实现热保护措施。要求负载电流越大，热继电器的动作时间越快，但是不会受到起动电流的影响而误动作。

注意，在使用热继电器的同时，还必须加入熔断器或过电流继电器的短路保护装置。

4. 零电压和欠电压保护

（1）零电压保护　因电源电压消失使电动机停止工作，电源电压恢复时，电动机可能自动起动，造成事故。为防止电压恢复时电动机自起动的保护为零电压保护。

（2）欠电压保护　电动机运转时，电源电压过分降低，引起电动机转速下降或停止工作，也可能使得一些电器线圈释放，造成电路工作不正常。因此，当电压下降到允许的最小值时，将电动机电源切断，这种保护为欠电压保护。

零电压和欠电压保护采用电压继电器。

5. 其他保护措施

（1）弱磁场保护 直流电动机磁通的过度减少会引起电动机的超速，可以采用电磁式电流继电器，实现弱磁场保护。

（2）超速保护 高炉卷扬机、矿井提升机等设备有一定的运行速度的要求。为防止电动机运行速度超过预定允许的速度，采用离心开关、测速发电机实现电动机的超速保护。

6. 电动机的常用保护举例

如图 3-19 所示，快速熔断器 FA、熔断器 FA1、FA2 为短路保护；热继电器 BB 为过电流保护；欠电压继电器 KF 为欠电压保护；断路器 QA 为热保护。

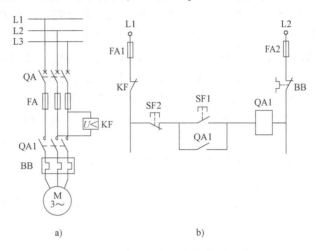

图 3-19 电动机的常用保护控制电路
a）主电路 b）控制电路

第三节 电气控制电路的经验设计方法

经验设计方法无固定的模式，通常先用一些典型电路环节组合起来实现某些基本要求，而后根据生产工艺完善其功能，并适当配置联锁和保护环节。在具体电路设计时，一般先设计主电路，然后设计控制电路、信号电路、局部照明电路等辅助电路。初步设计完成后，应当仔细检查，看电路是否符合设计的要求，并进一步进行完善和简化，最后选择所用的电器元件型号规格。现以龙门刨床横梁控制电路为例，说明经验设计方法的使用。

一、横梁升降机构的工艺要求

1）由于机床加工工件的位置高低不同，要求横梁能做上升、下降的调整运动。

2）为保证机床加工要求，横梁在立柱上必须有夹紧装置，为了使它能够移动，应当首先放松，然后移到所需要的位置，再夹紧。横梁的升降和放松、夹紧分别由横梁升降电动机 M1 和夹紧放松电动机 M2 经机械传动装置实现。

3）为了防止横梁歪斜，保证加工精度，消除机械传动装置中丝杠与螺母的间隙，横梁下降以后应有回升装置。

4）横梁上升时，能自动按照放松横梁、横梁上升、夹紧横梁的顺序动作，而横梁下降时能自动按照放松横梁、横梁下降、横梁回升、夹紧横梁的顺序动作。

二、横梁控制电路设计步骤

1）根据工艺要求可知，横梁升降过程是由横梁升降电动机 M1 和夹紧放松电动机 M2 来完成的。

2）由于横梁升降属于调整动作，故采用点动控制。

3）在横梁上升过程中有顺序动作的要求，可用控制按钮 SF1 发出"横梁上升"信号。夹紧放松电动机 M2 先工作，将横梁放松后，发出信号，使横梁放松电动机停止工作，同时使升降电动机 M1 工作，使横梁上升。中间信号的发出由复合限位开关 BG1 来完成，横梁夹紧时限位开关处于原始状态，当横梁放松到一定程度，限位开关 BG1 动作。

4）升降电动机移动至所需位置时，松开"上升"按钮 SF1，使升降电动机 M1 停止工作，同时接通夹紧放松电动机 M2，开始夹紧。在夹紧过程中 BG1 限位开关复原，当夹紧到一定程度时，发出信号切断夹紧电动机 M2，切断电动机 M2 的信号由过电流继电器 KF 来控制，将过电流继电器整定在一定数值，使其既可以保证横梁夹紧力的大小，又可以保护电动机的正常使用。

5）横梁下降若不考虑横梁回升过程，则与横梁上升过程相类似。

6）综合以上工艺要求，得出主电路（图 3-20）和控制电路（图 3-21）。图中 QA1 为横梁上升接触器，QA2 为横梁下降接触器；QA3 为放松接触器，QA4 为夹紧接触器。

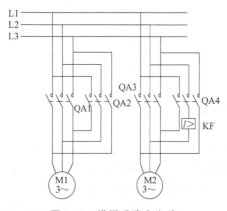

图 3-20　横梁升降主电路

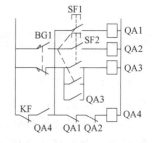

图 3-21　控制电路方案一

7）图 3-21 能够基本满足工艺要求，但考虑到一般不采用两个动合触点的复合控制按钮，而且考虑到横梁下降还需回升运动，为使控制电路更加完整、回升电路更简单，在电路中加入一个继电器 KF1，其控制电路如图 3-22 所示。

8）考虑横梁下降后还有回升运动，并且回升运动时间短，可采用时间继电器来控制。采用时间继电器的延时断开动合触点，将其和夹紧接触器 QA4 的动合触点串联，并接在上升电路继电器 KF1 的动合触点的两端，其线圈受下降接触器 QA2 动合触点控制。这样当横梁下降时，时间继电器线圈通电，其延时断开动合触点瞬时闭合，为回升电路做好准备。当下降到所需位置时，时间继电器 KF2 断电，但其延时断开动合触点并不马上动作，而此时夹紧接触器开始工作，故横梁可以回升，至延时触点断开，回升运动完毕。横梁继续夹紧，夹紧到一定程度发出信号，横梁下降运动结束。其控制电路如图 3-23 所示。

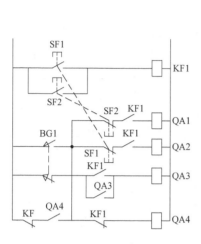

图 3-22　控制电路方案二

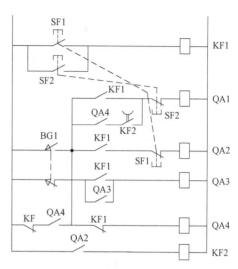

图 3-23　控制电路方案三

9）最后加入保护电路，如各种联锁保护、短路保护等，使横梁升降机构控制电路比较完善，完整控制电路如图 3-24 所示。横梁上升极限用限位开关 BG2 完成；横梁下降极限用限位开关 BG3 完成；横梁上升与下降的互锁由接触器动断触点完成；横梁夹紧与放松的互锁由接触器动断触点完成；主电路保护由断路器 QA 来完成；控制电路的短路保护由熔断器来完成。

三、横梁控制电路设计中的基本规律

根据横梁升降机构的工艺要求，在控制电路中应用了多个典型电路设计基本规律：

1. 点动控制

例如，因上升运动为调整运动，并且是手动控制，因此采用点动控制。下降运动也是如此。

2. 正反转控制

例如，上升、下降，夹紧、放松是方向相反的两对运动，因此要求电动机 M1、M2 可以实现正反转控制。

3. 自锁环节

例如，放松接触器 QA3 线圈电路中的动合触点，为防止在放松过程中按钮 SF1 松开，加入 QA3 的自锁触点。

4. 正反向接触器的联锁控制

例如，图 3-24b 中的 QA1、QA2 的动断触点。

5. 顺序起动控制

例如，时间继电器 KF2 和下降继电器 QA2 的动作顺序为下降动作结束时，时间继电器动作。因此，将 QA2 的动合触点加入到 KF2 线圈的控制电路中。

6. 行程原则控制

例如，限位开关 BG1、BG2、BG3，分别实现放松、上升、下降的极限位置控制。

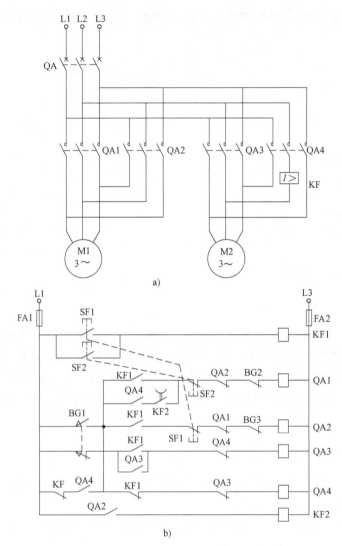

图 3-24 主电路和控制电路最终方案

a) 主电路 b) 控制电路

7. 时间原则控制

例如，时间继电器 KF2 控制回升运动。

8. 电流原则控制

例如，夹紧力大小的控制。

将以上基本环节根据控制要求组合起来，先设计能够基本满足工艺要求的电路，经过反复修改和试验，使电路符合设计要求，并增加保护环节。这种方法常为工程设计人员采用，但设计的电路触点不一定最少，也不一定是最优方案。

第四节 电气控制电路的逻辑设计方法

逻辑设计方法是利用逻辑代数这一数学工具来进行电路设计，即根据生产机械的拖动要求以及工艺要求，将执行元件所需要的工作信号以及主令电器的接通与断开状态，使用逻辑变量，并根据控制要求将它们之间的关系用逻辑函数表示，然后运用逻辑函数基本公式和运算规律进行简化，使之成为所需要的最简单的"与""或""非"的关系式，根据最简式画出相应的电路结构图，最后检查、完善，即能获得所需要的控制电路。

原则上，由继电接触器组成的控制电路属于开关电路，在电路中，器件只有两种状态：线圈通电或断电，触点闭合或断开。这种正好"对立"的状态就可以用开关代数（也称逻辑代数或布尔代数）来描述这些电器元件所处的状态和连接方法。

一、逻辑代数的代表原则和分析方法

在逻辑代数中，用"1"和"0"表示两种对立的状态，即可表示继电器、接触器、控制电路中器件的两种对立状态，具体规则如下：

1）对于继电器、接触器、电磁铁、电磁阀、电磁离合器的线圈，规定通电状态为"1"，断电则为"0"。

2）对于按钮、行程开关等元件，规定按下时为"1"，松开时为"0"。

3）对于器件的触点，规定触点闭合状态为"1"，触点断开为"0"。

分析继电接触器逻辑控制电路时，为了清楚地反映器件状态，器件的线圈和其动合触点用同一字符来表示，例如 A；而其动断触点的状态用该字符的"非"来表示，例如 $\bar{A}$；若器件为"1"状态，则表示其线圈通电，继电器吸合，其动合触点闭合，其动断触点断开；若器件为"0"状态，则与上述相反。

二、逻辑计算的基本运算规律

1. 逻辑"与"

逻辑"与"也称逻辑"乘"，逻辑"与"的基本定义是：决定事物结果的全部条件同时具备时，结果才能发生。

如图 3-25 所示，用逻辑"与"定义来解释，只有当 KF1 和 KF2 触点全部闭合时，接触器 QA 线圈才能通电为"1"；如果在 KF1 和 KF2 触点中，只要其中之一断开，则线圈就断电为"0"。所以在电路中触点串联形式是逻辑"与"的关系，逻辑"与"的逻辑关系式为：QA = KF1·KF2，式中 KF1、KF2 称为逻辑输入变量，QA 称为逻辑输出变量。逻辑"与"的真值表如表 3-1 所示。

图 3-25　逻辑"与"

2. 逻辑"或"

逻辑"或"的基本定义是：在决定事物结果的各种器件中，只要有任何一个满足，结果就会发生。逻辑"或"又称为逻辑"加"、逻辑"和"。

如图 3-26 所示，用逻辑"或"定义来解释，只要在 KF1 和 KF2 触点中有一个闭合时，接触器线圈就可以通电为"1"；只有当 KF1 和 KF2 同时断开时，则线圈才断电为"0"。所以，电路中触点并联形式是逻辑"或"的关系，逻辑"或"的逻辑函数式为：QA = KF1+KF2，逻辑"或"的真值表如表 3-2 所示。

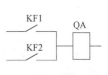

图 3-26　逻辑"或"

表 3-1　逻辑"与"的真值表

KF1	KF2	QA=KF1·KF2
0	0	0
1	0	0
0	1	0
1	1	1

表 3-2　逻辑"或"的真值表

KF1	KF2	QA=KF1+KF2
0	0	0
1	0	1
0	1	1
1	1	1

3. 逻辑"非"

逻辑"非"的基本定义是：事物某一条件具备了，结果不会发生；而此条件不具备时，结果反而会发生，这种因果关系叫作逻辑"非"。逻辑"非"又称逻辑"取反"。

如图 3-27 所示，用逻辑"非"的定义来解释，触点 KF 闭合为"1"时，接触器线圈 QA 为旁路，断电为"0"；而触点 KF 断开，则线圈通电为"1"。所以电路中动断触点是逻辑"非"的控制。逻辑"非"的逻辑函数式为：$QA = \overline{KF}$，逻辑"非"的真值表如表 3-3 所示。

表 3-3　逻辑"非"的真值表

KF	QA=$\overline{KF}$
0	1
1	0

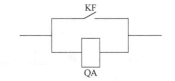

图 3-27　逻辑"非"

三、逻辑函数基本公式和运算规则

要达到使用最简单的电路来实现控制功能，即在保持其逻辑功能不变的情况下，而对其复杂的电路进行化简，就需要一些公式和规则，用表 3-4 来表示。

表 3-4　逻辑函数基本公式和运算规则

名　称		恒　等　式	
基本公式	交换律	$A+B=B+A$	$AB=BA$
	结合律	$(A+B)+C=A+(B+C)$	$(AB)C=A(BC)$
	分配律	$A(B+C)=AB+AC$	$A+BC=(A+B)(A+C)$
	重叠律	$A+A=A$	$AA=A$
	反馈律	$\overline{A+B}=\overline{A}\,\overline{B}$	$\overline{A+B}=\overline{A}\,\overline{B}$
形式定律		$A+AB=A$	$A(A+B)=A$
		$A+\overline{A}B=A+B$	$A(\overline{A}+B)=AB$
		$AB+\overline{A}C+BC=AB+\overline{A}C$	$(A+B)(\overline{A}+C)(B+C)=(A+B)(\overline{A}+C)$
并项定律		$AB+A\overline{B}=A$	$(A+B)(A+\overline{B})=A$

四、逻辑函数式的化简

用公式法来化简逻辑表达式，关键在于熟练掌握基本公式，而没有固定的方法。在化简时可采用并项、扩项、吸收消去多余因子和多余项的方法，举例如下：

例 3-1

$$F = A\overline{B} + B\overline{C} + \overline{B}C + \overline{A}B = A\overline{B} + B\overline{C} + (A+\overline{A})\overline{B}C + \overline{A}B(C+\overline{C})$$

$$= A\overline{B} + B\overline{C} + A\overline{B}C + \overline{A}\,\overline{B}C + \overline{A}BC + \overline{A}B\overline{C} = A\overline{B} + \overline{A}C + B\overline{C}$$

例 3-2

$$F = A + \overline{A}B + BC + \overline{A}BD = (A+\overline{A}B) + BC + \overline{A}BD$$

$$= A + (B+BC) + \overline{A}BD = A + (B + \overline{B}D + \overline{A}D)$$

$$= A + B + \overline{A}D = A + \overline{A}D + B = A + B + D$$

五、采用逻辑代数设计继电接触器控制电路的方法

在电气控制电路逻辑设计方法中，以检测元件、中间信号单元触点和输出变量的反馈信号作为逻辑输入变量，以执行元件作为逻辑输出变量。按照各逻辑输入变量之间的连接关系和状态作为函数表达式的右端，而逻辑输出变量作为函数表达式的左端，就可以对控制电路进行逻辑化反映及设计。

如图 3-28 所示的起/停加自锁电路，电路中 SF1 为起动按钮，SF2 为停止按钮，QA 为接触器，QA 的常开触点为自锁触点，此电路中的逻辑函数为

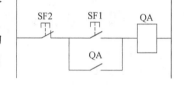

图 3-28 起/停控制电路

$$F_{QA} = \overline{SF2}(SF1 + QA) \tag{3-1}$$

若把 QA 替换为控制对象 K，起动/停止按钮转换为一般形式的 A，则式（3-1）的逻辑函数变为

$$F_K = A_{关}(A_{开} + K) \tag{3-2}$$

由此可扩展到一般的控制对象：$A_{开}$ 为控制对象的开启信号，应选取在开启边界线上发生状态变化的逻辑输入变量；$A_{关}$ 为控制对象的关断信号，应选取在关断边界线上发生变化的逻辑输入变量；触点 K 为输出对象本身的动合触点，属于控制对象的内部反馈逻辑变量，起自锁作用，以维持控制对象通电的吸合状态。

在实际的起/停加自锁电路中，往往会有很多联锁约束条件。例如，在立式车床中返回行程必须到达原位才能停车，即使油压不足也不可能中途停车。这时，就要在开启信号 $A_{开}$ 与关断信号 $A_{关}$ 中加入约束条件，其逻辑函数变为

$$F_K = (A_{开}\,A_{开约} + K)(A_{关} + A_{关约}) \tag{3-3}$$

从式（3-3）中可以看出，当开启的条件不只有一个主令信号 $A_{开}$，而且还必须达到 $A_{开约}$ 的条件允许时，才能开启，所以 $A_{开}$ 与 $A_{开约}$ 的逻辑关系为逻辑"与"的关系。同样，对于关断信号，当关断信号不仅只有一个主令信号 $A_{关}$，而且还必须有其他的约束信号 $A_{关约}$ 条件具备时才会关断，所以 $A_{关}$ 与 $A_{关约}$ 的逻辑关系为逻辑"或"的关系，通过这样的设计方法，就可以增加设计的系统的可靠性和安全性。

由上述分析可知，逻辑设计方法的核心内容就是找出被控对象的开启信号和关断信号，然后再加入系统所要求的约束条件以及设计电路所要求的各种联锁关系和电路保护环节，就会设计出一个比较完整的控制系统了。

下面以典型加工工艺的纵、横向液压进给加工电气控制电路为例，来说明逻辑设计的方法和步骤。

1. 分析工艺要求，作出工作循环图

液压系统图如图 3-29 所示，纵、横向进给液压缸的工艺要求如下：

1）当按下向前按钮 SF1 时，纵向液压缸带动刀具经过快进、工进，工进结束后在终点位置停留，以保证加工精度。

2）当纵向工进结束发出信号后，横向液压缸带动刀具经过快进、工进，工进结束后快退至原位，发出信号使纵向液压缸带动刀具快退至原位，整个循环结束。

按照工艺要求，绘制工作循环图，如图 3-30 所示。

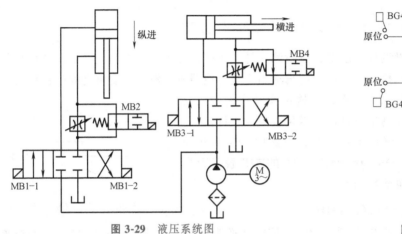

图 3-29　液压系统图

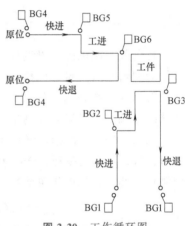

图 3-30　工作循环图

行程开关 BG1 检测纵向液压缸的原位状态。

行程开关 BG2 检测纵向液压缸由快进状态转为工进状态。

行程开关 BG3 检测纵向液压缸工进结束状态，发出信号使横向液压缸快进。

行程开关 BG4 检测横向液压缸的原位状态，发出信号使纵向液压缸快退。

行程开关 BG5 检测横向液压缸由快进状态转为工进状态。

行程开关 BG6 检测横向液压缸由工进状态转为快退状态。

2. 作出电磁阀的工作节拍表和各检测器件（行程开关）的工作状态表

一般情况下，电磁阀的工作节拍表由液压设计人员提供。检测器件的工作状态表可以由工作循环图总结出来。例如，行程开关 BG1 是反映纵向液压缸原位的行程开关。它是在纵向液压缸发生快进后复位，即由"1"状态变化为"0"状态，这一过程是在纵向快进工步中发生的。从工步 1~6 中，由于纵向液压缸已经离开原位，因此行程开关 BG1 必定处于断电状态。当纵向液压缸快退回原位，压下 BG1，由"0"变为"1"，这正是工步的主令转换信号。

将所有行程开关在一个工作循环中的状态写出来，即检测器件工作状态表，如表 3-5 所示。其中，"+"表示通电，"-"表示断电，"1-0"表示通电状态发生变化，即由通电状态变为断电状态。

3. 确定必要的中间记忆器件的通断电状态边界，并且根据边界，设置中间记忆器件

通常，中间记忆器件采用继电器。这时，继电器的主要作用是，当在两个相邻工步之间出现各个已有器件的状态相同，且难以区分的时候，可以利用继电器的通断电状态的变化来

实现区分。例如，一个对应通电状态，另一个对应断电状态。这是因为在一个工步中，检测器件的通电状态不一定是确定的。例如在工步 5 和工步 4 中，行程开关 BG1~BG4 的通电状态一致，行程开关 BG5 在工步 5 中状态由通电变为断电，其状态可能是"1"也可能是"0"，可能与工步 4 中的状态"1"相同。同样，行程开关 BG6 在工步 5 中的状态可能是"1"也可能是"0"，可能与工步 4 中的状态"0"相同。因此，工步 5 和工步 4 的检测器件工作状态相同，难以区分。可以利用继电器的通断电的不同状态进行区分，通断电状态边界在工步 4 结束处。继电器 KF1 在工步 4 结束时，由通电变为断电，即设计方案一中的继电器 KF1。或者，继电器 KF2 在工步 4 结束时，由断电变为通电，即设计方案二中的继电器 KF2。

表 3-5　电磁阀工作节拍表和检测器件工作状态表

序号	工步	电磁阀工作节拍表						检测器件工作状态表						转换主令
		MB1-1	MB1-2	MB2	MB3-1	MB3-2	MB4	BG1	BG2	BG3	BG4	BG5	BG6	
0	原位	-	-	-	-	-	-	1	0	0	1	0	0	
1	纵向快进	+	-	-	-	-	-	1-0	0	0	1	0	0	SF1
2	纵向工进	+	-	+	-	-	-	0	1	0	1	0	0	BG2
3	横向快进	+	-	+	+	-	-	0	1	0	1-0	0	0	BG3
4	横向工进	+	-	+	-	-	+	0	1	1	0	1	0	BG5
5	横向快退	+	-	+	-	+	-	0	1	1	0	1-0	1-0	BG6
6	纵向快退	-	+	-	-	-	-	0	1-0	1-0	1	0	0	BG4
0	原位	-	-	-	-	-	-	1	0	0	1	0	0	BG1

另外，在已经解决了两个相邻工步的重复问题之后，应当考虑尽量节约继电器的数量。

1）继电器的通电、断电边界，尽可能选取在能区别更多的重复工步的地方。

2）在满足区分的基本要求的前提下，必要的边界的取法不是唯一的。

设计方案一：采用一个继电器 KF1，通电的边界在工步 1 开始处，断电的边界在工步 4 结束处。

设计方案二：采用两个继电器 KF1、KF2，KF1 通电的边界在工步 1 开始处，断电的边界在工步 5 结束处；KF2 通电的边界在工步 4 结束处，断电的边界在工步 6 结束处。

4. 写出继电器和执行器件的逻辑函数式，画出相应的控制电路图

列写继电器的逻辑函数式时，为保证控制电路的可靠性，应注意两个问题。一是保证电路图不会发生误动作；二是当一个主令信号既是一个继电器的开启信号，同时又是另一个继电器的关闭信号时，应明确主从关系，以消除可能存在的竞争现象。

（1）方案一中继电器和电磁阀的逻辑函数式

1）以继电器 KF1 为例，写出继电器的逻辑函数式。由式（3-2）可以写出 KF1 的逻辑函数式为

$$F_{\mathrm{KF1}} = \overline{\mathrm{BG6}}(\mathrm{SF1} + \mathrm{KF1}) \tag{3-4}$$

为了避免误碰 SF1 发生误动作，应增加适当的约束条件。开启约束条件为 $A_{开约} = \mathrm{BG1BG4}$，即纵、横液压缸在原位时，按下 SF1 时，才能开始工步 1 的加工过程；没有关断约束条件 $A_{关约}$。因此，根据式（3-3）和式（3-4），KF1 的逻辑函数式为

$$F'_{KF1} = \overline{BG6}(SF1BG1BG4+KF1) \tag{3-5}$$

2）本例中执行器件为电磁阀，电磁阀的工作状态主要是由行程开关、继电器控制的，可以利用检测器件（行程开关）、继电器的通电状态，通过逻辑的方法组合写出电磁阀 MB2 的逻辑函数式。下面以 MB2 为例，写出电磁阀 MB2 的逻辑函数式。

电磁阀 MB2 在工步 2~5 中，通电状态为"1"，其他为"0"。从表 3-5 可以发现将行程开关 $\overline{BG4}$ 和继电器 KF1 "或"起来，即 $\overline{BG4}$+KF1，可以基本满足 MB2 的要求。但是在工步 1 会发生误动作，而 BG2 在工步 1 为"0"，在工步 2~5 为"1"，这样得到电磁阀 MB2 的逻辑函数式为

$$F_{MB2} = BG2(KF1+\overline{BG4}) \tag{3-6}$$

3）方案一中电磁阀的逻辑函数式：

$$F_{MB1-1} = \overline{BG4}+KF1 \quad F_{MB1-2} = BG2\overline{BG1}KF1$$

$$F_{MB2} = BG2(KF1+\overline{BG4}) \quad F_{MB3-1} = BG3KF1$$

$$F_{MB3-2} = BG3\overline{BG4}KF1 \quad F_{MB4} = BG5KF1$$

4）画出相应的电路图，如图 3-31 所示。

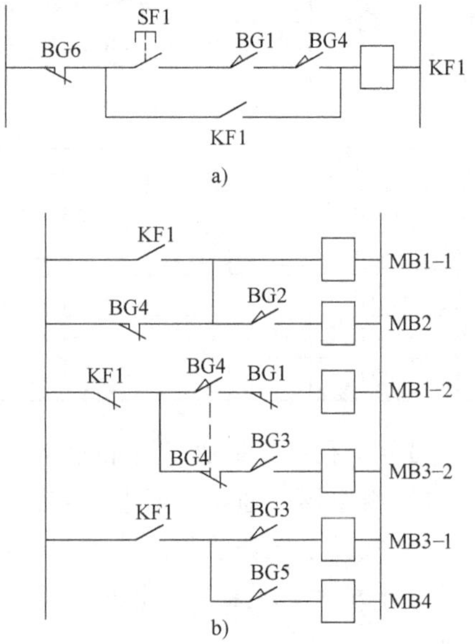

（2）方案二中继电器和电磁阀的逻辑函数式
采用与方案一同样的方法，可以得到方案二中继电器和电磁阀的逻辑函数式。

$$F_{KF1} = (\overline{KF2}+\overline{BG4})(SF1BG1BG4+KF1)$$

$$F_{KF2} = \overline{BG1}(BG6+KF2)$$

$$F_{MB1-1} = KF1$$

$$F_{MB1-2} = \overline{KF1}KF2$$

$$F_{MB2} = BG2\overline{KF1}$$

$$F_{MB3-1} = BG3\overline{KF2}$$

$$F_{MB3-2} = KF1KF2$$

$$F_{MB4} = BG5\overline{KF2}$$

画出相应的电路图，如图 3-32 所示。

需要指出的是，逻辑设计方法设计出的电路可以有多种方案，设计者可以选择最优方案。为了电路可靠，可以适当地增加约束条件，只要达到电路可靠工作又节约元器件数量的目的即可。

最后，进一步检查、化简和完善电路。检查的主要内容是：能否符合控制要求、是否会发生竞争现象，如果是危险竞争现象，造成永久性误动作的竞争性动作应当消除，各器件的触点是否够用等。化简的主要内容是：在一个函数式中各逻辑"与"项提取公因子；各函数式之间提取公因子，即考虑公用触点的问题。

完善的内容是：控制电路的联锁，几个控制电路的联锁问题，从可靠性、经济性、简明性等方面考虑，增加必要的信号保持器件（一般指继电器），并加入必要的保护，得出设计电路，如图 3-33 所示。

图 3-31　方案一的控制电路图

a）继电器控制电路　b）电磁阀控制电路

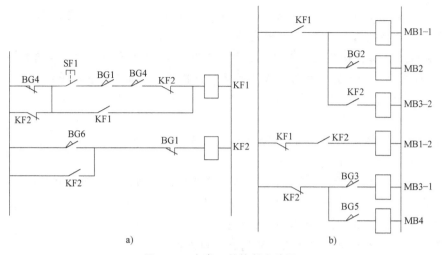

图 3-32 方案二的控制电路图

a) 继电器控制电路 b) 电磁阀控制电路

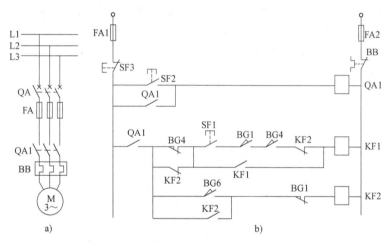

图 3-33 纵、横向液压缸进给加工控制电路图

a) 继电器控制电路 b) 电磁阀控制电路

随着可编程序控制器（PLC）的发展，稍复杂的电路已经被可编程序控制器（PLC）所取代。此章试图让读者理解电气控制电路的实质，力求用最简单的方法设计出最实用、可靠的电路。

习题与思考题

3-1 简要说明电气控制电路设计的原则和注意事项。

3-2 在电气控制电路设计过程中有哪些基本规律？

3-3 用经验设计法设计本章中纵、横向液压缸进给加工电气控制电路，并与逻辑设计法的电路相比较。

3-4 现有三台电动机 M1、M2、M3，要求起动顺序为：先起动 M1，过 10s 后，再起动

M2，经过时间 5s 后，再起动 M3；停车时要求：先停 M3，过 5s 后，再停 M2，经过 10s 后停 M1。设计此三台电动机的起/停控制电路。

3-5　某机床主轴由一台笼型电动机拖动，采用星形—三角形起动；润滑油泵由另外一台笼型电动机拖动，采用直接起动方式。试设计控制电路，其工艺要求是：

1）主轴电动机要求可以正向、反向运转，并能够实现点动，在停车时要求有反接制动功能。

2）油泵电动机在主轴电动机之前起动，主轴电动机停止后才停止。

3）具有必要的电气保护。

3-6　设计一个小车运行控制电路，小车由异步电动机拖动，其动作程序如下：

1）小车由原位开始前进，到终端后自动停止。

2）在终端停留 2min 后自动返回原位停止。

3）要求在前进和后退途中任意位置能起动和停止。

3-7　某箱体需加工两侧平面，加工方法是将箱体夹紧在滑台上，两侧平面用左右动力头铣削加工。加工前滑台应快速移动到加工位置（行程开关 1），然后改为慢速进给。快进速度为慢进速度的 20 倍，滑台进给速度的改变是由齿轮变速机构和电磁铁来实现的。即磁铁吸合时为快进，放松时为慢进。滑台从快速移动到慢速进给应自动变换，切削完毕（行程开关 2）应自动停车，由人工操作滑台快速退回（行程开关 3）。本专用机床共有三台异步电动机。两台动力头电动机均为 4.5kW，单向运转。滑台电动机功率为 1.1kW，需正反转。试设计控制电路。

第四章　PLC 基础知识

可编程序控制器（PLC）是在继电接触器逻辑控制基础上发展而来的，由于其特殊的性能，已逐步取代继电接触器逻辑控制，在电气控制领域得到广泛应用。本章介绍了 PLC 的历史及发展趋势，讨论了 PLC 的结构和功能特点，简要阐述了 PLC 的编程语言和工作方式及分类，并与继电接触器控制系统进行了比较。

第一节　PLC 的由来与发展

一、PLC 的由来

20 世纪 60 年代末，美国最大的汽车制造商通用汽车（GM）公司，为了适应汽车型号不断更新的需要，想寻找一种方法，尽可能减少重新设计继电接触器控制系统和接线的工作量，降低成本，缩短周期，于是设想把计算机功能完备、灵活性高、通用性好等优点和继电接触器控制系统简单易懂、操作方便、价格便宜等优点结合起来，制造一种新型的工业控制装置。为此，1968 年通用汽车（GM）公司公开招标，要求制造商为其装配线提供一种新型的通用控制器，提出了 10 项招标指标：

1）编程简单，可在现场修改和调试程序。
2）维护方便，各部件最好采用插件方式。
3）可靠性高于继电接触器控制系统。
4）设备体积要小于继电器控制柜。
5）数据可以直接送给管理计算机。
6）成本可与继电接触器控制系统相竞争。
7）输入量是 115V 交流电压。
8）输出量是 115V 交流电压，输出电流在 2A 以上，能直接驱动电磁阀。
9）系统扩展时，原系统只需作很小的变动。
10）用户程序存储器容量能扩展到 4KB。

美国数字设备公司（DEC）中标，于 1969 年研制成功了一台符合要求的控制器，在通用汽车（GM）公司的汽车装配线上试验获得成功。由于这种控制器适于工业环境，便于安装，可以重复使用，通过编程来改变控制规律，完全可以取代继电接触器控制系统，因此在短时间内该控制器的应用很快就扩展到其他工业领域。美国电气制造商协会（National Electrical Manufacturers Association，NEMA）于 1980 年把这种控制器正式命名为可编程序控制器

（PLC）。为使这一新型的工业控制装置的生产和发展规范化，国际电工委员会（IEC）制定了 PLC 的标准，PLC 的定义如下：可编程序控制器是一种数字运算操作的电子系统，专为在工业环境下应用而设计。它采用可编程的存储器，用来在其内部存储执行逻辑运算、顺序控制、定时、计数和算术运算等操作指令，并通过数字式和模拟式的输入和输出，控制各种类型的机械或生产过程。可编程序控制器及其有关设备，都应按易于与工业控制系统形成一个整体、易于扩展其功能的原则设计。

■ 二、PLC 的发展

从 1969 年出现第一台 PLC，经过几十年的发展，PLC 已经发展到了第四代。其发展过程大致如下：

第一代在 1969—1972 年。这个时期是 PLC 发展的初期，该时期的产品，CPU 由中小规模集成电路组成，存储器为磁心存储器。其功能也比较单一，仅能实现逻辑运算、定时、记数和顺序控制等功能，可靠性比以前的顺序控制器有较大提高，灵活性也有所增加。

第二代在 1973—1975 年。该时期是 PLC 的发展中期，随着微处理器的出现，该时期的产品已开始使用微处理器作为 CPU，存储器采用半导体存储器。其功能上进一步发展和完善，能够实现数字运算、传送、比较、PID 调节、通信等功能，并初步具备自诊断功能，可靠性有了一定提高，但扫描速度不太理想。

第三代在 1976—1983 年。PLC 进入大发展阶段，这个时期的产品已采用 8 位和 16 位微处理器作为 CPU，部分产品还采用了多微处理器结构。其功能显著增强，速度大大提高，并能进行多种复杂的数学运算，具备完善的通信功能和较强的远程 I/O 能力，具有较强的自诊断功能，并采用了容错技术。在规模上向两极发展，即向小型、超小型和大型发展。

第四代为 1983 年到现在。这个时期的产品除采用 16 位以上的微处理器作为 CPU 外，内存容量更大，有的已达数兆字节；可以将多台 PLC 链接起来，实现资源共享；可以直接用于一些规模较大的复杂控制系统；编程语言除了可使用传统的梯形图、流程图等外，还可以使用高级语言；外设多样化，可以配置 CRT 和打印机等。

随着微处理技术的发展，PLC 也得到了迅速发展，其技术和产品日趋完善。它不仅以其良好的性能特点满足了工业生产控制的广泛需要，而且将通信技术和信息处理技术融为一体，使得其功能日趋完善化。目前 PLC 技术和产品的发展非常活跃，各厂家不同类型的PLC 品种繁多，各具特色，各有千秋。综合起来看，PLC 的发展趋势有以下几个方面。

1. 系统功能完善化

现今的 PLC 在功能上已有很大发展，它不再是仅仅能够取代继电接触器控制的简单逻辑控制器，而是采用了功能强大的高档微处理器加上完善的输入/输出系统，使得系统的处理功能和控制功能大大增强。同时它还采用了现代数据通信和网络技术，配以交互图形显示及信息存储、输出设备，使得 PLC 系统的功能日趋完美，足以能够满足绝大多数的生产控制需要。

2. 体系结构开放化及通信功能标准化

大多数 PLC 系统都采用了开放性体系结构，通过制定系统总线接口标准、扩展和通信接口标准，使得 PLC 系统能够根据应用需求的规模大小任意扩展。绝大多数公司推出的硬件产品均采用模块化、单元化结构，根据应用需求确定模块的数量，这样既减少了系统投资，又保证了今后系统升级、扩展的需要。

目前各公司的总线、扩展接口及通信功能均是各自独立制定的，还没有一个适合所有公司产品的统一标准，在通信接口上虽然大多数产品采用了标准化接口，但在通信功能上大多是非标准化的。为适应应用环境要求，制定统一的、规范化的PLC产品标准是今后发展的必然趋势。

3. I/O模块智能化及安装现场化

为了提高系统的处理能力和可靠性，大多数PLC产品均采用了智能化I/O模块，以减轻主CPU的负担，同时也为I/O系统的冗余带来了方便。另一方面，为了减少系统配线，减少I/O信号在长线传输时引入的干扰，很多PLC系统将其I/O模块通过通信电缆或光纤与主CPU进行数据通信，完成信息的交换。

4. 功能模块专用化

为满足控制系统的特殊要求，提高系统的响应速度，很多PLC公司推出了专用化功能模块，以满足系统诸如快速响应、闭环控制、复杂控制模式等特殊要求，从而解决了PLC周期扫描时间过长的矛盾。

5. 编程组态软件图形化

为了给用户提供一个友好、方便、高效的编程组态界面，大多数PLC公司均开发了图形化编程组态软件。该软件提供了简捷、直观的图形符号以及注释信息，使得用户控制逻辑的表达更加直观、明了，操作和使用也更加方便。

6. 硬件结构集成化、冗余化

随着专用集成电路（ASIC）和表面安装技术（SMT）在PLC硬件设计上的应用，使得PLC产品硬件元器件数量更少、集成度更高、体积更小，其可靠性更高。同时，为了进一步提高系统的可靠性，PLC产品还采用了硬件冗余和容错技术。用户可以选择CPU单元、通信单元、电源单元或I/O单元甚至整个系统的冗余配置，使得整个PLC系统的可靠性进一步加强。

7. 控制与管理功能一体化

为了更进一步满足控制需要，提高工厂自动化水平，PLC产品广泛采用了计算机信息处理技术、网络通信技术和图形显示技术，使得PLC系统的生产控制功能和信息管理功能融为一体，进一步提高了PLC产品的功能，更好地满足了现代化大生产的控制与管理需要。

8. 向控制的开放性、SoftPLC的方向发展

SoftPLC是把标准工业控制计算机转变成为功能类似PLC的过程控制器的软件技术。SoftPLC把PID算法、离散和模拟输入/输出控制以及计算机的数据处理、计算和联网功能结合起来。作为一个多任务控制内核，它提供强大的指令系统，快速、准确的扫描时间，是可与许多I/O系统、其他装置和网络相连的开放式结构。它不仅具有"硬"PLC所具有的特征和功能，而且具有"硬"PLC不具备的开放式系统特征。SoftPLC通常作为内置式系统在硬件上运行，它允许用户为满足特殊需要而去扩展指令表，采取梯形逻辑执行功能，由于维护人员已经熟悉基于控制系统梯形逻辑的故障诊断和编程，这使得从"硬"PLC到SoftPLC的转变很容易。另外，它允许用户用C、C++或Java语言来进行编程，Java虚拟机和内置式网络服务器为SoftPLC提供了如数据共享、操作、远程检测和维修等功能。另外，软PLC提供了可用于编程和监测的工具——TOPDOC，该软件提供了离线和在线编程、监控、文档和

试验软件包。SoftPLC 作为一种 PLC，不同于其他由软件控制的系统，它具有实时逻辑控制功能，可与其他类型的 PLC 接口，与 I/O 系统、PLC 及其他装置进行联网通信，具有良好的人机界面，是将来 PLC 发展的方向。

PLC 从产生到现在，由于其编程简单、可靠性高、使用方便、维护容易、价格适中等优点，使其得到了迅猛的发展，在冶金、机械、石油、化工、纺织、轻工、建筑、运输、电力等部门得到了广泛的应用。PLC 技术已与机器人技术、CAD/CAM 技术并列成为现代工业生产自动化的三大支柱。从单机自动化到生产线的自动化、柔性制造系统，乃至整个工厂的生产自动化，PLC 均担当着重要的角色。

第二节　PLC 的基本功能和特点

一、PLC 的基本功能

PLC 在工业中的广泛应用是由其功能决定的，其功能主要有以下几个方面：

1. 开关量的逻辑控制

逻辑控制功能实际上就是位处理功能，是 PLC 的最基本功能之一，用来取代继电接触器控制系统，实现逻辑控制和顺序控制。PLC 根据外部现场（开关、按钮或其他传感器）的状态，按照指定的逻辑进行运算处理后，控制机械运动部件进行相应的操作。另外，在 PLC 中一个逻辑位的状态可以无限制地使用，逻辑关系的修改和变更也十分方便。

2. 定时控制

PLC 中有许多供用户使用的定时器，并设置了计时指令，定时器的设定值可以在编程时设定，也可以在运行过程中根据需要进行修改，使用方便灵活。同时 PLC 还提供了高精度的时钟脉冲，用于准确的实时控制。

3. 计数控制

PLC 为用户提供了许多计数器，计数器计数到某一数值时，产生一个状态信号（计数值到），利用该状态信号实现对某个操作的计数控制。计数器的设定值可以在编程时设定，也可以在运行过程中根据需要进行修改。

4. 步进控制

PLC 为用户提供了若干个移位寄存器，可以实现由时间、计数或其他指定逻辑信号为转步条件的步进控制。即在一道工序完成以后，在转步条件控制下，自动进行下一道工序。有些 PLC 还专门设置了用于步进控制的步进指令，编程和使用都很方便。

5. 数据处理

PLC 的数据处理功能，可以实现算术运算、逻辑运算、数据比较、数据传送、数据移位、数制转换、译码编码等操作。中大型 PLC 数据处理功能更加齐全，可完成开方、PID 运算、浮点运算等操作，还可以和 CRT、打印机相连，实现程序、数据的显示和打印。

6. 回路控制

有些 PLC 具有 A-D、D-A 转换功能，可以方便地完成对模拟量的控制和调节。一般情况下，模拟量为 4~20mA 的电流，或 1~5V、0~10V 的电压；数字量为 8 位或 12 位的二进制数。

7. 通信联网

有些 PLC 采用通信技术，实现远程 I/O 控制、多台 PLC 之间的同位链接、PLC 与计算机之间的通信等。利用 PLC 同位链接，可以把数十台 PLC 采用同级或分级的方式连成网络，使各台 PLC 的 I/O 状态相互透明。采用 PLC 与计算机之间的通信连接，可以用计算机作为上位机，下面连接数十台 PLC 作为现场控制机，构成"集中管理、分散控制"的分布式控制系统，以完成较大规模的复杂控制。

8. 监控

PLC 设置了较强的监控功能。利用编程器或监视器，操作人员可以对 PLC 有关部分的运行状态进行监视。

9. 停电记忆

PLC 内部的部分存储器所使用的 RAM 设置了停电保持器件（如备用电池等），以保证断电后这部分存储器中的信息能够长期保存。利用某些记忆指令可以对工作状态进行记忆，以保持 PLC 断电后的数据内容不变。PLC 电源恢复后，可以在原工作基础上继续工作。

10. 故障诊断

PLC 可以对系统构成、某些硬件状态、指令的合法性等进行自诊断，发现异常情况，发出报警并显示错误类型，若属严重错误，则自动中止运行。PLC 的故障自诊断功能，大大提高了 PLC 控制系统的安全性和可维护性。

二、PLC 的特点

1. 编程、操作简易方便，程序修改灵活

目前 PLC 的编程可采用与继电接触器电路极为相似的梯形图语言，直观易懂，只要熟悉继电接触器电路都能极快地进行编程、操作和程序修改，深受现场电气技术人员的欢迎。近几年发展起来的其他的编程语言（如功能图语言、汇编语言和 BASIC、C 等计算机通用语言）也都使编程更加方便，并且适宜于不同的人员。

2. 体积小、功耗低

由于 PLC 是将微电子技术应用于工业控制设备的新型产品，因而 PLC 的结构紧凑、坚固、体积小、重量轻、功耗低。

3. 抗干扰能力强、稳定可靠

由于 PLC 采用大规模集成电路，器件的数量大大减少、故障率低、可靠性高，而且 PLC 本身配有完善的自诊断功能，可迅速判断故障，从而进一步提高可靠性。PLC 通过设置光耦合电路、滤波电路和故障检测与诊断程序等一系列硬件和软件的抗干扰措施，有效地屏蔽了一些干扰信号对系统的影响，极大地提高了系统的可靠性。

4. 采用模块化结构，扩充、安装方便，组合灵活

由于 PLC 已实现了产品系列化、标准化和通用化，用 PLC 组成控制系统在设计、安装、调试和维修等方面，表现出了明显的优越性。由于 PLC 按模块化结构和标准单元结构进行设计，用户可以灵活地扩充、缩小或更换模块数量、规格及连接方式。根据需要可在极短的时间内设计和实现一个工业控制系统，大大缩短了设计调试周期。

5. 通用性好、使用方便

由于 PLC 中的继电器是"软元件"，其接线也是用程序实现的软接线，可以根据需要灵

活组合。一旦控制系统的硬件配置确定以后，用户可以通过修改应用程序来适应生产工艺的变化，实现不同的控制。

6. 修复时间短、维护方便、输入/输出时接口功率大

由于 PLC 采用插件结构，当 PLC 的某一部分发生故障时，只要把该模块更换下来，就可继续工作。平均修复时间为 10min 左右。一般 PLC 的平均无故障时间为 3~5 年，使用寿命在 10 年以上。输入/输出模块可直接与 AC 220V、110V 和 DC 24V、48V 输入/输出信号相连接，输出可直接驱动 2A 以下的负载。而且 PLC 也有 TTL 和 CMOS 电平输入/输出模块，可驱动 TTL 或 CMOS 设备。

第三节 PLC 的结构组成和分类

一、PLC 的结构组成

PLC 是一种以微处理器为核心，综合了计算机技术、半导体存储技术和自动控制技术的一种工业控制专用计算机，其结构组成与微机基本相同，包括以下几部分：中央处理单元（CPU）、存储器、输入/输出（I/O）部件、电源部件和外部设备，如图 4-1 所示。

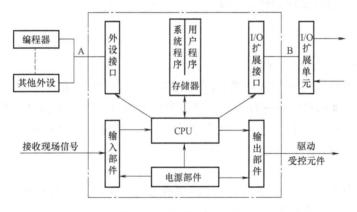

图 4-1 PLC 的结构组成

1. CPU

CPU 作为整个 PLC 的核心，起着总指挥的作用，是控制的"司令部"。由微处理器（MPU）通过数据总线、地址总线、控制总线以及辅助电路连接存储器、接口及 I/O 单元，诊断 PLC 的硬件状态。它按 PLC 中的系统程序赋予的功能接收并存储从编程器键入的用户程序和数据，按存放的先后次序取出指令并进行编译，完成用户指令规定的各种操作，将结果送到输出端，响应各种外部设备的请求。

2. 存储器

PLC 配有系统程序存储器和用户程序存储器。前者存放监控程序、模块化应用功能子程序、命令解释和各种系统参数等系统程序，一般采用 ROM（只读存储器）或 EPROM，PLC 在出厂时，系统程序已固化在存储器中；后者存放用户编制的梯形图等应用程序，通过编程器输入到存储器中，中小型 PLC 的用户程序存储器一般采用 EPROM、E^2PROM 或加后备电

池的 RAM （随机存取存储器）。

3. 输入/输出部件

输入部件和输出部件通常也称为 I/O 单元、I/O 模块，它们是 CPU 与现场 I/O 装置或设备之间的连接部件。PLC 通过输入模块把工业设备或生产现场的状态或信息读入主机，通过用户程序的运算与操作，把结果通过输出模块输出给执行机构。PLC 提供了各种操作电平和驱动能力的 I/O 单元，有各种各样功能与用途的 I/O 扩展单元供用户选用。

4. 电源部件

PLC 的电源部件包括系统电源、备用电源和掉电保护电源。系统电源为开关式稳压电源，供内部电路使用，电源的交流输入端一般接有尖峰脉冲吸收电路，以提高抗干扰能力。备用电源在系统电源出现故障的情况下使用，以保证 PLC 正常工作。为了防止在外部电源发生故障的情况下，PLC 内部重要数据丢失，PLC 还带有后备电池。

5. 其他外部设备

其他外设有打印机、CRT 显示器、键盘等。打印机可将用户程序打印出来直接阅读，也可打印管理报表等；CRT 显示器可用于对 PLC 监控和管理；键盘用于外部数据的输入。

二、PLC 的分类

依据不同的分类方式，PLC 可分为不同的类型，常用的分类方式如下：

1. 按输入/输出点数进行分类

按照 PLC 的输入/输出（I/O）点数可将 PLC 分为小型机（I/O 点数在 256 点以下）、中型机（I/O 点数在 256~2048 点之间）和大型机（I/O 点数在 2048 点以上）。但大、中、小型 PLC 的划分并无严格的界限，PLC 的 I/O 点数可以根据需要灵活配置，PLC 的 I/O 点数越多，其存储容量越大，功能也越强。

2. 按结构形式分类

按结构形式分类，PLC 可以分为整体式和模块式两类。整体式是将 PLC 的 CPU、存储器、I/O 单元、电源等安装在同一机体内，构成主机，另外还有 I/O 扩展单元配合主机使用，用以扩展 I/O 点数。整体式 PLC 的特点是结构紧凑、体积小、成本低、安装方便，但输入/输出点数固定，灵活性较低，小型 PLC 多采用这种结构。模块式 PLC 是由一些标准模块单元组成，采用总线结构，不同功能的模块（如 CPU 模块、输入模块、输出模块、电源模块等）通过总线连接起来。模块式 PLC 的特点是可以根据功能需要灵活配置，构成具有不同功能和不同控制规模的 PLC，多用于大型和中型 PLC。

第四节　PLC 的工作方式及编程语言

一、PLC 的工作方式

PLC 与其他计算机一样，其功能还必须由软件支持，软件包括系统软件和应用软件。PLC 的工作方式是在其系统软件的控制和指挥下，对应用软件（用户程序）作周期性的循环扫描工作。每一循环称为一个扫描周期，每一个扫描周期分为输入采样、执行程序、输出刷新和通信四个阶段。

1. 输入采样阶段

PLC 在输入采样阶段以扫描方式顺序读入所有输入的状态，并存入输入数据寄存器中，接着转入程序执行阶段。在程序执行期间，即使输入状态变化，输入数据寄存器的内容也不会改变。这些变化只能在下一个扫描周期输入采样时读入。

2. 程序执行阶段

在程序执行阶段，先从输入数据寄存器中读入所有输入的状态。指令的执行总是根据梯形图的顺序先左后右、先上后下地对每条指令进行扫描，并按程序的规定读入输出、内部辅助继电器、定时器、计数器的状态，然后进行逻辑运算，运算结果存入输出数据寄存器。

3. 输出刷新阶段

在所有指令执行完以后，输出数据寄存器中的数据不再发生变化，输出数据寄存器中所有输出继电器的状态，在输出刷新阶段转存到输出锁存电路，并驱动输出电路。这才是 PLC 的实际输出。

4. 通信阶段

输出刷新过后，PLC 进入与编程器和上位机或下位机通信（如果有通信请求）阶段。在与编程器通信的过程中，编程器把编程和修改的参数发送给主机，主机把要显示的状态、数据、错误码等发送给编程器进行相应显示。编程器还要发送给主机停机、起动、清内存等命令。

以上四个阶段构成了 PLC 执行用户程序的一个工作周期。在 PLC 内部设置了监视定时器，对每个扫描周期进行监视，以免由于 CPU 内部故障使系统进入死循环。

二、PLC 的编程语言

在 PLC 的发展初期，选择控制系统首先应做出的重要决定是选择 PLC 生产厂家。之后，用户就必须应用该厂家的软件及编程方法，选择的自由度较小。由于不同厂家的 PLC 具有不同的编程语言，各个厂家的 PLC 之间无法兼容，这样就给 PLC 的普及带来一定的困难。国际电工委员会（IEC）于 1994 年 5 月公布了专门用于 PLC 编程的标准 IEC1131—3，该标准介绍了五种 PLC 编程语言的表达方式：顺序功能表图（Sequential Function Chart，SFC）、梯形图（Ladder Diagram，LD）、功能块图（Function Block Diagram，FBD）、指令表（Instruction List，IL）和结构文本（Structured Text，ST）。梯形图（LD）和功能块图（FBD）是图形语言，指令表（IL）和结构文本（ST）是文字语言，而顺序功能表图（SFC）是一种结构块控制程序流程图。

1. 顺序功能表图（SFC）

SFC 提供了一种组织程序的图形方法，在 SFC 中可以用别的语言嵌套编程。步、转换和动作是 SFC 中的三种主要元件，如图 4-2 所示。步是一种逻辑块，即对应于特定控制任务的编程逻辑；动作是控制任务的独立部分；转换是从一个任务执行到另一个任务的条件。

在顺序结构中，CPU 首先反复执行步 1 中的动作，直到转换 1 变为"真"，以后 CPU 将处理第 2 步。

在选择支路中，取决于哪一个转换是活动的。CPU 只执行一条支路。

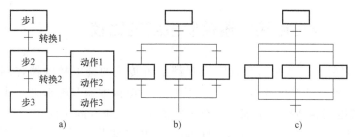

图 4-2 顺序功能表图结构图

a）顺序结构 b）选择结构 c）并行结构

在并行支路中，所有的支路被同时执行，直到转换变为活动的。

2. 梯形图（LD）

对于熟悉传统继电接触器控制系统的人来说，梯形图使用起来很方便。PLC 的梯形图是在继电接触器控制梯形图的基础上发展而来的，其基本思想一致，只是在使用符号和表达方式上有一定区别。PLC 梯形图使用的是内部继电器、定时器/计数器等，都是由软件实现的。

图 4-3 是典型的梯形图，左右两垂直的线称为母线。在左右母线之间，触点在水平线上相串联，相当于"与"（AND）。相邻的线也可以用一条垂直线连接起来，作为逻辑的并联，相当于"或"（OR）。与右母线相连的是线圈，表示输出。梯形图按照从左到右、从上到下的顺序执行。

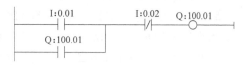

图 4-3 PLC 梯形图

3. 指令表（IL）

指令表类似于汇编语言，是用一个或几个容易记忆的字符来代表 PLC 的某种操作功能。对应图 4-3 的指令表语句为：

LD	I：0.01
OR	Q：100.01
AND NOT	I：0.02
OUT	Q：100.01

指令表语句格式为：

操作码　操作对象

符号 LD、AND、OR、OUT 等属于操作码，告诉 PLC 该进行什么操作；I：0.01、Q100.01 等是操作对象，表示执行该操作的必要信息。详细的指令操作和符号在第五章中讲述。

4. 功能块图（FBD）

在 FBD 中，编程元件是"块状"的，与电路图类似，它们被"导线"连接在一起，应用在与控制元件之间的信息、数据流动有关的高级应用场合。在 FBD 中也允许嵌入别的语言（如梯形图、指令表和结构文本）来编程。

5. 结构文本（ST）

结构文本是一种高级语言，可以用它来编制控制逻辑。与梯形图相比，ST 有两个最大的优点，其一是能实现复杂的数学运算，其二是非常简洁和紧凑。

第五节　PLC 与继电接触器控制系统的比较

在 PLC 出现之前，逻辑控制和顺序控制都是由传统的继电接触器控制系统来实现的。由于采用了微控制器和计算机技术，PLC 与传统的继电接触器系统相比，具有许多优点：

1）传统的继电接触器控制系统是针对一定的生产机械、固定的生产工艺而设计，采用硬接线方式安装而成，只能进行开关量的控制；而 PLC 采用软件编程来实现各种控制功能，只要改变程序，就可适应生产工艺的改变，并且可以实现开关量和模拟量的控制，因而适应性强。

2）传统的继电接触器控制系统中，随着控制对象的增多，必然要增加继电器数目，提高系统的运营成本；而对于 PLC 来说，只需要改变程序就可以实现较复杂的控制功能。

3）继电接触器控制系统在长期使用的过程中，受接触不良和触点寿命的影响，可靠性低；PLC 由于采用了微电子和计算机技术，可靠性比较高，抗干扰能力强。

4）继电接触器控制系统要扩充、改装都必须重新设计、重新配置；而 PLC 在 I/O 点数及内存允许范围内，可自由扩充。

5）与传统继电接触器控制系统相比，PLC 体积小、重量轻、结构紧凑、开发周期短、安装和维护工作量小，PLC 还有完善的监控和自诊断功能，可以及时发现和排除故障。

因此，PLC 在性能上比继电接触器逻辑控制优异，在用微电子技术改造传统产业的过程中，传统的继电接触器控制系统大多数将被 PLC 控制系统所取代。

习题与思考题

4-1　试论述 PLC 的特点、基本功能和发展趋势。

4-2　说明 PLC 的组成及其各部分的作用。

4-3　PLC 的工作方式是什么？

4-4　PLC 采用什么语言编程？各有什么特点？

4-5　比较 PLC 与继电接触器控制系统的优缺点。

第五章 OMRON 公司的 PLC 及编程指令

欧姆龙（OMRON）公司是日本生产 PLC 的主要企业之一，其 SYSMAC C 系列 PLC 产品以其良好的性价比广泛地应用于工业生产的各个领域，如过程控制、机械加工、食品与包装等。OMRON 公司生产的 PLC 有小型、中型和大型等型号。本章以其小型机 CP1H 为例介绍 PLC 的技术性能、指令系统和应用技术的基础知识。

第一节 CP1H 系列小型机简介

SYSMAC CP1H 系列 PLC 是一种由 OMRON 公司设计制造的应用于小规模控制系统中的集成式 PLC，其结构紧凑、功能强，具有很高的性价比，还配备了与 CS/CJ 系列通用的模块。本节主要介绍 CP1H 系列 PLC 的基本构成、内部继电器和数据区配置及主要功能。

一、CP1H 的规格及结构

1. 主机的规格

CP1H CPU 单元包括 X（基本型）、XA（带内置模拟量输入/输出端子）、Y（带脉冲输入/输出专用端子）三种类型，其中 X 型、XA 型为 40 点（24 输入/16 输出），Y 型为 20 点（12 输入/8 输出）。CP1H CPU 输出形式有继电器输出型和晶体管输出型。具体型号如表 5-1 所示。

表 5-1 CP1H CPU 单元

产品名称	型　号	电　源	输出类型	输入点数	输出点数
X 型	CP1HX40DR-A	AC 100~240V 50/60Hz	继电器	24 点	16 点
	CP1HX40DT-D	DC 24V	晶体管（漏型）		
	CP1HX40DT1-D		晶体管（源型）		
XA 型	CP1HXA40DR-A	AC 100~240V 50/60Hz	继电器	24 点	16 点
	CP1HXA40DT-D	DC 24V	晶体管（漏型）		
	CP1HXS40DT1-D		晶体管（源型）		
Y 型	CP1HY20DT-D	DC 24V	晶体管（漏型）	12 点	8 点

2. 主机的面板结构

CP1H 主机的面板结构如图 5-1 所示。

（1）电池盖

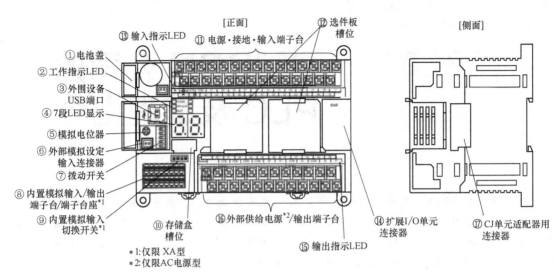

图 5-1　CP1H 主机面板结构

（2）工作指示 LED　指示 CP1H 的工作状态的 LED。主要有 6 个指示灯，如表 5-2 所示。

表 5-2　CP1H 的工作状态指示灯

POWER（绿）	灯亮	通电时
	灯灭	未通电时
RUN（绿）	灯亮	CP1H 正在「运行」或「监视」模式下执行程序
	灯灭	「程序」模式下运行停止中，或因运行停止异常而处于运行停止中
ERR/ALM（红）	灯亮	发生运行停止异常，或发生硬件异常（WDT 异常）时，CP1H 停止运行，所有的输出都切断
	闪烁	发生异常继续运行，此时，CP1H 继续运行
	灯灭	正常时
INH（黄）	灯亮	输出禁止特殊辅助继电器（A500.15）为 ON 时灯亮，所有的输出都切断
	灯灭	正常时
BKUP（黄）	灯亮	正在向内置闪存（备份存储器）写入用户程序、参数、数据内存或访问中。此外，将 PLC 本体的电源 OFF→ON 时，用户程序、参数、数据内存复位过程中灯也亮
	灯灭	上述情况以外
PRPHL（黄）	闪烁	外部设备 USB 端口处于通信中（执行发送、接收中的一种过程中）时，闪烁
	灯灭	上述情况以外

（3）外围设备 USB 端口　用于连接到通过 CP1H 的 CX-Programmer 编程和监控的计算机上。

（4）7 段 LED 显示　在 2 位的 7 段 LED 上显示 CP1H CPU 单元的异常信息及模拟电位器操作时的当前值等 CPU 单元的状态。

（5）模拟量调节器　通过模拟量调节器，可以将 A642 的值在 0 ~ 255 范围内进行调节。

（6）外部模拟设定输入连接器　通过从外部施加 0 ~ 10V 的电压，可将 A643 值在 0 ~ 255 范围内任意变更。

（7）拨动开关　共 6 个拨动开关，各开关定义如表 5-3 所示。

表 5-3 拨动开关

No.	设定	设定内容	用 途	初始值
SW1	ON	不可写入用户存储器	防止由外围工具导致的不慎改写程序的情况下使用	
	OFF	可写入用户存储器		
SW2	ON	电源为 ON 时，执行从存储盒的自动传送	在电源为 ON 时，可将保存在存储盒内的程序、数据内存、参数向 CPU 单元展开	
	OFF	不执行		
SW3	—	未使用	—	
SW4	ON	在用工具总线的情况下使用	需要通过工具总线来使用选件板槽位 1 上安装的串行通信选件板时置于 ON	OFF
	OFF	根据 PLC 系统设定		
SW5	ON	在用工具总线的情况下使用	需要通过工具总线来使用选件板槽位 2 上安装的串行通信选件板时置于 ON	
	OFF	根据 PLC 系统设定		
SW6	ON	A395.12 为 ON	在不使用输入单元而用户需要使某种条件成立时，将该 SW6 置于 ON 或 OFF，在程序上应用 A395.12	
	OFF	A395.12 为 OFF		

（8）内置模拟输入/输出端子台/端子台座（仅限 XA 型） 模拟输入为 4 路、模拟输出为 2 路。

（9）内置模拟输入切换开关（仅限 XA 型） 将各模拟输入在电压输入下使用还是电流输入下使用间切换，如表 5-4 所示。

表 5-4 内置模拟输入切换开关

No.	设 定	设定内容	出厂时的设定
SW1	ON	模拟输入 1 电流输入	
	OFF	模拟输入 1 电压输入	
SW2	ON	模拟输入 2 电流输入	
	OFF	模拟输入 2 电压输入	
SW3	ON	模拟输入 3 电流输入	OFF
	OFF	模拟输入 3 电压输入	
SW4	ON	模拟输入 4 电流输入	
	OFF	模拟输入 4 电压输入	

（10）存储盒槽位 安装 CP1W-ME05M，可将 CP1H CPU 单元的梯形图程序、参数、数据内存（DM）等传送并保存到存储盒。

（11）电源·接地·输入端子台

1）电源输入端子：可提供 AC 100~240V 或 DC 24V 的电源。

2）输入端子：可连接输入设备，如开关和传感器。

3）接地端子。

保护接地（⏚）：要防止触电，接地电阻须为 100Ω 或以下。

功能接地（⎓）：如果干扰是由一个重要的错误源或由电气冲击导致，将保护接地端子接地，接地电阻必须小于 100Ω（仅 AC 电源）。

（12）选件板槽位 可分别将选件板安装到槽位 1、2 上。

· RS-232C 选件板 CP1W-CIF01；

· RS-422A/485 选件板 CP1W-CIF11。

（13）输入指示 LED 输入端子的触点为 ON 则灯亮。

（14）I/O 扩展单元连接器 可连接 CPM1A 系列的扩展 I/O 单元及扩展单元（模拟输入/输出单元、温度传感器单元、CompoBus/S I/O 连接单元、DeviceNet I/O 链接单元），最多7个。

（15）输出指示 LED 输出端子的触点为 ON 则灯亮。

（16）外部供给电源/输出端子台 XA/X 型的 AC 电源规格的机型中，带有 DC 24V 最大 300mA 的外部供给电源端子。输出端子可连接负载，如灯、接触器和电磁阀。

（17）CJ 单元适配器用连接器 CP1H CPU 单元的侧面连接需要 CJ 单元适配器 CP1W-EXT01，故最多可以连接 CJ 系列特殊 I/O 单元或 CPU 总线单元共 2 个单元。但是 CJ 系列的基本 I/O 单元不可以连接。

3. I/O 扩展单元

CPM1A 系列 I/O 扩展单元的类型如表 5-5 所示。模拟输入/输出单元等扩展单元如表 5-6 所示。

表 5-5 CPM1A 系列 PLC 的 I/O 扩展单元

型 号	输 入	输出形式
CPM1A-40EDR	DC 24V 24 点	继电器输出，16 点
CPM1A-40EDT		晶体管输出（漏型），16 点
CPM1A-40EDT1		晶体管输出（源型），16 点
CPM1A-20EDR1	DC 24V 12 点	继电器输出，8 点
CPM1A-20EDT		晶体管输出（漏型），8 点
CPM1A-20EDT1		晶体管输出（源型），8 点
CPM1A-8ED	DC 24V，8 点	无
CPM1A-8ER	无	继电器输出，8 点
CPM1A-8ET		晶体管输出（漏型），8 点
CPM1A-8ET1		晶体管输出（源型），8 点

表 5-6 CP1H 模拟输入/输出单元

名 称	型 号	规 格		
模拟输入/输出单元	CPM1A-MAD01	模拟输入，2 点	0~10V/1~5V/4~20mA	分辨率为 256
		模拟输出，1 点	0~10V/−10~+10V/4~20mA	
	CPM1A-MAD11	模拟输入，2 点	0~5V/1~5V/0~10V/−10~+10V/0~20mA/4~20mA	分辨率为 6000
		模拟输出，1 点	1~5V/0~10V/−10~+10V/0~20mA/4~20mA	
	CPM1A-AD041	模拟输入，4 点	0~5V/1~5V/0~10V/−10~+10V/0~20mA/4~20mA	
	CPM1A-DA041	模拟输出，4 点	1~5V/0~10V/−10~+10V/0~20mA/4~20mA	
温度传感器单元	CPM1A-TS001	输入，2 点	热电偶输入 K、J	
	CPM1A-TS002	输入，4 点		
	CPM1A-TS101	输入，2 点	热电阻输入 Pt100、JPt100	
	CPM1A-TS102	输入，4 点		
DeviceNet I/O 链接单元	CPM1A-DRT21	作为 DeviceNet 从站，被分配输入 32 点/输出 32 点		
CompoBus/S I/O 链接单元	CPM1A-SRT21	作为 CompoBus/S 的从站，被分配输入 8 点/输出 8 点		

　　CP1H 系列 PLC 通过可连接最多两台 CJ 系列的高功能单元（特殊 I/O 单元、CPU 总线单元），实现扩展向上位/下位的通信功能等。可连接的主要 CJ 系列高功能单元如表 5-7 所示。

表 5-7　CJ 系列高功能单元

单元种类	单元名称	型　号
CPU 高功能单元	Ethernet 单元	CJ1W-ETN11/21
	Controller Link 单元	CJ1W-CLK21-V1
	串行通信单元	CJ1W-SCU21-V1
		CJ1W-SCU41-V1
	DeviceNet 单元	CJ1W-DRM21
高功能 I/O 单元	CompoBus/S 主站单元	CJ1W-SRM21
	模拟输入单元	CJ1W-AD081/081-V1/041-V1
	模拟输出单元	CJ1W-DA041/021
		CJ1W-DA08V/08C
	模拟输入/输出单元	CJ1W-MAD42
	处理输入单元	CJ1W-PTS51/52
		CJ1W-PTS15/16
		CJ1W-PDC15
	温度调节单元	CJ1W-TC□□□
	位置控制单元	CJ1W-NC113/133/213/233
		CJ1W-NC413/433
	高速计数器单元	CJ1W-CT021
	ID 传感器单元	CJ1W-V600C11
		CJ1W-V600C12

　　CP1H 系列 CPU 单元及 I/O 扩展单元的输入/输出点数与地址分配如图 5-2 所示。

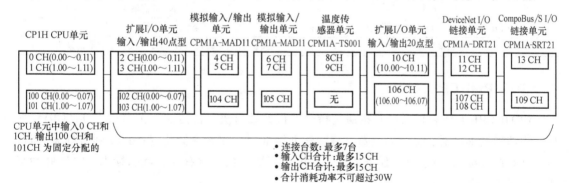

图 5-2　CP1H 系列 CPU 单元及 I/O 扩展单元的输入/输出点数与地址分配

4. 特殊功能单元

　　PLC 的基本 I/O 单元和扩展 I/O 单元主要完成逻辑控制功能，除此之外，PLC 还能实现多种特殊的控制功能，如模拟量控制、温度控制、运动控制、位置控制以及 PID 控制、模糊控制等，这些功能的实现主要靠 PLC 的特殊功能单元来完成。CP1H 系列小型机特殊功能单元主要有模拟量单元、温度检测单元、CompoBus/S I/O 链接单元等。

（1）模拟量输入（A-D）单元 模拟量输入单元的输入信号可以是电压或电流，其范围因不同型号的单元而不同，一般可分为 0~5V、1~5V、0~10V、-10~10V、0~20mA、4~20mA 等档位。OMRON 公司用于 CP1H 系列的模拟量输入单元为可提供 4 路模拟量输入的 CPM1A-AD041。

（2）模拟量输出（D-A）单元 模拟量输出单元的功能是将 PLC 处理后的数字量转换为可用于模拟量控制的模拟量输出信号，然后通过工业现场的有关执行部件进行调节与控制。OMRON 公司用于 CP1H 系列的模拟量输出模块为 4 通道 CPM1A-DA041。

（3）模拟量 I/O 单元 CP1H 系列的模拟量输入/输出单元型号为 CPM1A-MAD01 和 CPM1A-MAD11，这两种型号模块均提供 2 路模拟量输入、1 路模拟量输出。CPM1A-MAD01 模拟量输入量程可设定为 0~10V/1~5V/4~20mA，模拟量输出量程可设定为 0~10V/-10~+10V/4~20mA。CPM1A-MAD11 模拟量输入量程可设定为 0~5V/1~5V/0~10V/-10~+10V/0~20mA/4~20mA，模拟量输出量程可设定为 1~5/0~10V/-10~+10V/0~20mA/4~20mA。

（4）温度传感器单元 对于温度检测量，CP1H 专门配置了温度传感器单元，用于将温度传感器的检测值转换成 PLC 的输入值。CP1H 的温度传感器单元有两种类型：一种为连接热电偶，型号为 CPM1A-TS001/TS002；另一种为连接铂热电阻，型号为 CPM1A-TS101/TS102。

（5）CompoBus/S I/O 链接单元 连接 CPM1A-SRT21 CompoBus/S I/O 链接单元时，CP1H CPU 单元可作为 CompoBus/S 主站单元的从站进行运作。CompoBus/S I/O 链接单元可在主站单元与 PLC 之间创建一个 8 点输入及 8 点输出的 I/O 链接。表 5-8 为 CompoBus/S I/O 链接单元 CPM1A-SRT21 的主要性能。

表 5-8 CompoBus/S I/O 链接单元 CPM1A-SRT21 的主要性能

型 号	CPM1A-SRT21
主站/从站	CompoBus/S 从站
I/O 点数	8 点输入、8 点输出
CPU 单元 I/O 存储器所占用字数	1 输入字、1 输出字
节点编号设定	由 DIP 开关来设定（在 CPU 单元电源接通前设定）

二、CP1H CPU I/O 存储器区

CP1H CPU I/O 存储器区是指通过指令的操作数可进入的区域，由通道 I/O（CIO）区域、内部辅助继电器、保持继电器、特殊辅助继电器、数据存储器（DM）、到时标志/当前值、计数结束标志/当前值、任务标志、变址寄存器、数据寄存器、状态标志、时钟脉冲组成，如图 5-3 所示。

1. 通道 I/O（CIO）区域

（1）输入/输出继电器（输入：0~16 CH，输出：100~116 CH） 用于分配到 CP1H CPU 单元的内置输入/输出及 CPM1A 系列扩展 I/O 单元或扩展单元的继电器区域。

CP1H CPU X 型和 XA 型单元的输入地址占 00 CH 及 01 CH 两个通道，位地址为 I0.0~I0.11 和 I1.0~I1.11，共 24 位；输出地址占 100 CH 及 101 CH 两个通道，位地址为 Q100.0~Q100.7 和 Q101.0~Q101.7，共 16 位。Y 型单元的输入地址占 00 CH 及 01 CH 两个

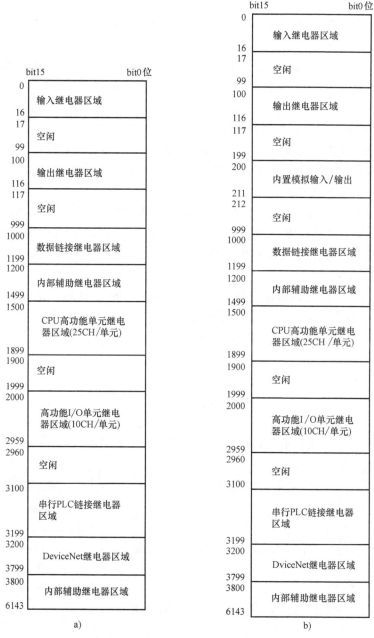

图 5-3　CP1H CPU I/O 存储器区的组成
a) X/Y 型　b) XA 型

通道，位地址为 I0.0、I0.1、I0.4、I0.5、I0.10、I0.11 和 I1.0 ~ I1.5，共 12 位；输出地址占 100 CH 及 101 CH 两个通道，位地址为 Q100.4 ~ Q100.7 和 Q101.0 ~ Q101.3，共 8 位。CPM1A 系列扩展（I/O）单元中，输入地址为 02CH 后，输出地址为 102CH 后，按照连接顺序自动地分配。

（2）内置模拟输入继电器（仅限 XA 型）　内置模拟输入地址：200 ~ 203 CH，分别对应着模拟输入 0 ~ 3，输出地址：210 ~ 211 CH，对应着模拟输出 0 和 1。

（3）数据链接继电器　使用 CJ 系列 Controller Link 单元与网络上的其他 CPU 单元的数据链接时，或者进行 PLC 链接时使用。PLC 链接不使用的继电器编号可作为内部辅助继电器使用。

（4）CPU 总线单元继电器　使用 CJ 系列 CPU 总线单元时，可分配状态信息的继电器区域。每 1 个单元为 25 CH，根据单元编号被分配。

（5）特殊 I/O 单元继电器　可分配 CJ 系列特殊 I/O 单元的状态信息等的继电器区域。每 1 个单元为 10 CH，根据机械号码相应分配。

（6）串行 PLC 链接继电器　是串行 PLC 链接中使用的继电器区域，用于与其他 PLC CP1H CPU 单元或 CJ1M CPU 单元进行数据链接。串行 PLC 链接通过内置 RS-232C 端口，进行 CPU 单元间的数据交换。

（7）DeviceNet 继电器　使用 CJ 系列 DeviceNet 单元的远程 I/O 主站功能时，各从站被分配的继电器区域。扩展 CPM1A 系列扩展单元 CPM1A-DRT21 时不使用该区域。

（8）内部辅助继电器　内部辅助继电器包括①1200～1499 CH、3800～6143 CH 和②W000～W511 CH 两种。

W000～W511 CH 仅可在程序上使用，不能用作和外部 I/O 端子的 I/O 交换输出，而1200～1499 CH、3800～6143 CH 的区域可在功能扩展时分配其他特定用途。因此，内部辅助继电器优先使用W000～W511 CH。

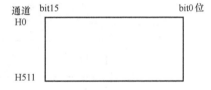

2. 保持继电器（HR）

如图 5-4 所示，仅可在程序上使用的继电器区域。PLC 上电（OFF→ON）或模式切换（程序模式←→运行模式/监视模式间的切换）时，也保持其之前的 ON/OFF 状态。

图 5-4　保持继电器

3. 特殊辅助继电器（AR）

如图 5-5 所示，用于已设定的继电器，如开始运行时 1 个周期为 ON 标志 A200.11。

4. 暂时存储继电器（TR）

在电路的分支点，暂时存储 ON/OFF 状态的继电器。

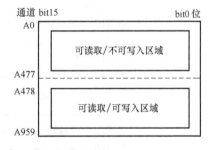

5. 数据存储器（DM）

如图 5-6 所示，以字（16 位）为单位来读写的通用数据区域。

图 5-5　特殊辅助继电器

PLC 上电（OFF→ON）或模式切换（程序模式←→运行模式/监视模式间的切换）时也可保持数据。

数据内存可通过 BIN 模式（带@的 D）、BCD 模式（带 ⋆ 的 D）间接指定。

6. 定时器（TIM）

可使用 T0～T4095 的 4096 个定时器。

定时器编号在 100ms 定时器指令（TIM/TIMX）、10ms 定时器指令（TIMH/TIMHX）、1ms 定时器指令（TMHH/TMHHX）、累加定时器指令（TTIM/TTIMX）、长定时器指令（TIML/TIMLX）中共享使用。

7. 计数器（CNT）

可使用 C0~C4095 的 4096 个计数器。

计数器编号在计数器指令（CNT/CNTX）、可逆计数器指令（CNTR/CNTRX）中共享使用。

8. 状态标志

表示指令执行结果的标志，即通常为 ON 或 OFF 的标志，不是用地址而是用标签（名称）来指定。

位出错（ER）标志及进位（CY）标志等，反映各指令的执行结果的专用标志（触点）。标志用 P_ER、P_CY 等名称来指定。

9. 时钟脉冲

根据 CPU 单元内置定时器置为 ON/OFF，不是用地址而是用标签（名称）来指定。

10. 任务标志（TK）

可使用 TK00~TK31。

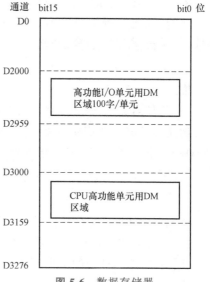

图 5-6　数据存储器

周期执行任务为执行状态（RUN）时置于 1（ON），未执行状态（INI）或待机状态（WAIT）时置于 0（OFF）的标志。TK00~TK31 适用于周期执行任务 No.00~31。

11. 变址寄存器（IR）

保存 I/O 存储器的有效地址（RAM 上的地址）的专用寄存器，用该寄存器间接指定 I/O 存储器使用。变址寄存器可以在一个任务中使用，或者在所有任务中共享。

12. 数据寄存器（DR）

可使用 DR0~DR15。

作为通过变址寄存器间接指定的一种，仅用于在变址寄存器中对该数据寄存器的内容相加的值（偏移指定）进行指定。数据寄存器可以在一个任务中使用，或者在所有任务中共享。

第二节　CP1H 的基本指令

目前 PLC 编程的语言有梯形图、指令表、逻辑功能图和高级语言等，大部分 PLC 都可使用梯形图和指令表编程。虽然 CP1H 系列 PLC 属小型机，但它的指令系统却非常丰富。在理解指令的含义、熟练其使用方法以后，灵活地使用其丰富的指令，可以发挥其强大的控制功能。

按功能的不同，PLC 的编程指令可分为基本指令和扩展指令两类。基本指令是直接对输入和输出进行操作的指令，包括输入、输出逻辑操作以及定时器/计数器等基本指令。扩展指令是指进行数据传送、数据处理、数据运算、中断控制等操作的指令。本节介绍 CP1H 的基本指令。

一、输入/输出基本指令

1. 读指令 LD

格式：LD B　　符号：┤├─

B：操作对象。该指令可以使用的区为 CIO、WR、HR、AR、T、C、TK、TR、IR 等。

功能：指定一个逻辑开始，并根据指定操作位的 ON/OFF 状态建立一个 ON/OFF 执行条件。LD 指令用于从母线开始的第一个常开位或从逻辑块开始的第一个常开位。

2. 取反指令 LD NOT

格式：LD NOT B　　　符号：├─┤／├─

B：操作对象。该指令可以使用的区为 CIO、WR、HR、AR、T、C、TK、IR 等。

功能：指定一个逻辑开始，并根据指定操作位的 ON/OFF 状态的取反结果建立一个 ON/OFF 执行条件。LD NOT 指令用于从母线开始的第一个常闭位或从逻辑块开始的第一个常闭位。

3. 输出指令 OUT

格式：OUT B　　　符号：─（　）├

B：操作对象。该指令可以使用的区为 CIO、WR、HR、AR、TR、IR 等。

功能：将逻辑处理的结果（执行条件）输出到指定位。如果没有即时刷新规定，则将执行条件（能流）的状态写入 I/O 存储器中的指定位中。如果有即时刷新规定，则除了将执行条件（能流）的状态写入 I/O 存储器中的输出位之外，还会写入 CPU 单元的内置输出端子。

4. 输反指令 OUT NOT 指令

格式：OUT NOT B　　　符号：─（／）├

B：操作对象。该指令可以使用的区为 CIO、WR、HR、AR、TR、IR 等。

功能：将逻辑处理的结果（执行条件）取反后输出到指定位。如果没有即时刷新规定，则将执行条件（能流）的状态取反后写入 I/O 存储器中的指定位中。如果有即时刷新规定，则除了将执行条件（能流）的状态取反后写入 I/O 存储器中的输出位之外，还会写入 CPU 单元的内置输出端子。

输入/输出基本指令的使用如下。

梯形图（见图 5-7）：

图 5-7　输入/输出基本指令的使用

助记符：

LD 0.00

OUT 100.00

OUTNOT 100.01

LDNOT 0.01

OUT 100.02

5. 单个位输出 OUTB（534）

格式：OUTB D

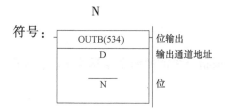

D：输出通道地址。该指令可以使用的区为 CIO、WR、HR、AR、T、C、DM、@ DM、* DM 等。

N：位地址。该指令可以使用的区为 CIO、WR、HR、AR、T、C、DM、@ DM、* DM、常数等。

功能：输入条件为 ON 时，将 D 所指定的 CH 的位地址 N 置 ON。输入条件为 OFF 时，将 D 所指定的 CH 的位地址 N 置 OFF。与 OUT 指令不同的是可以将 DM 区域的指定位作为对象。

二、逻辑操作指令

1. 与指令 AND

格式：AND B　　符号：—| |—

B：操作对象。该指令可以使用的区为 CIO、WR、HR、AR、T、C、TK、IR 等。

功能：将指定操作位的状态和当前执行条件进行逻辑"与"操作，用于常开位的串联连接。AND 不能直接与母线连接，也无法用于逻辑块的起始处。

2. 与非指令 AND NOT

格式：AND NOT B　　符号：—|/|—

B：操作对象。该指令可以使用的区为 CIO、WR、HR、AR、T、C、TK、IR 等。

功能：将指定操作位的状态取反后和当前执行条件进行逻辑"与"操作，用于常闭位的串联连接。AND NOT 不能直接与母线连接，也无法用于逻辑块的起始处。

3. 或指令 OR

格式：OR B　　符号：—| |—

B：操作对象。该指令可以使用的区为 CIO、WR、HR、AR、T、C、TK、IR 等。

功能：将指定操作位的 ON/OFF 状态和当前执行条件进行逻辑"或"操作。OR 用于常开位的并联连接。一个常开位和一个以载入或载入非指令开始的逻辑块形成一个逻辑"或"。

4. 或非指令 OR NOT

格式：OR NOT B　　符号：—|/|—

B：操作对象。该指令可以使用的区为 CIO、WR、HR、AR、T、C、TK、IR 等。

功能：将指定位的状态取反后和当前执行条件进行逻辑"或"操作。OR NOT 用于常闭位的并联连接。一个常闭位和一个以载入或载入非指令开始的逻辑块形成一个逻辑"或"。

5. 逻辑块"与"指令 ANDLD

格式：ANDLD

符号：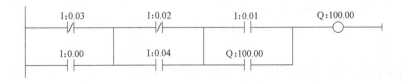

功能：用于逻辑块的串联连接。ANDLD 将紧邻该指令之前的两个逻辑块串联，如图 5-8 所示。

图 5-8　ANDLD 的使用

助记符：

LDNOT 0. 03

OR 0. 00

LDNOT 0. 02

OR 0. 04

ANDLD

LD 0. 01

OR 100. 00

ANDLD

OUT 100. 00

6. 逻辑块"或"指令 ORLD

格式：ORLD

符号：

功能：用于逻辑块的并联连接。ORLD 将紧邻该指令之前的两个逻辑块并联，如图 5-9 所示。

助记符：

LDNOT 0. 03

AND 0. 00

LDNOT 0. 02

AND 0. 04

ORLD

LD 0. 01

AND 100. 00

ORLD

OUT 100. 00

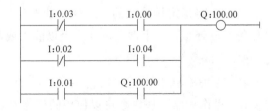

图 5-9　ORLD 指令的使用

三、程序控制指令

1. 结束指令 END（001）

格式：END（001）　　符号：┤END(001)├

功能：表示程序结束，END 指令后的程序将不会被执行。

2. 空操作指令 NOP（000）

格式：NOP（000）

功能：无实际操作，编程时可起占用程序地址号的作用，以便于程序修改。

3. 互锁/互锁清除指令 IL（002）/ILC（003）

格式：IL（002）/ILC（003）　　符号：┤IL(002)├　┤ILC(003)├

功能：当 IL（002）的执行条件为 ON 时，IL（002）和 ILC（003）之间的所有指令均正常执行。当 IL（002）的执行条件为 OFF 时，IL（002）和 ILC（003）之间的所有输出均互锁。

4. 跳转/跳转结束指令 JMP（004）/JME（005）

格式：JMP（004）N/ JME（005）　　N

符号：

N：跳转号，范围为 0~255。

功能：JMP 为发生跳转点，JME 为跳转目标点。当 JMP 执行条件为 ON 时，不发生跳转，当执行条件为 OFF 时发生跳转，从 JMP 跳到与其有相同号的第一条 JME 指令，然后执行后面的程序。JMP 与 JME 指令应配对使用，否则将产生错误信息。

5. 条件转移/条件非转移指令 CJP（510）/CJPN（511）

格式：CJP（510）N/ CJPN（511）　　N

符号：

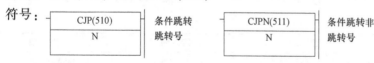

N：跳转号，范围为 0~255。

功能：当 CJP 的执行条件为 OFF 时，不进行跳转，且程序按编写的顺序连续执行。当 CJP 的执行条件为 ON 时，程序执行直接跳转至程序中具有相同跳转号的第一条 JME 指令。CJPN 与 CJP 功能相反。

6. "非"指令 NOT（520）

格式：NOT　　符号：┤NOT(520)├

功能：NOT（520）指令放在一个执行条件与另一个指令之间，用于对执行条件取反。NOT（520）为中间指令，NOT（520）之后需编入一个右侧指令。

7. 上升沿微分指令 UP（521）

格式：UP　　符号：┤UP(521)├

功能：当接收到的执行条件从 OFF→ON 时，UP（521）将下一条指令的执行条件在一个循环中变为 ON。

上升沿微分指令（DIFU），也可以取逻辑电路上的到前一段为止的输入信号的微分，但由于是输出指令，需要内部辅助继电器。使用本指令，可以直接连接到下一段上，因此可以实现内部辅助继电器的资源节省和程序步数的缩减。如图 5-10 和图 5-11 所示，当 I0.01 为 ON 时，Q100.05 在一个循环中都变为 ON，但图 5-10 较简单。

图 5-10　上升沿微分指令 UP

8. 下降沿微分指令 DOWN（522）

格式：DOWN　　符号：┤ DOWN(522) ├

功能：当接收到的执行条件从 ON→OFF 时，DOWN（522）将下一条指令的执行条件在一个循环中变为 ON。

下降沿微分指令（DIFD），也可以取逻辑电路上的到前一段为止的输入信号的微分，但由于是输出指令，所以需要内部辅助继电器。使用本指令，可以直接连接到下一段上，因此可以实现内部辅助继电器的资源节省和程序步数的缩减。

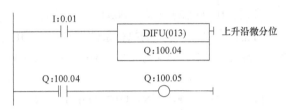

图 5-11　上升沿微分指令 DIFU

四、定时器/计数器指令

定时器/计数器包含定时器/计数器完成标志和定时器/计数器当前值（PV）。当递减定时器/计数器当前值（PV）到达 0（计数完成）时或当递增定时器/计数器当前值（PV）到达设定值时，完成标志置 ON。CP1H PLC 有 1ms、10ms 和 100ms 三种分辨率的定时器。刷新定时器/计数器相关指令的 PV 有两种方法，即"BCD"和"二进制"，如表 5-9 所示。

表 5-9　PV 的刷新方法

方　法	描　　述	设定范围	设　定　值
BCD	以 BCD 码设定定时器的设定值	0~9.999s	#0000~9999
二进制	以二进制码设定定时器的设定值	0~65.535s	&0~65535 或 #0000~FFFF

定时器/计数器适用指令如表 5-10 所示。

表 5-10　定时器/计数器适用指令

分　　类	指　　令	助　记　符	
		BCD	二进制
定时器/计数器指令	100ms 定时器	TIM	TIMX（550）
	10ms 定时器	TIMH（015）	TIMHX（551）
	1ms 定时器	TMHH（540）	TMHHX（552）
	累加定时器	TTIM（087）	TTIMX（555）
	长定时器	TIML（542）	TIMLX（553）
	计数器	CNT	CNTX（546）
	可逆计数器	CNTR（012）	CNTRX（548）
	复位定时器/计数器	CNR（545）	CNRX（547）

1. 100ms 定时器指令 TIM/TIMX（550）

格式：**TIM N**　　　　　　　　　　　　　　**TIMX（550）N**

　　　　 SV　　　　　　　　　　　　　　　　　　**SV**

符号：

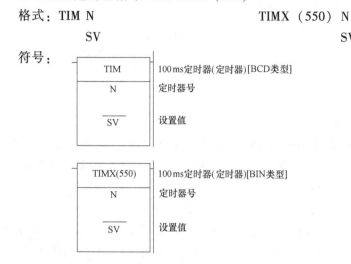

N：定时器编号，其范围为 0000~4095。

SV：定时设定值。当定时器为 TIM 时，SV 为 BCD 码，取值范围为 0000~9999，即定时范围为 0~999.9s；当定时器为 TIMX（550）时，SV 为二进制，取值范围为 &0~&65535，即定时范围为 0~6553.5s。

SV 取值区域可为 CIO、WR、HR、AR、T、C、DM、@DM、∗DM、常数等。

功能：减 1 定时器指令。当定时器输入条件变为 ON 时，定时器开始计时，当前值 PV 每隔 0.1s 减 1，当 PV 变为 0 时，定时器输出为 ON，并自保 ON 直至定时器输入条件变为 OFF；当定时器输入条件变为 OFF 或电源断电时，定时器复位，当前值 PV 恢复为设定值 SV，定时器触点为 OFF。

定时器时序图如图 5-12 所示。

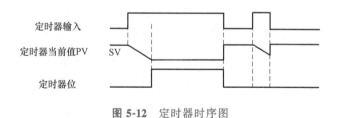

图 5-12　定时器时序图

2. 10ms 定时器指令 TIMH（015）/TIMHX（551）

格式：**TIMH（015）N**　　　　　　　　　　　　**TIMHX（551）N**

　　　　　 SV　　　　　　　　　　　　　　　　　 **SV**

符号：

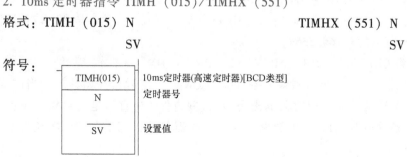

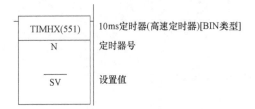

N：定时器编号，其范围为0000~4095。

SV：定时设定值。当定时器为TIMH（015）时，SV为BCD码，取值范围为0000~9999，即定时范围为0~99.99s；当定时器为TIMHX（551）时，SV为二进制，取值范围为&0~&65535，即定时范围为0~655.35s。

SV取值区域可为CIO、WR、HR、AR、T、C、DM、@DM、*DM、常数。

功能：减1定时器指令。当定时器输入条件变为ON时，定时器开始计时，当前值PV每隔0.1s减1，当PV变为0时，定时器输出为ON，并自保ON直至定时器输入条件变为OFF；当定时器输入条件变为OFF或电源断电时，定时器复位，当前值PV恢复为设定值SV，定时器触点为OFF。

3. 1ms定时器指令TMHH（540）/TMHHX（552）

格式：TMHH（540）N   TMHHX（552）N

　　　　　　　SV   SV

符号：

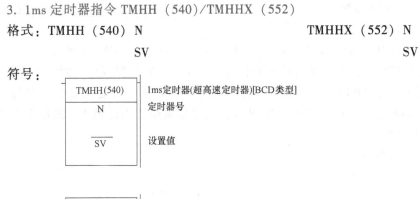

N：定时器编号，其范围为0000~0015。

SV：定时设定值。当定时器为TMHH（540）时，SV为BCD码，取值范围为0000~9999，即定时范围为0~9.999s；当定时器为TMHHX（552）时，SV为二进制，取值范围为&0~&65535，即定时范围为0~65.535s。

SV取值区域可为CIO、WR、HR、AR、T、C、DM、@DM、*DM、常数。

功能：减1定时器指令。当定时器输入条件变为ON时，定时器开始计时，当前值PV每隔0.1s减1，当PV变为0时，定时器输出为ON，并自保ON直至定时器输入条件变为OFF；当定时器输入条件变为OFF或电源断电时，定时器复位，当前值PV恢复为设定值SV，定时器触点为OFF。

4. 累加定时器指令 TTIM（087）/TTIMX（555）

格式：TTIM（087）N　　　　　　　　　　　　TTIMX（555）N

SV　　　　　　　　　　　　　　　　　　SV

符号：

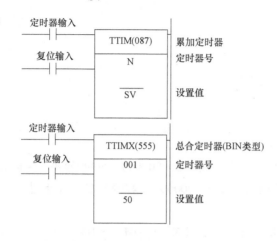

N：定时器编号，其范围为 0000～4095。

SV：定时设定值。当定时器为 TTIM（087）时，SV 为 BCD 码，取值范围为 0000～9999，即定时范围为 0～999.9s；当定时器为 TTIMX（555）时，SV 为二进制，取值范围为 &0～&65535，即定时范围为 0～6553.5s。

SV 取值区域可为 CIO、WR、HR、AR、T、C、DM、@DM、＊DM、常数。

功能：加 1 定时器指令。当定时器输入为 ON 时，TTIM（087）/TTIMX（555）使 PV 递增。当定时器输入变为 OFF 时，定时器将停止使 PV 递增，但 PV 的值将保持。当定时器输入再次变为 ON 时，PV 将重续计时。当 PV 到达 SV 时，定时器完成标志将变为 ON。

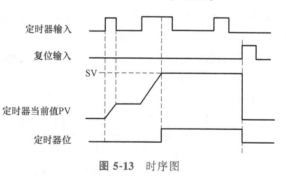

图 5-13　时序图

时序图如图 5-13 所示。

5. 长定时器指令 TIML（542）/TIMLX（553）

格式：TIML（542）N　　　　　　　　　　TIMLX（553）N

SV　　　　　　　　　　　　　　　　SV

符号：

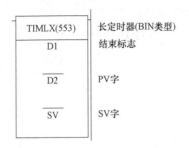

D1：完成标志。

D2：PV 值，双字格式。

SV：定时设定值，双字格式。

对于 TIML（542）指令，PV 和 SV 的范围可从 #00000000 ~ #99999999，定时器分辨率为 0.1s；对于 TIMLX（553）指令，范围可从 &00000000 ~ &4294967295（十进制）定时器分辨率为 1s。

D1、D2 取值区域可为 CIO、WR、HR、AR、DM、@DM、*DM。

SV 取值区域可为 CIO、WR、HR、AR、T、C、DM、@DM、*DM、常数。

功能：当定时器输入为 OFF 时，定时器被复位，即定时器的 PV 被复位为 SV 且完成标志变为 OFF。当定时器输入从 OFF 变为 ON 时，TIML（542）/TIMLX（553）开始使 D2+1 和 D2 中的 PV 递减。只要定时器输入保持 ON，则 PV 将保持减量计时，且当 PV 到达 0 时，定时器的完成标志将变为 ON。TIML（542）/TIMLX（553）指令中，TIML（542）最多可计时 115 天，而 TIMLX（553）最多可计时 49710 天。

6. 计数器指令 CNT/CNTX（546）

格式：CNT N   CNTX（546）N

     SV   SV

符号：

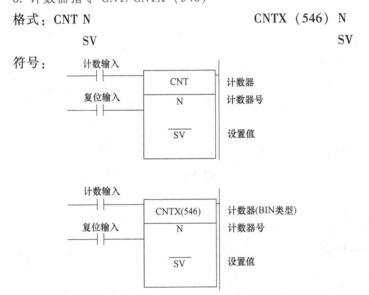

N：计数器编号，其范围为 0000 ~ 4095。

SV：计数器设定值。当计数器为 CNT 时，SV 为 BCD 码，取值范围为 0000 ~ 9999；当计数器为 CNTX（546）时，SV 为二进制，取值范围为 &0 ~ &65535。

SV 取值区域可为 CIO、WR、HR、AR、T、C、DM、@ DM、＊DM、常数、CF、脉冲位等。

功能：当计数输入脉冲从 OFF 变为 ON 时，PV 减 1 计数，即计数脉冲从 OFF 变为 ON 一次，当前值 PV 减 1，当 PV 为 0 时，计数器输出为 ON 并保持，直到复位输入从 OFF 变为 ON 时，当前值 PV 被复位为设定值 SV，计数器输出为 OFF。复位输入端为 ON 时不计数，复位输入端为 OFF 时计数脉冲才起作用。计数过程中电源断电时，当前值 PV 保持。

计数器时序图如图 5-14 所示。

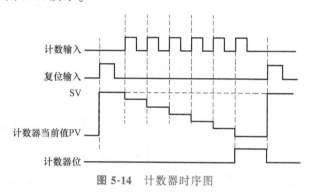

图 5-14 计数器时序图

7. 可逆计数器 CNTR（012）/CNTRX（548）

格式：CNTR（012）N   CNTRX（548）N
      SV   SV

符号：

  增量输入 ——| |—— [CNTR(012)] 可逆计数器
  减量输入 ——| |—— [N] 计数器号
  复位输入 ——| |—— [$\overline{SV}$] 设置值

  增量输入 ——| |—— [CNTRX(548)] 可逆计数器(BIN类型)
  减量输入 ——| |—— [N] 计数器号
  复位输入 ——| |—— [$\overline{SV}$] 设置值

N：计数器编号，其范围为 0000～4095。

SV：计数器设定值。当计数器为 CNTR 时，SV 为 BCD 码，取值范围为 0000～9999；当计数器为 CNTRX（548）时，SV 为二进制，取值范围为 &0～&65535。

SV 取值区域可为 CIO、WR、HR、AR、T、C、DM、@ DM、＊DM、常数、CF、脉冲位等。

功能：当增量脉冲从 OFF 变为 ON 时，PV 加 1，当 PV 从 SV 变回 0 时，完成标志将变为 ON；而当 PV 从 0 递增到 1 时，完成标志又将再次变为 OFF。当减量脉冲从 OFF 变为 ON

时，PV 减 1，当 PV 从 0 递减为 SV 时，完成标志将变为 ON；而当 PV 从 SV 递减到 SV-1 时，完成标志又将再次变为 OFF。

如果增量和减量输入同时从 OFF→ON，则 PV 不变。复位输入端为 ON 时不计数，PV 将被复位为 0。

例 5-1　如图 5-15 所示梯形图，画出 C30 的时序图（见图 5-16）。

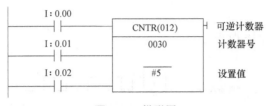

图 5-15　梯形图

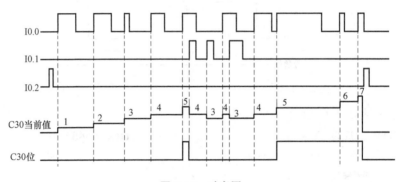

图 5-16　时序图

8. 复位定时器/计数器 CNR（545）/CNRX（547）

格式：CNR（545）N1　　　　　　　　　　　　CNRX（547）N1
　　　　　　　　 N2　　　　　　　　　　　　　　　　　　　　N2

符号：

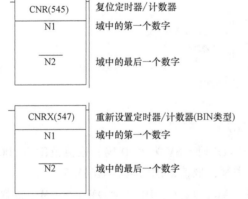

N1：范围中的第 1 个编号，T0000～T4095 或 C0000～C4095。

N2：范围中的最后 1 个编号，T0000～T4095 或 C0000～C4095。

功能：CNR（545）/CNRX（547）指令使 N1～N2 的所有定时器或计数器的完成标志复

位。与此同时，PV 将被全部置为最大值（BCD 为 9999，二进制为 FFFF）。

9. 定时器/计数器举例

（1）闪烁电路　图 5-17 是用定时器设计的闪烁电路，其输出脉冲的周期和占空比可调。图中 T0 的使能输入端为 ON，T0 开始定时，20s 后定时时间到，T0 的动合触点为 ON，使 Q100.0 为 ON，同时 T1 开始定时，30s 后 T1 定时时间到，其动断触点断开，T0 因为使能输入端断开而复位，复位后使 T0 动合触点断开，Q100.0 为 OFF，同时 T1 因使能输入端断开而复位，复位后其动断触点接通，下一个循环周期开始，以后 Q100.0 将周期性地为"ON"和"OFF"，"ON"和"OFF"时间通过 T0 和 T1 的预设值改变。

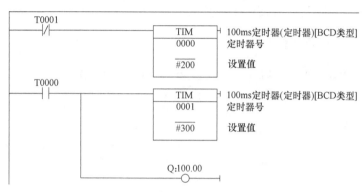

图 5-17　用定时器设计的闪烁电路

助记符：

LDNOT T0001

TIM 0000 #200

LD T0000

TIM 0001 #300

OUT 100.00

（2）用计数器扩展定时器的定时范围　如图 5-18 所示，I0.2 为 OFF 时，100ms 定时器 T0 和计数器 C1 处于复位状态，它们均不能工作。I0.2 为 ON 时，T0 开始定时，20s 后 T0 定时时间到，其当前值等于设定值，其动断触点断开，使它自己复位，复位后 T0 的当前值为 0，同时其动断触点闭合，重新开始定时。T0 周而复始工作，直到 I0.2 变为 OFF。T0 产生的周期脉冲送给 C1 计数，记满 400 个脉冲后 C1 的当前值等于设定值，其动合触点闭合。梯形图中最上面一行为脉冲发生器，周期等于设定值。

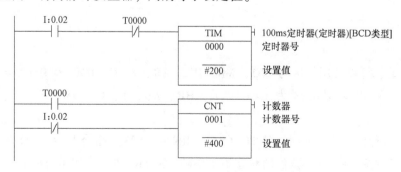

图 5-18　用计数器扩展定时器的定时范围

五、置位/复位指令 SET/RSET

格式：SET B / RSET B　　符号：

```
   ┌─────┐        ┌─────┐
───┤ SET │     ───┤RSET │
   ├─────┤        ├─────┤
   │  B  │        │  B  │
   └─────┘        └─────┘
```

B：操作对象。该指令可以使用的区为 CIO、WR、HR、AR、IR。

功能：当条件为 ON 时对 B 进行置位（ON）/复位（OFF）操作。此后，无论输入条件的 ON/OFF 状态如何，指定的操作位均保持。

六、多位置位/复位指令 SETA（530）/RSTA（531）

格式：SETA D N1 N2/RSTA D N1 N2

符号：

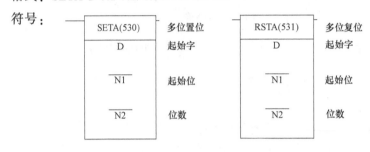

D：起始字，可以使用的区为 CIO、WR、HR、AR、T、C、DM、@ DM、＊DM。

N1：起始位，可以使用的区为 CIO、WR、HR、AR、T、C、DM、@ DM、＊DM、常数、IR。

N2：位数，可以使用的区为 CIO、WR、HR、AR、T、C、DM、@ DM、＊DM、常数、IR。

功能：SETA（530）/RSTA（531）指令将从 D 的 N1 位开始往左（较高位）的 N2 个位变为 ON/OFF，所有其他位均保持不变（如果将 N2 置为 0，则不作改变）。

七、单个位置位/复位指令 SETB（532）/RSTB（533）

格式：SETB D N /RSTB D N

符号：

```
   ┌──────────┐  位置位        ┌──────────┐  位复位
───┤SETB(532) │  设置通道地址  ───┤RSTB(533) │  复位通道地址
   ├──────────┤               ├──────────┤
   │    D     │               │    D     │
   ├──────────┤               ├──────────┤
   │    N     │  位           │    N     │  位
   └──────────┘               └──────────┘
```

D：字地址，可以使用的区为 CIO、WR、HR、AR、T、C、DM、@ DM、＊DM、IR。

N：位号，可以使用的区为 CIO、WR、HR、AR、T、C、DM、@ DM、＊DM、常数、IR。

功能：当执行条件为 ON 时，SETB（532）/RSTB（533）指令将字 D 的位 N 变为 ON/OFF。当执行条件为 OFF 时，该位的状态不受影响。SETB（532）和 RSTB（533）不能对定时器和计数器进行置位/复位。

SET/RSET 和 SETB（532）/RSTB（533）的区别：

1）当指定的位在 CIO、W、H 或 A 区时，这些指令的用法相同。

2）SETB（532）和 RSTB（533）指令可控制 DM 区中的位。

八、保持指令 KEEP（011）

格式：KEEP B

符号：

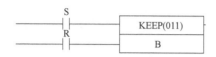

B：操作对象。该指令可以使用的区为 CIO、WR、HR、AR、IR。

S：置位端。

R：复位端。

功能：相当于一个锁存继电器，S 端为 ON 时，B 被置位（ON）；R 端为 ON 时，B 被复位（OFF）；S、R 端同为 ON 时，B 为 OFF。

KEEP 指令的使用如图 5-19 所示，其时序图如图 5-20 所示。

助记符：

LD 0.00

LD 0.01

KEEP（011）100.02

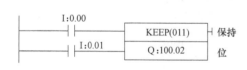

图 5-19 KEEP 指令的使用

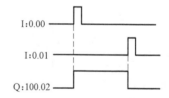

图 5-20 KEEP 时序图

九、微分指令 DIFU（013）/DIFD（014）

格式：DIFU B/DIFD B

符号：

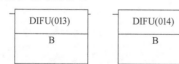

B：操作对象。该指令可以使用的区为 CIO、WR、HR、AR。

功能：上升沿/下降沿微分指令。当执行条件由 OFF→ON（上升沿）或由 ON→OFF（下降沿）时，B 在一个扫描周期内为 ON。

DIFU/DIFD 的使用如图 5-21 所示，其时序图如图 5-22 所示。

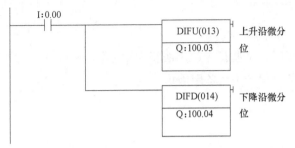

图 5-21 DIFU/DIFD 的使用

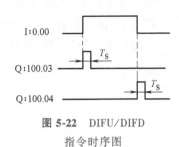

图 5-22 DIFU/DIFD
指令时序图

助记符：

LD 0.00

DIFU (013) 100.03

DIFD (014) 100.04

十、暂存器 TR

当以助记符编程时，TR 位用于临时保留程序中的执行条件的 ON/OFF 状态。当直接以梯形图的形式编程时，不使用 TR 位，因为处理步骤将通过外部设备自动执行。它必须与 LD 及 OUT 配合使用，多用于有几个分支的输出，TR 共有 16 个 （TR0～TR15），可多次使用，但在同一段程序中不能重复使用同一号的 TR，所以在一段程序中最多可使用 15 个用 TR 暂存的分支。

TR 指令的使用如图 5-23 所示。

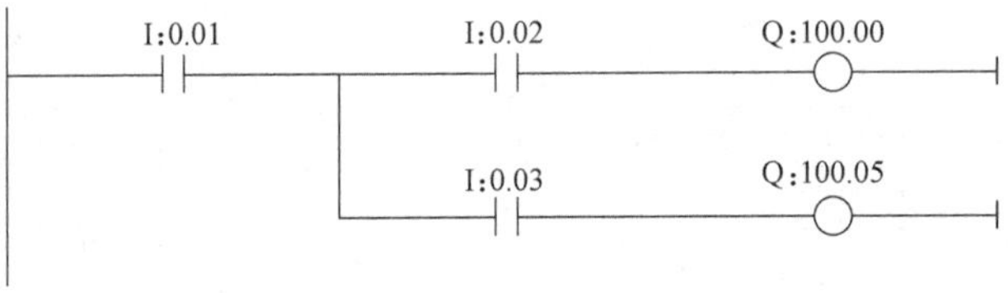

图 5-23 TR 指令的使用

助记符：

LD 0.01

OUT TR0

AND 0.02

OUT 100.00

LD TR0

AND 0.03

OUT 100.05

十一、循环指令 FOR （512）/NEXT （513）

格式：FOR N/NEXT

符号：

FOR(512)
N

N：循环次数

NEXT(513)

N：循环次数，介于 0 ~ 65535 之间。N 可以使用的区为 CIO、WR、HR、AR、T、C、DM、@DM、*DM、常数、IR。

功能：将 FOR（512）和 NEXT（513）之间的指令重复执行 N 次，然后程序继续执行 NEXT（513）之后的指令。如果 N 被置为 0，则 FOR（512）和 NEXT（513）之间的指令将作为 NOP（000）指令处理。BREAK（514）指令可用于取消循环。

十二、循环中断指令 BREAK（514）

格式：BREAK

符号：—| BREAK(514) |—

功能：在执行 FOR（512）和 NEXT（513）循环时，BREAK（514）取消 FOR-NEXT 循环。当 BREAK（514）指令执行时，到 NEXT（513）为止的其余指令作为 NOP（000）处理。BREAK 指令只能在 FOR ~ NEXT 指令间使用。

十三、PLC 编程时应注意的问题

1）输出或指令（如定时器、计数器等）一般不能直接与左母线相连，其前面至少有一个触点，如图 5-24 所示。

图 5-24　输出编程

2）同一个位，作为触点在程序中可以无限次地使用，但作为输出则只能使用一次。

3）因为桥式电路在 PLC 中无法编程，应将其按逻辑关系等效成非桥式电路，如图 5-25 所示。

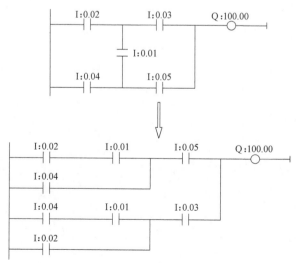

图 5-25　桥式电路的等效图

4）复杂部分应尽量放于梯形图的左上角，这样会简化指令表的编程。如图 5-26 所示。

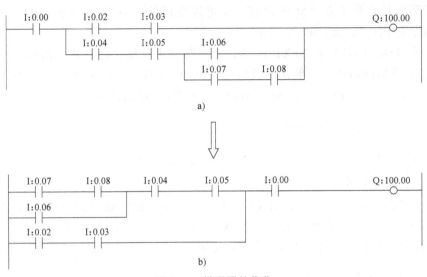

图 5-26 梯形图的优化

图 5-26a 的助记符如下：

LD 0. 00
LD 0. 02
AND 0. 03
LD 0. 04
AND 0. 05
LD 0. 06
LD 0. 07
AND 0. 08
ORLD
ANDLD
ORLD
ANDLD
OUT 100. 00

图 5-26b 的助记符如下：

LD 0. 07
AND 0. 08
OR 0. 06
AND 0. 04
AND 0. 05
LD 0. 02
AND 0. 03

ORLD

AND 0.00

OUT 100.00

第三节 CP1H 的数据比较与传送指令

PLC 的编程过程中经常会遇到大量的数据，对这些数据的处理在很大程度上影响了编程的效率。CP1H 系列的 PLC 提供了多种数据处理指令，包括数据的比较、传送、移位、转换、运算等，使数据的处理方便而快捷。

一、数据比较指令

比较指令用来比较两个数据类型相同的数值 S1 与 S2 的大小。CP1H 比较指令分为输入比较指令、时间比较指令、无符号二进制比较指令、有符号二进制比较指令、块比较指令、表比较指令、区域范围比较指令。

1. 输入比较指令

格式：助记符 S1

　　　　　　　S2

符号：

助记符
S1
S2

助记符：=、>、<、>=、<=、<>

功能：比较两个值（常数和/或指定字的内容），并在比较条件为真时生成一个 ON 执行条件。

S1：比较数据 1，数据类型为无符号整数、无符号双整、有符号整数、有符号双整。

S2：比较数据 2，数据类型为无符号整数、无符号双整、有符号整数、有符号双整。

S1、S2 可以使用的区为 CIO、WR、HR、AR、T、C、DM、@ DM、* DM、常数、IR 等。

输入比较指令的处理类似于 LD、AND 和 OR 指令，用于控制随后的指令执行，因此输入比较指令格式如表 5-11 所示。

表 5-11　输入比较指令（x 表示 =、>、<、>=、<=、<>）

无符号整数比较	有符号整数比较	无符号双整比较	有符号双整比较
LDx S1 S2	LDxS S1 S2	LDxL S1 S2	LDxSL S1 S2
ANDx S1 S2	ANDxS S1 S2	ANDxL S1 S2	ANDxSL S1 S2
ORx S1 S2	ORxS S1 S2	ORxL S1 S2	ORxSL S1 S2

例 5-2　一自动仓库存放某种货物，最多 6000 箱，需对所存的货物进出计数。货物多于 1000 箱，灯 L1 亮；货物多于 5000 箱，灯 L2 亮。其中，L1 和 L2 分别受 Q100.0 和 Q100.1 控制。

程序如图 5-27 所示。

图 5-27 梯形图程序

2. 时间比较指令

格式：符号　C

　　　　　　　S1

　　　　　　　S2

符号：

C:控制字
S1:当前时间的首字
S2:比较时间的首字

符号：＝DT、<>DT、<DT、<＝DT、>DT、>＝DT

功能：比较两个 BCD 时间值，并在比较条件为真时生成一个 ON 执行条件。

C：控制字。C 的 00~05 位指定是否屏蔽时间数据以进行比较。00~05 位分别屏蔽秒、分、时、日、月和年。如果这所有 6 个值均被屏蔽，则指令将不执行，执行条件将为 OFF，且出错标志将变 ON。C 的格式如下：

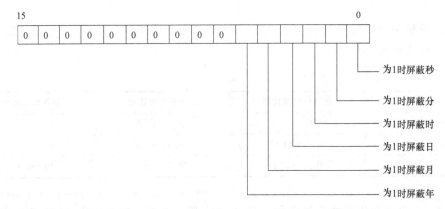

C 可以使用的区为 CIO、WR、HR、AR、T、C、DM、常数、IR。

S1~S1+2：当前时间数据，S1~S1+2 必须位于同一个数据区。数据格式如下：

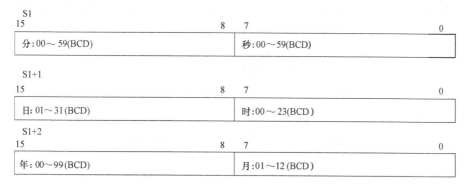

S2~S2+2：比较时间数据，S2~S2+2 必须位于同一个数据区。数据格式如下：

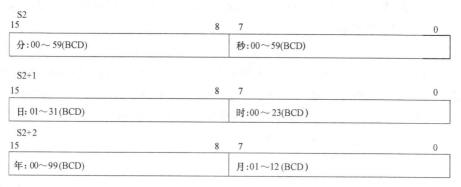

年份值表示年份的后两位。值 00~97 表示 2000~2097。值 98 和 99 表示 1998 和 1999。

S1、S2 可以使用的区为 CIO、WR、HR、AR、T、C、DM、@ DM、* DM、IR。

时间比较指令的处理类似于 LD、AND 和 OR 指令，用于控制随后的指令执行，因此时间比较指令格式如表 5-12 所示。

表 5-12 时间比较指令

（x 表示 =、>、<、>=、<=、<>）

时间比较指令
LDxDT C S1 S2
ANDxDT C S1 S2
ORxDT C S1 S2

3. 无符号二进制比较指令 CMP（020）/CMPL（060）

格式：CMP（20） S1 CMPL（60） S1

　　　　　　　　　 S2　　　　　　　　　 S2

符号：

S1、S2：比较数 1、2。采用 CMP（020）时，S1、S2 为无符号整数，采用 CMPL（060）时，S1、S2 为无符号双整数。S1、S2 取值范围：CIO、WR、HR、AR、T、C、DM、@ DM、* DM、常数、IR 等。

功能：CMP（020）比较 S1 和 S2 中的无符号二进制数据，并将结果输出到辅助区中的算术标志（大于、大于等于、等于、小于等于、小于和不等于标志）中。CMPL（060）比较 S1+1、S1 和 S2+1、S2 中的无符号二进制数据，并将结果输出到辅助区中的算术标志（大于、大于等于、等于、小于等于、小于和不等于标志）中。

4. 有符号二进制比较指令 CPS（114）/CPSL（115）

格式：CPS（114）　S1　　CPSL（115）　S1
　　　　　　　　　　S2　　　　　　　　　S2

符号：

S1、S2：比较数 1、2。采用 CPS（114）时，S1、S2 为有符号整数，采用 CPSL（115）时，S1、S2 为有符号双整数。

S1、S2 取值范围：CIO、WR、HR、AR、T、C、DM、@DM、*DM、常数、IR 等。

功能：CPS（114）比较 S1 和 S2 中的有符号二进制数据，并将结果输出到辅助区中的算术标志（大于、大于等于、等于、小于等于、小于和不等于标志）中。CPSL（115）比较 S1+1、S1 和 S2+1、S2 中的有符号二进制数据，并将结果输出到辅助区中的算术标志（大于、大于等于、等于、小于等于、小于和不等于标志）中。

5. 块比较指令 BCMP（068）

格式：BCMP（068）　S
　　　　　　　　　　　B
　　　　　　　　　　　R

符号：

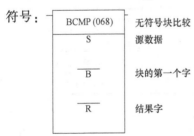

S：源数据。取值范围：CIO、WR、HR、AR、T、C、DM、@DM、*DM、常数。

B：比较块的起始字。取值范围：CIO、WR、HR、AR、T、C、DM、@DM、*DM、IR。

R：比较结果字。取值范围：CIO、WR、HR、AR、T、C、DM、@DM、*DM、IR。

功能：比较块分为 16 个区域，每个区域由两个字组成，一个字存下限数据，另一个字存上限数据。在 BCMP 的执行条件为 ON 时，将比较数 S 与比较块的每一个区域进行比较，若 S 处在某个区域中，则比较结果字 R 中与该区域对应的位为 ON，R 的对应位如下：

$B \leqslant S \leqslant B+1$　　　　R 的 bit00 位为 ON；

$B+2 \leqslant S \leqslant B+3$　　　　R 的 bit01 位为 ON；

⋮　　　　　　⋮　　　　　　⋮

B+28≤S≤B+29　　　R 的 bit14 位为 ON；

B+30≤S≤B+31　　　R 的 bit15 位为 ON。

6. 表比较指令 TCMP（085）

格式：TCMP（085）　　　S

　　　　　　　　　　　　T

　　　　　　　　　　　　R

符号：

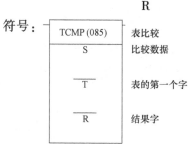

TCMP (085)	表比较
S	比较数据
T̄	表的第一个字
R̄	结果字

S：源数据。取值范围：CIO、WR、HR、AR、T、C、DM、@DM、＊DM、常数、IR。

T：比较表的起始字。取值范围：CIO、WR、HR、AR、T、C、DM、@DM、＊DM、IR。

R：比较结果字。取值范围：CIO、WR、HR、AR、T、C、DM、@DM、＊DM、IR。

功能：比较表 T 共 16 个字。在 TCMP 的执行条件为 ON 时，将数据 S 与比较表中的数据进行比较，若 S 与比较表中某个字的数据相同，则比较结果字 R 中与该字对应的位为 ON，对应关系如下：

R＝T　　　　R 的 bit00 位为 ON；

R＝T+1　　　R 的 bit01 位为 ON；

⋮　　　　　　⋮

R＝T+14　　　R 的 bit14 位为 ON；

R＝T+15　　　R 的 bit15 位为 ON。

7. 区域范围比较指令 ZCP（088）/ZCPL（116）

格式：ZCP（088）　　CD　　　　　　　ZCPL（116）　　CD

　　　　　　　　　　LL　　　　　　　　　　　　　　　LL

　　　　　　　　　　UL　　　　　　　　　　　　　　　UL

符号：

ZCP(088)	区域范围比较
CD	比较字
L̄L̄	域的下限
Ū̄L̄	域的上限

ZCPL(116)	长区域范围比较
CD	第一个比较字
L̄L̄	域的下限
Ū̄L̄	域的上限

CD：比较数据。取值范围：CIO、WR、HR、AR、T、C、DM、@DM、＊DM、常数、IR。

LL：下限。取值范围同 CD。

UL：上限。取值范围同 CD。

功能：ZCP（088）将 CD 中的 16 位有符号二进制数据与由 LL 和 UL 所定义的范围做比

较，并将结果输出到辅助区内的大于、等于和小于标志中；ZCPL（116）将 CD+1、CD 中的 32 位有符号二进制数据与由 LL+1、LL 和 UL+1、UL 所定义的范围做比较，并将结果输出到辅助区内的大于、等于和小于标志中。

二、数据传送指令

1. 传送指令 MOV（021）/MOVL（498）/MVN（022）/MVNL（499）

格式：

MOV（021）　　S　MOVL（498）　　S　MVN（022）　　S　MVNL（499）　　S
　　　　　　　　D　　　　　　　　　D　　　　　　　　D　　　　　　　　　D

符号：

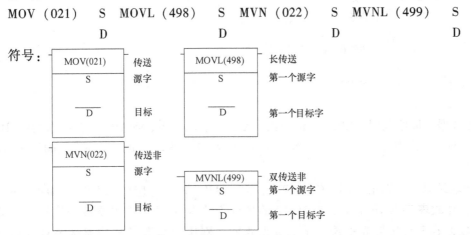

S：源数据。取值范围：CIO、WR、HR、AR、T、C、DM、@DM、*DM、常数、IR。

D：目的通道。取值范围：CIO、WR、HR、AR、T、C、DM、@DM、*DM、IR。

功能：将源数据 S 传送到目的通道 D 中。MOV（021）将 S 传送到 D，如果 S 是一个常数，则该值可用作数据设定。MOVL（498）将 S+1 和 S 传送到 D+1 和 D 中。MVN（022）指令对 S 中的位进行取反，并将结果传送到 D 中，S 中的内容保持不变。MVNL（499）将 S+1 和 S 中的位进行取反，并将结果传送到 D+1 和 D 中。

2. 位传送指令 MOVB（082）

格式：MOVB（082）　　S
　　　　　　　　　　　C
　　　　　　　　　　　D

符号：

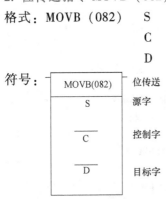

S：源数据。取值范围：CIO、WR、HR、AR、T、C、DM、@DM、*DM、常数、IR。

C：控制字（BCD 码）。取值范围同 S。

D：目的字。取值范围：CIO、WR、HR、AR、T、C、DM、@DM、*DM、IR。

功能：根据 C 的内容，将 S 中指定的某一位传送到 D 的指定位中。C 的 bit00~bit07 位指定 S 中的位号，bit08~bit15 位指定 D 中的位号。

例 5-3　如图 5-28 所示，C＝C02Hex，则执行 MOVB（082）#A474 #C02 D0 后，D0 中内容是什么？

指令执行过程如下：由于 C＝C02Hex，将 S 中指定的 bit2＝1 传送到 D0 的 bit12，因此 D0＝1000Hex，如图 5-29 所示。

图 5-28　例 5-3 梯形图

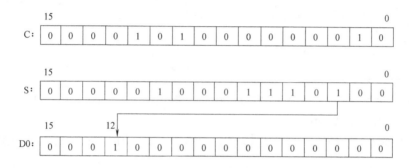

图 5-29　MOVB 指令的工作过程

3. 多位传送 XFRB（062）

格式：XFRB（062）　　C

　　　　　　　　　　　S

　　　　　　　　　　　D

符号：

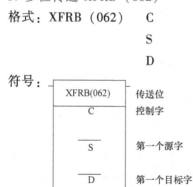

C：控制字。取值范围：CIO、WR、HR、AR、T、C、DM、@DM、＊DM、常数、IR。

S：源首字。取值范围：CIO、WR、HR、AR、T、C、DM、@DM、＊DM、IR。

D：目的首字。取值范围同 S。

功能：最多可将源字中的 255 个连续位（从 S 的位 1 开始）传送到目的字中（从 D 位 m 开始）。

C 的格式如下：

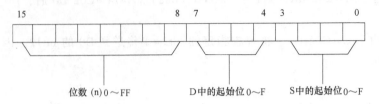

位数 (n) 0～FF   D 中的起始位 0～F   S 中的起始位 0～F

4. 块传送指令 XFER (070)

格式：XFER (070)　　N

　　　　　　　　　　S

　　　　　　　　　　D

符号：

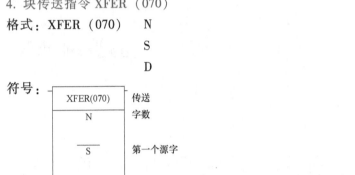

N：数据块字数。N 的范围为 0000～FFFF，取值范围：CIO、WR、HR、AR、T、C、DM、@DM、*DM、常数、IR。

S：源数据块开始字。取值范围：CIO、WR、HR、AR、T、C、DM、@DM、*DM、IR。

D：目的数据块开始字。取值范围同 S。

功能：将以 S 为首的 N 个连续字中的数据对应传送到以 D 为首的 N 个连续字中。

5. 块设置指令 BSET (071)

格式：BSET (071)　　S

　　　　　　　　　　St

　　　　　　　　　　E

符号：

S：源数据。取值范围：CIO、WR、HR、AR、T、C、DM、@DM、*DM、常数、IR。

St：数据块开始字。取值范围：CIO、WR、HR、AR、T、C、DM、@DM、*DM、IR。

E：数据块结束字。取值范围同 St。

功能：将源数据 S 传送到从 St 到 E 的所有字中，BSET 指令常用于对某一区域清零。

6. 数字传送指令 MOVD（083）

格式：MOVD（083）　　S

　　　　　　　　　　 C

　　　　　　　　　　 D

符号：

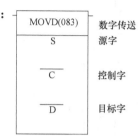

MOVD(083)	数字传送
S	源字
$\overline{C}$	控制字
$\overline{D}$	目标字

S：源数据。取值范围：CIO、WR、HR、AR、T、C、DM、@DM、∗DM、常数、IR。

C：控制字（BCD 码）。取值范围同 S。

D：目的字。取值范围：CIO、WR、HR、AR、T、C、DM、@DM、∗DM、IR。

功能：根据 C 的内容，将 S 中指定位的数字传送到 D 的指定位中，控制字 C 的含义如图 5‑30 所示。

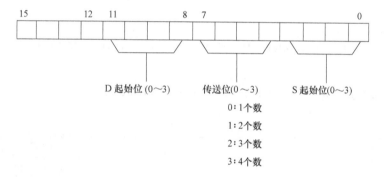

D 起始位（0～3）　　　传送位（0～3）　　　S 起始位（0～3）

　　　　　　　　　　　　0：1 个数
　　　　　　　　　　　　1：2 个数
　　　　　　　　　　　　2：3 个数
　　　　　　　　　　　　3：4 个数

图 5‑30　MOVD 中控制字 C 的含义

图 5‑31 表示 C 为不同值时的传送方式。

7. 数据交换指令 XCHG（073）/XCGL（562）

格式：XCHG（073）　　E1　　　　　XCGL（562）　　E1

　　　　　　　　　　 E2　　　　　　　　　　　　　 E2

符号：

XCHG(073)	数据交换
E1	第一个交换字
$\overline{E2}$	第二个替换字

XCGL(562)	双数据交换
E1	第一个交换字
$\overline{E2}$	第二个替换字

E1：交换数据 1。取值范围：CIO、WR、HR、AR、T、C、DM、@DM、∗DM、IR。

E2：交换数据 2。取值范围同 E1。

功能：XCHG（073）将 E1 与 E2 的内容进行交换。XCGL（562）将 E1+1、E1 与

E2+1、E2 的内容进行交换。

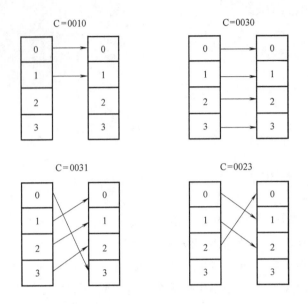

图 5-31　C 为不同值时的传送方式

例 5-4　已知 D0 = AAHex，D2 = 55Hex，则执行 XCHG（073）D0 D2 后，D0 和 D2 各为多少？

由于执行交换，因此 D0 = 55Hex，D2 = AAHex，如图 5-32 所示。

图 5-32　例 5-4 梯形图

8. 单字分配指令 DIST（080）

格式：DIST　S

　　　　　　Bs

　　　　　　Of

符号：

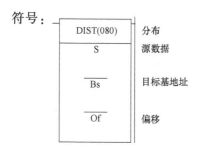

S：源数据。取值范围：CIO、WR、HR、AR、T、C、DM、@DM、＊DM、常数、IR。

Bs：目的基址。取值范围：CIO、WR、HR、AR、T、C、DM、@DM、＊DM、IR。

Of：偏移量。取值范围：CIO、WR、HR、AR、T、C、DM、@DM、＊DM、常数、IR。

功能：将 S 复制到由 Of 和 Bs 相加计算得出的目的字中。使用时，Bs 和 Bs+Of 必须在同一个数据区内。

9. 数据收集指令 COLL（081）

格式：COLL（081）　　Bs

Of

D

符号：

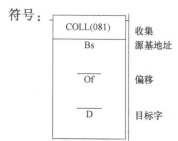

Bs：源基准地址。取值范围：CIO、WR、HR、AR、T、C、DM、@DM、＊DM、IR。

Of：偏移量。取值范围：CIO、WR、HR、AR、T、C、DM、@DM、＊DM、常数、IR。

D：目的字。取值范围：CIO、WR、HR、AR、T、C、DM、@DM、＊DM、IR。

功能：COLL（081）指令将源字（由 Of 和 Bs 相加计算得出）复制到目的字中。使用时，Bs 和 Bs+Of 必须在同一个数据区内。

第四节　CP1H 的数据移位与转换指令

一、数据移位指令

1. 移位寄存器指令 SFT（010）

格式：SFT（010）　　St

E

符号：

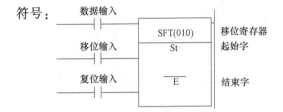

St：起始字。取值范围：CIO、WR、HR、AR、IR。

E：结束字。取值范围同 St。

功能：当复位端为 OFF 时，在移位脉冲输入端的每个移位脉冲的上升沿时刻，St~E 中的所有数据按位依次左移一位，如图 5-33 所示。E 中数据的最高位溢出丢失，数据输入端的数据则移进 St 中的最低位；当复位端为 ON 时，St~E 均复位为零。

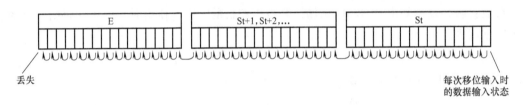

图 5-33 移位寄存器指令

2. 可逆移位寄存器指令 SFTR（084）

格式：SFTR   C

            St

            E

符号：

C：控制字。取值范围：CIO、WR、HR、AR、T、C、DM、@DM、＊DM、IR。

St：起始字。取值范围同 C。

E：结束字。取值范围同 C。D1、D2 必须在同一区域，且 D1 ≤ D2。

功能：SFTR 指令在控制字 C 的控制下执行。控制字 C 的作用为：bit00~bit11 位不使用；bit12 位控制移位方向，1 为左移（低→高），0 为右移（高→低）；bit13 位是数据输入端；bit14 位是移位脉冲输入端；bit15 位是复位端。

SFTR 指令执行条件为 ON 时，则：

1）若控制 C 的 bit15 位（复位端）为 1，St 到 E 中的所有数据及进位位 CY 全部清 0，且不接收输入数据。

2）控制字 C 的 bit15 位为 0 时，在移位脉冲 bit14 位的作用下，根据 C 的 bit12 位的状态进行左移或右移。左移：从 St 到 E 的所有数据，每个移位脉冲依次左移一位，C 的 bit13 的数据移入 St 的最低位中，E 的最高位数据移入进位位 CY 中。右移：从 St 到 E 的所有数据，每个移位脉冲依次右移一位，C 的 bit13 的数据移入 E 的最高位中，St 的最低位的数据移入进位位 CY 中。

SFTR 指令执行条件为 OFF 时，停止移位，此时复位信号（C 的 bit15）若为 1，St 到 E 中的数据及进位位 CY 保持原状态不变。

SFTR 指令工作过程如图 5-34 所示。

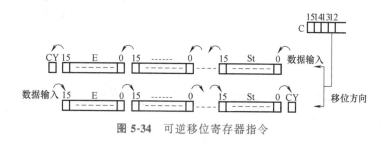

图 5-34 可逆移位寄存器指令

3. 字移位指令 WSFT（016）

格式：WSFT（016）　　S
　　　　　　　　　　　St
　　　　　　　　　　　E

符号：

S：源字。取值范围：CIO、WR、HR、AR、T、C、DM、@DM、＊DM、常数、IR。

St：起始字。取值范围：CIO、WR、HR、AR、T、C、DM、@DM、＊DM、IR。

E：结束字。取值范围同 St。

功能：每执行一次 WSFT 指令，St 到 E 的数据以字为单位左移一位，且源字 S 中的数据将放在 St 中，而 E 中的数据将丢失，如图 5-35 所示。

图 5-35 字移位指令

4. 1 位数字左移位/右移位指令 SLD（074）/SRD（075）

格式：SLD　St　　　　　　　　SRD　St
　　　　　　E　　　　　　　　　　　　E

符号：

St：起始字。取值范围：CIO、WR、HR、AR、T、C、DM、@DM、*DM、IR。

E：结束字。取值范围同St。

功能：每执行一次SLD（074）/SRD（075）指令，从St到E的数据以数字为单位左移/右移一次。0进入E/St的最低/最高数字位，St/E中的最高/最低位数字溢出丢失，如图5-36和图5-37所示。

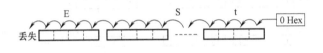

图5-36 1位数字左移位指令

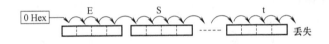

图5-37 1位数字右移位指令

5. 算术左移/右移指令 ASL（025）/ASR（026）

格式：ASL（025）/ASR（026）   Wd

符号：

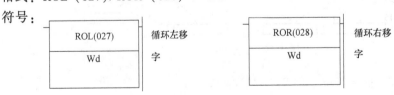

Wd：移位字。取值范围：CIO、WR、HR、AR、T、C、DM、@DM、*DM、IR。

功能：每执行一次ASL（025）/ASR（026）指令，将Wd中的数据按位左移/右移一位，最高位/最低位移到CY中，0移进最低位/最高位。

6. 循环左移/右移指令 ROL（027）/ROR（028）

格式：ROL（027）/ROR（028）   Wd

符号：

ROL(027)	循环左移	ROR(028)	循环右移
Wd	字	Wd	字

Wd：移位字。取值范围：CIO、WR、HR、AR、T、C、DM、@DM、*DM、IR。

功能：每执行一次 ROL（027）/ROR（028）指令，将 Wd 中的数据连同 CY 的内容，按位循环左移/右移一位，其过程如图 5-38 和图 5-39 所示。

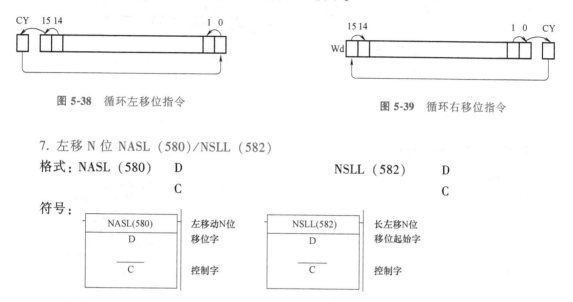

图 5-38 循环左移位指令   图 5-39 循环右移位指令

7. 左移 N 位 NASL（580）/NSLL（582）

格式：NASL（580）   D   NSLL（582）   D
                    C   C

符号：

```
┌─────────────────┐
│   NASL(580)     │  左移动N位
│       D         │  移位字
│      ─          │
│       C         │  控制字
└─────────────────┘
```
```
┌─────────────────┐
│   NSLL(582)     │  长左移N位
│       D         │  移位起始字
│      ─          │
│       C         │  控制字
└─────────────────┘
```

C：控制字。取值范围：CIO、WR、HR、AR、T、C、DM、@DM、＊DM、常数、IR。C 含义如下：

移入寄存器数据
0：移入0
8：移入最右位内容

移动位数：00～FHex(NASL)
00～1FHex(NSLL)

D：移位字。NASL（580）中 D 为 16 位无符号整数，NSLL（582）中 D 为 32 位无符号双整数，包含 D+1 和 D 两个字。取值范围：CIO、WR、HR、AR、T、C、DM、@DM、＊DM、IR。

功能：将移位字的数据向左（从最右位到最左位）移动指定的位数（在 C 中指定）。移位字从最右位开始的指定位数中插入零或最右位的值（根据 C 的 bit12～bit15 确定）。对于移出指定字的位，最后一位的内容将移到进位标志（CY）中，而其他所有数据将丢失。

例 5-5 若 W0 中内容为 800AHex，D100 中内容为 2A49Hex，则执行 NASL（580）D100 W0 后，D100 中的内容是多少？

控制字C：

1	0	0	0	0	0	0	0	0	0	0	0	1	0	1	0

移位字D：

0	0	1	0	1	0	1	0	0	1	0	0	1	0	0	1

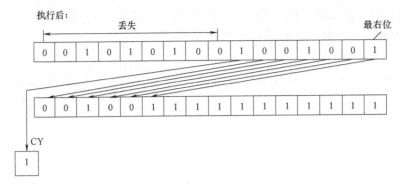

程序执行如图 5-40 所示。

图 5-40 例 5-5 程序

8. 右移 N 位 NASR (581)/NSRL (583)

格式: NASR (581)　　D　　　　　　　　NSRL (583)　　D
　　　　　　　　　　C　　　　　　　　　　　　　　　　　C

符号:

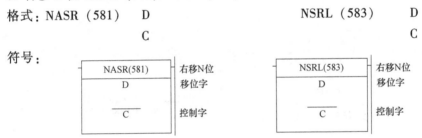

C: 控制字。取值范围: CIO、WR、HR、AR、T、C、DM、@ DM、* DM、常数、IR。
C 含义如下:

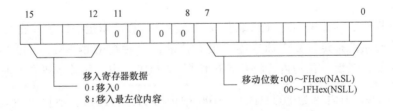

D: 移位字。NASR (581) 中 D 为 16 位无符号整数, NSRL (583) 中 D 为 32 位无符号双整数, 包含 D+1 和 D 两个字。取值范围: CIO、WR、HR、AR、T、C、DM、@ DM、* DM、IR。

功能: 将移位字的数据向右 (从最左位到最右位) 移动指定的位数 (在 C 中指定)。移位字从最左位开始的指定位数中插入零或最右位的值 (根据 C 的 bit12~bit15 确定)。对于移出指定字的位, 最后一位的内容将移到进位标志 (CY) 中, 而其他所有数据将丢失。

二、数据转换指令

1. BCD 码→二进制数转换指令 BIN （023）/BINL （058）

格式：BIN （023）　　S　　　　　　　　　BINL （058）　　S

　　　　　　　　　　　　R　　　　　　　　　　　　　　　　　　R

符号：

S：源字。内容为 BCD 码，取值范围：CIO、WR、HR、AR、T、C、DM、@ DM、* DM、IR。

R：结果字。取值范围同 S。

功能：BIN （023）将 S 中的 BCD 码转换成 16 位二进制数（S 中的内容保持不变）并存入 R 中。BINL （058）将 8 位数 BCD 数据转换为 32 位二进制数据。

例如，若源字数据为 BCD 数 4321，结果字为 D0，则转换后 D0 的内容为 0001 0000 1110 0001。因为 $4321 = 4096 + 128 + 64 + 32 + 1 = 2^{12} + 2^7 + 2^6 + 2^5 + 2^0$。

2. 二进制数→BCD 码转换指令 BCD （024）/BCDL （059）

格式：BCD （024）　　S　　　　　　BCDL （059）　　S

　　　　　　　　　　　　R　　　　　　　　　　　　　　R

符号：

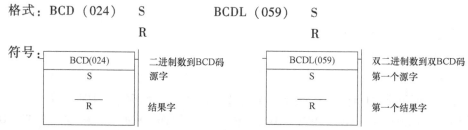

S：源字。内容为二进制数，取值范围：CIO、WR、HR、AR、T、C、DM、@ DM、* DM、IR。

R：结果字。取值范围同 S。

功能：BCD （024）将 S 中的二进制数转换成 BCD 码（S 中的内容保持不变）并存入 R 中。BCDL （059）将 32 位二进制数据转换为 8 位数 BCD 数据。

3. 二进制求补 NEG （160）/NEGL （161）

格式：NEG （160）　　S　　　　　　　NEGL （161）　　S

　　　　　　　　　　　　R　　　　　　　　　　　　　　　　R

符号：

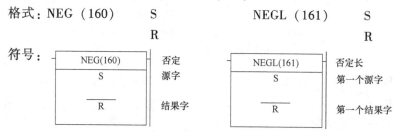

S：源字。内容为二进制数，取值范围：CIO、WR、HR、AR、T、C、DM、@ DM、* DM、常数、IR。

R：结果字。取值范围：CIO、WR、HR、AR、T、C、DM、@DM、* DM、IR。

功能：NEG（160）计算 S 的补码，并将结果写入 R 中。S 的补码为 S 中各个位的状态取反后加 1。NEGL（161）将 S 所指定的数据作为双字数据，位取反后 +1。结果输出到 D+1、D。

例 5-6　执行 NEG（160）#4231 D0 后，D0 的结果是多少？

程序如图 5-41 所示，由于 4231Hex 取反后为 BDCEHex，因此 4231Hex 的补码为 BDCF-Hex = 48591。

图 **5-41**　例 5-6 程序

4. 译码指令 MLPX（076）

格式：MLPX（076）　S

C

R

符号：

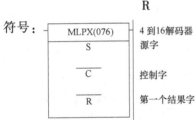

S：源字。取值范围：CIO、WR、HR、AR、T、C、DM、@DM、＊DM、IR。
C：控制字。取值范围：CIO、WR、HR、AR、T、C、DM、@DM、＊DM、常数、IR。
C 的含义如图 5-42 所示。

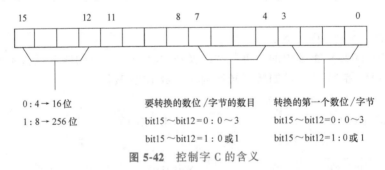

图 **5-42**　控制字 C 的含义

R：结果开始字。取值范围：CIO、WR、HR、AR、T、C、DM、@DM、＊DM、IR。
C 的 bit15 ~ bit12 = 0：
R：第 1 个译码数位的译码结果；
R+1：第 2 个译码数位的译码结果；
R+2：第 3 个译码数位的译码结果；
R+3：第 4 个译码数位的译码结果。

C 的 bit15~bit12=1：

R+15~R：第 1 个译码数位的译码结果；

R+31~R+16：第 2 个译码数位的译码结果。

功能：当 C 的 bit15~bit12=0 时，MLPX（076）读取 S 中指定位的值（0~F），并将结果字中的相应位置 ON，结果字中的其余位均置 OFF，最多可转换 4 个数位。当 C 的 bit15~bit12=1 时，MLPX（076）读取 S 中指定字节的值（00~FF），并将 16 个结果字范围中的相应位置 ON。结果字中的其余位均置 OFF。最多可转换 2 个字节。

例 5-7　若 C 中内容为 0021Hex，S 中内容为 3A64Hex，则执行 MLPX（076）S C D100 后的结果是什么？

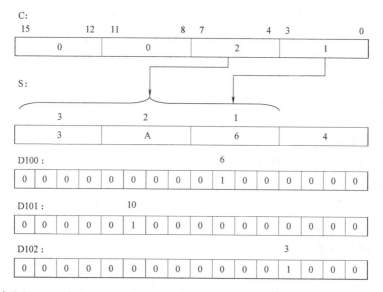

执行过程如图 5-43 所示。

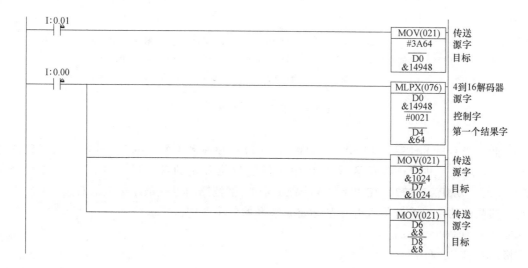

图 5-43　程序执行过程

5. 编码指令 DMPX（077）

格式：DMPX（077）　　S

　　　　　　　　　　　R

　　　　　　　　　　　C

符号：

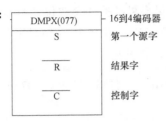

S：源字。取值范围：CIO、WR、HR、AR、T、C、DM、@DM、＊DM、IR。

C 的 bit15～bit12＝0：

S：要编码的第 1 个数位；

S+1：要编码的第 2 个数位；

S+2：要编码的第 3 个数位；

S+3：要编码的第 4 个数位。

C 的 bit15～bit12＝1：

S+15～S：要编码的第 1 个数位；

S+31～S+16：要编码的第 2 个数位。

R：结果字。取值范围：CIO、WR、HR、AR、T、C、DM、@DM、＊DM、IR。

C：控制字。取值范围：CIO、WR、HR、AR、T、C、DM、@DM、＊DM、常数、IR。

C 的含义如图 5-44 所示。

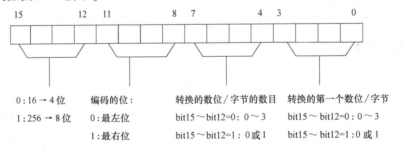

图 5-44　控制字 C 的含义

　　功能：当 C 的 bit15～bit12＝0 时，DMPX（077）在最多 4 个源字中寻找最左边或最右边的 ON 位的位置，并将这些位置写入 R 中从指定数位开始的各个数位中。当 C 的 bit15～bit12＝1 时，DMPX（077）在源字的 1 个或 2 个 16 字范围内寻找最左边或最右边的 ON 位的位置，这些位的位置将被写入 R 中从指定字节开始的字节中。

6. 七段译码指令 SDEC（078）

格式：SDEC（078）　　S

　　　　　　　　　　　C

　　　　　　　　　　　D

符号：　　7段解码器
　　　　　　　　　　　　　　　源字

　　　　　　　　　　　　　　　数据指定符

　　　　　　　　　　　　　　　第一个目标字

S：源字。内容为 BCD 码，取值范围：CIO、WR、HR、AR、T、C、DM、@ DM、* DM、IR。

C：控制字。取值范围：CIO、WR、HR、AR、T、C、DM、@ DM、* DM、常数、IR。C 的含义如图 5-45 所示。

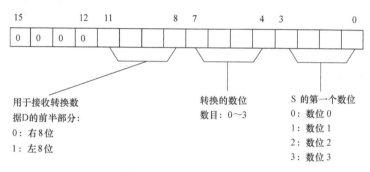

图 5-45　控制字 C 的含义

D：结果开始字。取值范围：CIO、WR、HR、AR、T、C、DM、@ DM、* DM、IR。

功能：当执行条件为 ON 时，对 S 中的数字进行按共阴极数码管字段译码（由 C 确定要译码的起始数字位及译码的位数）。译码结果存放在 D 中（由 C 确定是从 D 的低 8 位还是高 8 位开始存放）。D 中的 bit07 和 bit15 不用，bit00~bit06 及 bit08~bit14 分别对应数码管的 a、b、c、d、e、f、g 段。

例 5-8　若源字 S 为 D0（内容为 21F3Hex），控制字 C 为 0121，结果开始字为 D100。则执行 SDEC（078）　　D0 #0121 D200 后，D200 和 D201 的内容是多少？

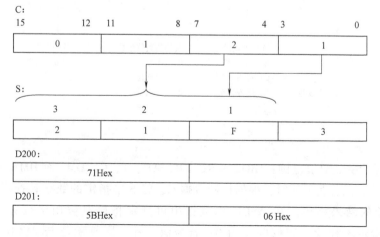

程序执行如图 5-46 所示。

图 5-46　程序执行过程

7. ASCII 码转换指令 ASC（086）

格式：ASC（086）　　S

　　　　　　　　　　C

　　　　　　　　　　D

符号：

ASC
S
C
D

S：转换数据CH编号

C：控制数据

D：转换结果输出低位CH编号

S：源字。取值范围：CIO、WR、HR、AR、T、C、DM、@DM、＊DM、IR。

C：控制字。取值范围：CIO、WR、HR、AR、T、C、DM、@DM、＊DM、常数、IR。C 的含义如图 5-47 所示。

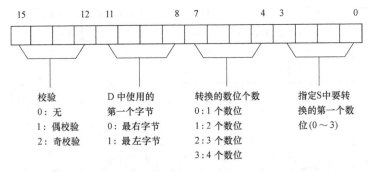

图 5-47　控制字 C 的含义

　　D：结果开始字。取值范围：CIO、WR、HR、AR、T、C、DM、@DM、＊DM、IR。

　　功能：当执行条件为 ON 时，根据控制数据 C，将 S 中指定的数字转换成 ASCII 码，并存在从 D 开始的结果字中。在 ASCII 码数据中可规定将最左位用于校验（C 的 bit15～bit12）。若 C 指定不校验，则校验位为 0；若为偶校验，则校验位与 ASCII 码中（bit00～bit06 或 bit08～bit14）1 的总数应是偶数；若为奇校验，则校验位与 ASCII 码中 1 的总数应是奇数。bit07 和 bit15 是校验位。

例 5-9 若源字 S 为 D0（内容为 123FHex），控制字 C 为 0121，结果开始字为 D100。则执行 ASC（086）　 D0 #0121 D100 后，D200 和 D201 的内容是多少？

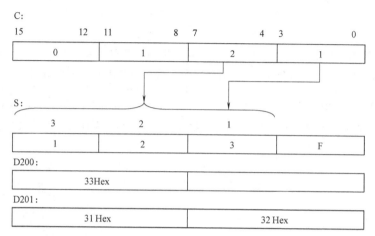

程序执行过程如图 5-48 所示。

图 5-48　程序执行过程

第五节　CP1H 的数据运算指令

CP1H 系列 PLC 提供了多种数据运算指令，包括对十进制和二进制数的加、减、乘、除运算以及数据的逻辑运算等。由于进行加、减运算时进位位也参与运算，所以对进位位置 1 和置 0 的指令 STC 和 CLC 也将在本节介绍。

一、算术运算指令

1. 置进位/清除进位 STC（040）/CLC（041）

格式：STC（040）　　　　CLC（041）

符号：

功能：当执行条件为 ON 时，将进位标志位 CY 置 1/清 0。

2. BCD 递增运算指令 ++B（594）/++BL（595）

格式：++B（594）Wd   ++BL（595）Wd

符号：

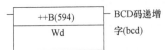 

Wd：字。取值范围：CIO、WR、HR、AR、T、C、DM、@DM、*DM、IR。

功能：每执行一次++B（594）/++BL（595）指令，Wd/（Wd+1 和 Wd）中内容加 1。

例 5-10　D0 初始值为 20Hex，执行++B（594）D0 两次后结果是多少？

由于++B（594）D0 执行一次会加 1，因此最终 D0 = 34Hex，程序执行过程如图 5-49
所示。

图 5-49　程序执行过程

3. BCD 递减运算指令 --B（596）/--BL（597）

格式：--B（596）Wd   --BL（597）Wd

符号：

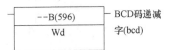 

Wd：字。取值范围：CIO、WR、HR、AR、T、C、DM、@DM、*DM、IR。

功能：每执行一次--B（596）/--BL（597）指令，Wd/（Wd+1 和 Wd）中内容减 1。

4. 无进位有符号二进制加指令 +（400）/+L（401）

格式：+（400）　　Au　　　　+L（401）　　　Au
　　　　　　　　Ad　　　　　　　　　　　Ad
　　　　　　　　R　　　　　　　　　　　 R

符号：

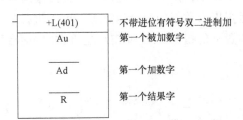

Au：被加字。取值范围：CIO、WR、HR、AR、T、C、DM、@DM、*DM、常数、IR。

Ad：加字。取值范围同 Au。

R：结果字。取值范围：CIO、WR、HR、AR、T、C、DM、@ DM、＊ DM、IR。

功能：+（400）指令将 Au 和 Ad 中的二进制值相加，并将结果输出到 R。+L（401）指令将 Au 和 Au+1 以及 Ad 和 Ad+1 中的二进制值相加，并将结果输出到 R 和 R+1 中。相加有进位时 CY＝1。

5. 有进位有符号二进制加+C（402）/+CL（403）

格式：+C（402）　　Au　　　　+CL（403）　　Au
　　　　　　　　　　Ad　　　　　　　　　　　　Ad
　　　　　　　　　　R　　　　　　　　　　　　 R

符号：

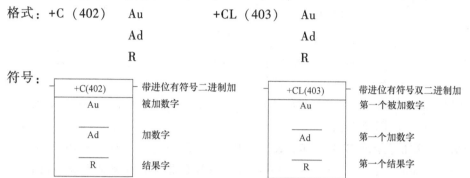

Au：被加字。取值范围：CIO、WR、HR、AR、T、C、DM、@ DM、＊ DM、常数、IR。

Ad：加字。取值范围同 Au。

R：结果字。取值范围：CIO、WR、HR、AR、T、C、DM、@ DM、＊ DM、IR。

功能：+C（402）指令将 Au、Ad 和 CY 中的二进制值相加，并将结果输出到 R。+CL（403）指令将 Au 和 Au+1、Ad 和 Ad+1 以及 CY 中的二进制值相加，并将结果输出到 R 和 R+1 中。

相加有进位时 CY＝1。若要清除进位标志 CY，可执行清除进位 CLC（041）指令。

6. 无进位 BCD 加 +B（404）/+BL（405）

格式：+B（404）　　Au　　　+BL（405）　　Au
　　　　　　　　　　Ad　　　　　　　　　　　　Ad
　　　　　　　　　　R　　　　　　　　　　　　 R

符号：

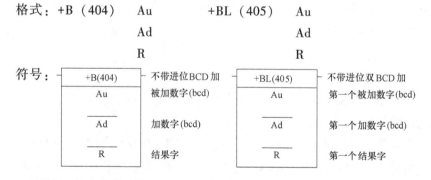

Au：被加字。取值范围：CIO、WR、HR、AR、T、C、DM、@ DM、＊ DM、常数、IR。

Ad：加字。取值范围同 Au。

R：结果字。取值范围：CIO、WR、HR、AR、T、C、DM、@ DM、＊ DM、IR。

功能：+B（404）指令将 Au 和 Ad 中的 BCD 值相加，并将结果输出到 R。+BL（405）指令将 Au 和 Au+1 以及 Ad 和 Ad+1 中的 BCD 值相加，并将结果输出到 R 和 R+1 中。

相加有进位时 CY＝1。若要清除进位标志 CY，可执行清除进位 CLC（041）指令。

7. 有进位 BCD 加+BC（406）/+BCL（407）

格式：+BC（406）　　Au　　　　+BCL（407）　　Au
　　　　　　　　　　Ad　　　　　　　　　　　　Ad
　　　　　　　　　　R　　　　　　　　　　　　 R

符号：

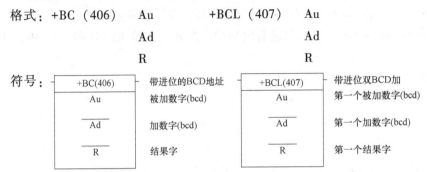

Au：被加字。取值范围：CIO、WR、HR、AR、T、C、DM、@DM、*DM、常数、IR。

Ad：加字。取值范围同 Au。

R：结果字。取值范围：CIO、WR、HR、AR、T、C、DM、@DM、*DM、IR。

功能：+BC（406）指令将 Au、Ad 和 CY 中的 BCD 值相加，并将结果输出到 R。+BCL（407）指令将 Au 和 Au+1、Ad 和 Ad+1 以及 CY 中的 BCD 值相加，并将结果输出到 R 和 R+1 中。

相加有进位时 CY=1。若要清除进位标志 CY，可执行清除进位 CLC（041）指令。

8. 无进位有符号二进制减指令-（410）/-L（411）

格式：-（410）　　Au　　　　-L（411）　　Au
　　　　　　　　　Ad　　　　　　　　　　Ad
　　　　　　　　　R　　　　　　　　　　 R

符号：

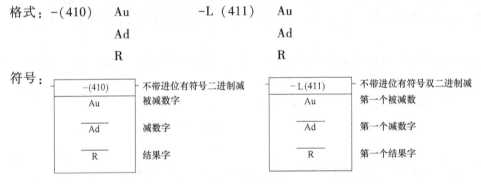

Au：被减字。取值范围：CIO、WR、HR、AR、T、C、DM、@DM、*DM、常数、IR。

Ad：减字。取值范围同 Au。

R：结果字。取值范围：CIO、WR、HR、AR、T、C、DM、@DM、*DM、IR。

功能：-（410）指令将 Au 和 Ad 中的二进制值相减，并将结果输出到 R，当结果为负时，将结果的 2 的补码输出到 R。-L（411）指令将 Au 和 Au+1 以及 Ad 和 Ad+1 中的二进制值相减，并将结果输出到 R 和 R+1 中，当结果为负时，将结果的 2 的补码输出到 R 和 R+1 中。

相减有进位时 CY=1。若要清除进位标志 CY，可执行清除进位 CLC（041）指令。

9. 有进位有符号二进制减-C（412）/-CL（413）

格式：-C（412）　　Au　　　　-CL（413）　　Au
　　　　　　　　　Ad　　　　　　　　　　 Ad
　　　　　　　　　R　　　　　　　　　　　R

符号：

Au：被减字。取值范围：CIO、WR、HR、AR、T、C、DM、@ DM、＊DM、常数、IR。

Ad：减字。取值范围同 Au。

R：结果字。取值范围：CIO、WR、HR、AR、T、C、DM、@ DM、＊DM、IR。

功能：-C（412）指令将 Au 减去 Ad 中的二进制值和 CY，并将结果输出到 R，当结果为负时，将结果的 2 的补码输出到 R。-CL（413）指令将 Au 和 Au+1 减去 Ad 和 Ad+1 以及 CY 中的二进制值，并将结果输出到 R 和 R+1 中，当结果为负时，将结果的 2 的补码输出到 R 和 R+1 中。

相加有进位时 CY＝1。若要清除进位标志 CY，可执行清除进位 CLC（041）指令。

10. 无进位 BCD 减-B（414）/-BL（415）

格式：-B（414)　　Au　　　　-BL（415)　　Au
　　　　　　　　　　Ad　　　　　　　　　　　　Ad
　　　　　　　　　　R　　　　　　　　　　　　 R

符号：
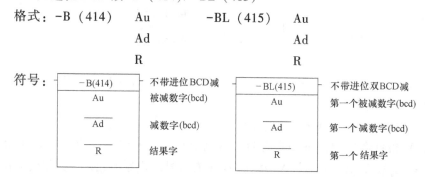

Au：被减字。取值范围：CIO、WR、HR、AR、T、C、DM、@ DM、＊DM、常数、IR。

Ad：减字。取值范围同 Au。

R：结果字。取值范围：CIO、WR、HR、AR、T、C、DM、@ DM、＊DM、IR。

功能：-B（414）指令将 Au 和 Ad 中的 BCD 值相减，并将结果输出到 R，当结果为负时，将结果的 10 的补码输出到 R。-BL（415）指令将 Au 和 Au+1 减去 Ad 和 Ad+1 中的 BCD 值，并将结果输出到 R 和 R+1 中，当结果为负时，将结果的 10 的补码输出到 R。

相减有进位时 CY＝1。若要清除进位标志 CY，可执行清除进位 CLC（041）指令。

11. 有进位 BCD 减 -BC(416)/-BCL（417）

格式：-BC（416)　　Au　　　　-BCL（417)　　Au
　　　　　　　　　　Ad　　　　　　　　　　　　 Ad
　　　　　　　　　　R　　　　　　　　　　　　　 R

符号：
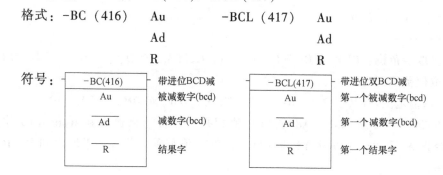

Au：被减字。取值范围：CIO、WR、HR、AR、T、C、DM、@DM、*DM、常数、IR。

Ad：减字。取值范围同 Au。

R：结果字。取值范围：CIO、WR、HR、AR、T、C、DM、@DM、*DM、IR。

功能：-BC（416）指令将 Au 减去 Ad 中的 BCD 值和 CY，并将结果输出到 R，当结果为负时，将结果的 10 的补码输出到 R。-BCL（417）指令将 Au 和 Au+1 减去 Ad 和 Ad+1 中的 BCD 值以及 CY，并将结果输出到 R 和 R+1 中，当结果为负时，将结果的 10 的补码输出到 R。

相减有进位时 CY=1。若要清除进位标志 CY，可执行清除进位 CLC（041）指令。

12. 有符号二进制乘 *（420）/*L（421）

格式：*（420）　　Au　　　　　*L（421）　　Au
　　　　　　　　　　Ad　　　　　　　　　　　　Ad
　　　　　　　　　　R　　　　　　　　　　　　R

符号：

Au：被乘字。取值范围：CIO、WR、HR、AR、T、C、DM、@DM、*DM、常数、IR。

Ad：乘字。取值范围同 Au。

R：结果字。取值范围：CIO、WR、HR、AR、T、C、DM、@DM、*DM、IR。

功能：*（420）指令将 Au 与 Ad 中有符号二进制值相乘，并将结果输出到 R 和 R+1 中。*L（421）指令将 Au 和 Au+1 以及 Ad 和 Ad+1 中有符号二进制值相乘，并将结果输出到 R、R+1、R+2 和 R+3 中。

13. BCD 乘 *B（424）/*BL（425）

格式：*B（424）　　Au　　　　　*BL（425）　　Au
　　　　　　　　　　Ad　　　　　　　　　　　　　Ad
　　　　　　　　　　R　　　　　　　　　　　　　R

符号：

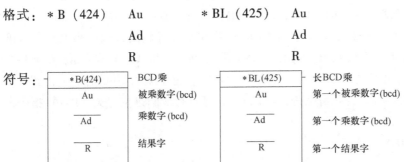

Au：被乘字。取值范围：CIO、WR、HR、AR、T、C、DM、@DM、*DM、常数、IR。

Ad：乘字。取值范围同 Au。

R：结果字。取值范围：CIO、WR、HR、AR、T、C、DM、@DM、*DM、IR。

功能：*B（424）指令将 Au 与 Ad 中 BCD 值相乘，并将结果输出到 R 和 R+1 中。*BL（425）指令将 Au 和 Au+1 以及 Ad 和 Ad+1 中 BCD 值相乘，并将结果输出到 R、R+1、R+2 和 R+3 中。

14. 有符号二进制除 /（430）//L（431）

格式：/（430）　　Au　　　　　/L（431）　　Au

　　　　　　　　Ad　　　　　　　　　　　Ad

　　　　　　　　R　　　　　　　　　　　　R

符号：

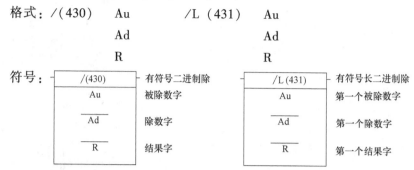

Au：被除字。取值范围：CIO、WR、HR、AR、T、C、DM、@DM、*DM、常数、IR。

Ad：除字。取值范围同 Au。

R：结果字。取值范围：CIO、WR、HR、AR、T、C、DM、@DM、*DM、IR。

功能：/（430）指令将 Au 与 Ad 中有符号二进制值相除，并将结果输出到 R 和 R+1 中，其中，商放在 R 中，余数放在 R+1 中。/L（431）指令将 Au 和 Au+1 以及 Ad 和 Ad+1 中有符号二进制值相除，并将结果输出到 R、R+1、R+2 和 R+3 中，其中，商放在 R 和 R+1 中，余数放在 R+2 和 R+3 中。

15. BCD 除 /B（434）//BL（435）

格式：/B（434）　　Au　　　　　/BL（435）　　Au

　　　　　　　　Ad　　　　　　　　　　　Ad

　　　　　　　　R　　　　　　　　　　　　R

符号：

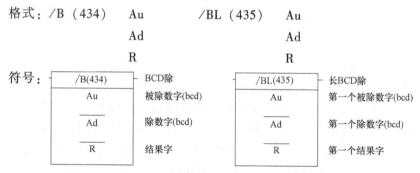

Au：被除字。取值范围：CIO、WR、HR、AR、T、C、DM、@DM、*DM、常数、IR。

Ad：除字。取值范围同 Au。

R：结果字。取值范围：CIO、WR、HR、AR、T、C、DM、@DM、*DM、IR。

功能：/B（434）指令将 Au 与 Ad 中 BCD 值相除，并将结果输出到 R 和 R+1 中，其中，商放在 R 中，余数放在 R+1 中。/BL（435）指令将 Au 和 Au+1 以及 Ad 和 Ad+1 中 BCD 值相除，并将结果输出到 R、R+1、R+2 和 R+3 中，其中，商放在 R 和 R+1 中，余数放在 R+2 和 R+3 中。

例 5-11　/B（434）#34 #16 W0

程序运行如图 5-50 所示。

16. 算术处理指令 APR（069）

格式：APR（069）　　C

　　　　　　　　　　S

　　　　　　　　　　R

图 5-50　程序执行过程

符号：

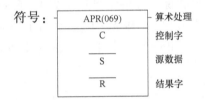

C：控制字。取值范围：CIO、WR、HR、AR、T、C、DM、@DM、＊DM、常数、IR。

S：源数据。取值范围同C。

R：结果字。取值范围：CIO、WR、HR、AR、T、C、DM、@DM、＊DM、IR。

功能：当 C = 0000Hex 时，APR（069）计算 sin（S）并将结果写入 R。S 的范围为 0000～0900 BCD（0.0°～90.0°），R 的范围为 0000～9999 BCD（0.0000～0.9999）。当 C = 0001Hex 时，APR（069）计算 cos（S）并将结果写入 R。S 的范围为 0000～0900 BCD（0.0°～90.0°），R 的范围为 0000～9999 BCD（0.0000～0.9999）。sin（90°）和 cos（0°）的实际结果为 1，但将 9999（0.9999）输出到 R。当 C 为其他值时，线性外插。

例 5-12　求 sin（45.0°）的值。

控制字 C = 0，源数据 S = 450，运行结果为 0.7071，程序执行过程如图 5-51 所示。

图 5-51　程序执行过程

二、CP1H 的逻辑运算指令

1. 逻辑 "与" 指令 ANDW（034）/ANDL（610）

格式：ANDW（034）　　S1　　　　　ANDL（610）　　S1

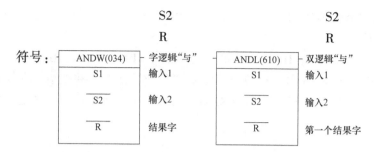

符号：

S1：数据 1。取值范围：CIO、WR、HR、AR、T、C、DM、@DM、*DM、常数、IR。

S2：数据 2。取值范围同 S1。

R：结果字。取值范围：CIO、WR、HR、AR、T、C、DM、@DM、*DM、IR。

功能：ANDW（034）将 S1 和 S2 中数据按位进行逻辑"与"运算，并把结果存入通道 R 中。ANDL（610）将 S1、S1+1 和 S2、S2+1 中数据按位进行逻辑"与"运算，并把结果存入通道 R 和 R+1 中。

2. 逻辑"或"指令 ORW（035）/ORWL（611）

格式：ORW（035）　S1　　　　ORWL（611）　S1
　　　　　　　　　 S2　　　　　　　　　　　 S2
　　　　　　　　　 R　　　　　　　　　　　　R

符号：

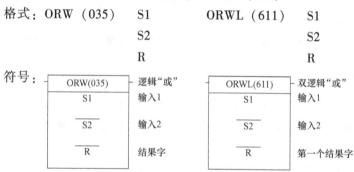

S1：数据 1。取值范围：CIO、WR、HR、AR、T、C、DM、@DM、*DM、常数、IR。

S2：数据 2。取值范围同 S1。

R：结果字。取值范围：CIO、WR、HR、AR、T、C、DM、@DM、*DM、IR。

功能：ORW（035）将 S1 和 S2 中数据按位进行逻辑"或"运算，并把结果存入通道 R 中。ORWL（611）将 S1、S1+1 和 S2、S2+1 中数据按位进行逻辑"或"运算，并把结果存入通道 R 和 R+1 中。

3. 逻辑"异或"指令 XORW（036）/XORL（612）

格式：XORW（036）　S1　　　　XORL（612）　S1
　　　　　　　　　　S2　　　　　　　　　　　 S2
　　　　　　　　　　R　　　　　　　　　　　　R

符号：

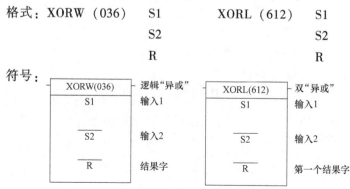

S1：数据 1。取值范围：CIO、WR、HR、AR、T、C、DM、@DM、*DM、常数、IR。

S2：数据 2。取值范围同 S1。

R：结果字。取值范围：CIO、WR、HR、AR、T、C、DM、@DM、*DM、IR。

功能：XORW（036）将 S1 和 S2 中数据按位进行逻辑"异或"运算，并把结果存入通道 R 中。XORL（612）将 S1、S1+1 和 S2、S2+1 中数据按位进行逻辑异或运算，并把结果存入通道 R 和 R+1 中。

4. 逻辑"异或非"指令 XNRW（037）/XNRL（613）

格式：XNRW（037）　　S1　　　　　XNRL（613）　　S1
　　　　　　　　　　　　S2　　　　　　　　　　　　　　S2
　　　　　　　　　　　　R　　　　　　　　　　　　　　 R

符号：

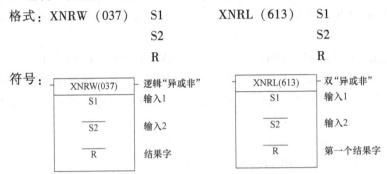

S1：数据 1。取值范围：CIO、WR、HR、AR、T、C、DM、@DM、*DM、常数、IR。

S2：数据 2。取值范围同 S1。

R：结果字。取值范围：CIO、WR、HR、AR、T、C、DM、@DM、*DM、IR。

功能：XNRW（037）将 S1 和 S2 中数据按位进行逻辑"异或非"运算，并把结果存入通道 R 中。XNRL（613）将 S1、S1+1 和 S2、S2+1 中数据按位进行逻辑"异或非"运算，并把结果存入通道 R 和 R+1 中。

5. 数据按位求反指令 COM（029）/COML（614）

格式：COM（029）　　Wd　　　　　COML（614）　　Wd

符号：

Wd：被求反的字。取值范围：CIO、WR、HR、AR、T、C、DM、@DM、*DM、IR。

功能：COM（029）对 Wd 中的每个指定位的状态取反后存入 Wd 中。COML（614）对 Wd 和 Wd+1 中的每个指定位的状态取反后存入 Wd 和 Wd+1 中。

三、浮点运算指令

1. 浮点数转换有符号二进制数据指令 FIX（450）/FIXL（451）

格式：FIX（450）　　S　　　　　FIXL（451）　　S
　　　　　　　　　　　R　　　　　　　　　　　　　R

符号：

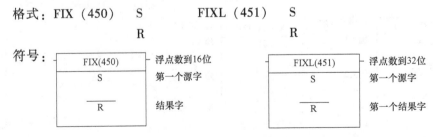

S：源首字。取值范围：CIO、WR、HR、AR、T、C、DM、@DM、*DM、常数、IR。

R：结果首字。取值范围：CIO、WR、HR、AR、T、C、DM、@DM、*DM、IR。

功能：FIX（450）指令将 S+1 和 S 中的 32 位浮点数的整数部分转换成 16 位有符号二进制数据，并将结果放入 R 中。FIXL（451）指令将 S+1 和 S 中的 32 位浮点数的整数部分转换成 32 位有符号二进制数据，并将结果放入 R 和 R+1 中。

2. 有符号二进制数据转换浮点数指令 FLT（452）/FLTL（453）

格式：FLT（452）　　S　　　　　FLTL（453）　　S

　　　　　　　　　　R　　　　　　　　　　　　R

符号：

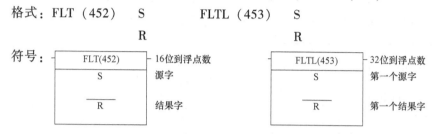

S：源首字。取值范围：CIO、WR、HR、AR、T、C、DM、@DM、*DM、常数、IR。

R：结果首字。取值范围：CIO、WR、HR、AR、T、C、DM、@DM、*DM、IR。

功能：FLT（452）指令将 S 中的 16 位有符号二进制值转换成 32 位浮点数据，并将结果放入 R+1 和 R 中。在浮点数结果的小数点后将添加一位 0。FLTL（453）指令将 S+1 和 S 中的 32 位有符号二进制值转换成 32 位浮点数据，并将结果放入 R+1 和 R 中。在浮点数结果的小数点后将添加一位 0。

3. 浮点数加、减、乘、除运算指令 +F（454）、-F（455）、*F（456）、/F（457）

格式：xF（45-）　　S1

　　　　　　　　　S2

　　　　　　　　　R

符号：

S1：被加、减、乘、除首字。取值范围：CIO、WR、HR、AR、T、C、DM、@DM、*DM、常数、IR。

S2：加、减、乘、除首字。取值范围同 S1。

R：结果首字。取值范围：CIO、WR、HR、AR、T、C、DM、@DM、*DM、IR。

功能：将在 S1 中指定的数据和在 S2 中指定的数据作为单精度浮点数据相加（+F）、相减（-F）、相乘（*F）或相除（/F），并将结果输出到 R+1 和 R 中。

4. 单精度浮点比较指令 ＝F（329）、＜＞F（330）、＜F（331）、＜＝F（332）、＞F（333）、＞＝F（334）

格式：xF（3--）　　　S1

　　　　　　　　　　S2

符号：

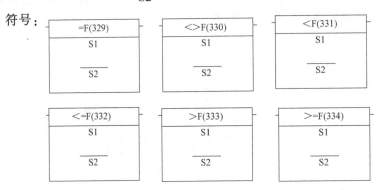

S1：比较数据 1。取值范围：CIO、WR、HR、AR、T、C、DM、@DM、＊DM、常数、IR。

S2：比较数据 1。取值范围同 S1。

功能：对 S1 和 S2 中的数据作为单精度浮点数进行比较，并在比较条件为真时生成一个 ON 执行条件。

5. 三角函数运算指令 SIN（460）、COS（461）、TAN（462）、ASIN（463）、ACOS（464）、ATAN（465）

SIND（851）、COSD（852）、TAND（853）、ASIND（854）、ACOSD（855）、ATAND（856）

格式：SIN（460）SD、COS（461）SD、TAN（462）SD、ASIN（463）SD、ACOS（464）SD、ATAN（465）SD

SIND（851）SD、COSD（852）SD、TAND（853）SD、ASIND（854）SD、ACOSD（855）SD、ATAND（856）SD

S：数据起始字。取值范围：CIO、WR、HR、AR、T、C、DM、@DM、＊DM、常数、IR。

D：结果起始字。取值范围：CIO、WR、HR、AR、T、C、DM、@DM、＊DM、IR。

功能：SIN（460）、COS（461）、TAN（462）计算 S 所指定的 32 位单精度浮点数据所表示的角度（弧度单位）的正弦、余弦和正切值，并将结果输出到 D+1 和 D 中。ASIN（463）、ACOS（464）、ATAN（465）通过用指定的浮点数据（32 位）所表示的正弦、余弦和正切值求出角度（弧度单位），并将结果输出到 D+1 和 D 中。

SIND（851）、COSD（852）、TAND（853）计算 S 所指定的 64 位双精度浮点数据所表示的角度（弧度单位）的正弦、余弦和正切值，并将结果输出到 D+3、D+2、D+1 和 D 中。ASIND（854）、ACOSD（855）、ATAND（856）通过用指定的浮点数据（64 位）所表示的正弦、余弦和正切值求出角度（弧度单位），将结果输出到 D+3、D+2、D+1 和 D 中。

6. 二次方根运算指令 SQRT（466）/ SQRTD（857）

格式：SQRT（466）S D　　　　　SQRTD（857）S D

符号：

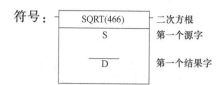

二次方根

第一个源字

第一个结果字

二次方根（双精度浮点数）

第一个输入数据字

第一个结果字

S：数据起始字。取值范围：CIO、WR、HR、AR、T、C、DM、@ DM、＊DM、常数、IR。

D：结果起始字。取值范围：CIO、WR、HR、AR、T、C、DM、@ DM、＊DM、IR。

功能：SQRT（466）对 S 指定的 32 位单精度浮点数据进行求平方根运算，将结果输出到 D+1 和 D 中。SQRTD（857）对 S 指定的 64 位双精度浮点数据进行求平方根运算，将结果输出到 D+3、D+2、D+1 和 D 中。

7. 指数运算 EXP（467）/ EXPD（858）

格式：EXP（467）S D　　　　EXPD（858）S D

符号：

指数

第一个源字

第一个结果字

指数（双精度浮点型）

第一个输入数据字

第一个结果字

S：数据起始字。取值范围：CIO、WR、HR、AR、T、C、DM、@ DM、＊DM、常数、IR。

D：结果起始字。取值范围：CIO、WR、HR、AR、T、C、DM、@ DM、＊DM、IR。

功能：EXP（467）对 S 指定的 32 位单精度浮点数据进行指数运算，将结果输出到 D+1 和 D 中。EXPD（858）对 S 指定的 64 位双精度浮点数据进行指数运算，将结果输出到 D+3、D+2、D+1 和 D 中。

8. 对数运算 LOG（468）/ LOGD（859）

格式：LOG（468）S D　　　　LOGD（859）S D

符号：

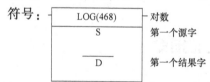

对数

第一个源字

第一个结果字

双数（双精度浮点数）

第一个输入数据字

第一个结果字

S：数据起始字。取值范围：CIO、WR、HR、AR、T、C、DM、@ DM、＊DM、常数、IR。

D：结果起始字。取值范围：CIO、WR、HR、AR、T、C、DM、@ DM、＊DM、IR。

功能：LOG（468）对 S 指定的 32 位单精度浮点数据进行对数运算，将结果输出到 D+1 和 D 中。LOGD（859）对 S 指定的 64 位双精度浮点数据进行对数运算，将结果输出到 D+3、D+2、D+1 和 D 中。

例 **5-13**　求 ln16。

程序运行如图 5-52 所示。

图 5-52 程序执行过程

9. 乘方运算 PWR（840）/PWRD（860）

格式：PWR（840）S1 S2 D   PWRD（860）S1 S2 D

符号：

S1：被乘方起始字。取值范围：CIO、WR、HR、AR、T、C、DM、@DM、＊DM、常数、IR。

S2：乘方起始字。取值范围同 S1。

D：结果起始字。取值范围：CIO、WR、HR、AR、T、C、DM、@DM、＊DM、IR。

功能：PWR（840）对 S1 所指定的数据和 S2 所指定的数据作为 32 位单精度浮点数据进行乘方运算，将结果输出到 D+1 和 D。PWRD（860）对 S1 所指定的数据和 S2 所指定的数据作为 64 位双精度浮点数据进行乘方运算，将结果输出到 D+3、D+2、D+1 和 D 中。

第六节   CP1H 的子程序控制与中断控制指令

在编写 PLC 的应用程序时，有的程序段需多次重复使用。这样的程序段可以编成一个子程序，在满足一定条件时，中断主程序而转去执行子程序，子程序执行完毕，再返回断点处继续执行主程序。另外，有的程序段需多次使用，且程序段的结构不变，但每次输入和输出操作数不同。对这样的程序段也可以编成一个子程序，在满足执行条件时，中断主程序的执行而转去执行子程序，并且每次调用时赋予该子程序不同的输入和输出操作数，子程序执行完毕再返回断点处继续执行主程序。

一、CP1H 的子程序控制指令

调用子程序指令与前面介绍的跳转指令都能改变程序的流向，利用这类指令可以实现某些特殊的控制，并具有简化编程、减少程序扫描时间的作用。

1. 子程序调用指令 SBS（091）/GSBS（750）

格式：SBS（091）/GSBS（750）　　N

符号：

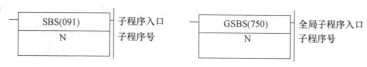

N：子程序编号。其取值为 000~255。

功能：SBS（091）调用编号为 N 的子程序。GSBS（750）调用编号为 N 的子程序全局子程序。子程序区域执行结束后，返回本指令的下一指令。

2. 子程序定义指令 SBN（092）/GSBN（751）

格式：SBN（092）/GSBN（751）　　N

符号：

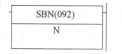 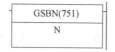

N：子程序编号。其取值为 000~255。

功能：SBN（092）定义子程序的开始，不需要执行条件。GSBN（751）定义全局子程序的开始，不需要执行条件。

3. 子程序返回指令 RET（093）/GRET（752）

格式：RET

符号：

功能：RET（093）表示子程序结束。RET 指令不带操作数，也不需要执行条件。SBN 和 RET 指令要成对使用。

GRET（752）表示全局子程序结束。GRET 指令不带操作数，也不需要执行条件。GSBN 和 GRET 指令要成对使用。

4. 宏指令 MCRO（099）

格式：MCRO　　N

　　　　　　　　S1

　　　　　　　　S2

符号：

N：子程序编号。其取值为 000~255。

S1：输入开始字。取值范围：CIO、WR、HR、AR、T、C、DM、@ DM、＊DM、IR。

S2：输出开始字。取值范围同S1。

功能：用一个子程序N代替数个具有相同结构但操作数不同的子程序。当执行条件为ON时，停止执行主程序，将输入字S1~S1+3的内容复制到A600~A603（MCRO指令用参数区域），将输出字S2~S2+3的内容复制到A604~A607（MCRO指令用返值区域），然后调用子程序N。子程序执行完毕，再将A604~A607中的内容传送到输出通道S2~S2+3中，并返回到MCRO指令的下一条语句，继续执行主程序。

二、CP1H的中断控制指令

所谓中断，是指在外部或内部触发信号的作用下，中断主程序的执行而转去执行一个预先编写的子程序——即中断处理子程序（也称中断服务程序），中断处理子程序执行完毕再返回断点处继续执行主程序的现象。中断功能具有非常重要的意义，因为在实际控制过程中，控制系统中有些随时可能发生的情况需要PLC处理，具有中断功能的PLC可以不受扫描周期的影响，及时地把这种随机的信息输入到PLC中，从而提高了PLC对外部信息的响应速度。

中断功能用中断程序及时处理中断事件，由于无法事先预测某些中断事件何时发生，因此中断事件与用户程序的执行时序无关。中断程序在中断事件发生时由操作系统调用。发生中断时，需要用户程序把中断程序与中断事件连接起来，并且在允许系统中断后，进入等待中断事件触发中断程序执行的状态。CP1H中断类型共有直接模式的输入中断、计数器模式的输入中断、定时中断、高速计数器中断和外部中断五种。在这五种中断中，中断执行顺序为先到先执行，即在执行某中断任务A的过程中，如果中断B发生，则A中断完成后，B才可以中断。当中断要素同时发生时，按照外部中断>输入中断（直接模式/计数器模式）>高速计数器中断>定时中断的优先级顺序执行。

1. 中断屏蔽设置指令 MSKS（690）

格式：MSKS（690）N
            S

符号：

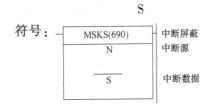

N：中断源。

（1）输入中断时 对于CP1H X/XA型，可将I0.00~I0.03、I1.00~I1.03共8点作为输入中断使用；对于Y型，可将I0.00~I0.01、I1.00~I1.03共6点作为输入中断使用，如表5-13所示。

N指定输入中断号，S设定动作，如表5-14所示。

当S=0000Hex时，中断为直接模式的输入中断，当S=0002Hex或0003Hex时，中断为计数器模式的输入中断。输入端子号与计数器之间的关系如表5-15所示。

（2）定时中断时 用N指定定时中断编号和启动方法，用S指定定时中断时间（中断的间隔），如表5-16所示。

表 5-13　输入端子号与中断任务号

端　子　号		功　能	
X/XA 型	Y 型	输入中断编号	中断任务号
I0.00	I0.00	输入中断 0	140
I0.01	I0.01	输入中断 1	141
I0.02	I1.00	输入中断 2	142
I0.03	I1.01	输入中断 3	143
I1.00	I1.02	输入中断 4	144
I1.01	I1.03	输入中断 5	145
I1.02		输入中断 6	146
I1.03		输入中断 7	147

表 5-14　输入中断时操作数说明

数　据		数　据　内　容	
		中断输入的上升沿/下降沿指定时	输入中断的允许/禁止设定
N	输入中断 0	110（或 10）	100（或 6）
	输入中断 1	111（或 11）	101（或 7）
	输入中断 2	112（或 12）	102（或 8）
	输入中断 3	113（或 13）	103（或 9）
	输入中断 4	114	104
	输入中断 5	115	105
	输入中断 6	116	106
	输入中断 7	117	107
S		0000 Hex：上升沿 0001 Hex：下降沿	0000 Hex：中断允许（直接模式） 0001 Hex：中断禁止 0002 Hex：减法计数开始，中断允许 0003 Hex：加法计数开始，中断允许

表 5-15　输入端子号与计数器之间的关系

端　子　号		功　能	计　数　器	
X/XA 型	Y 型	输入中断编号	设定值	当前值
I0.00	I0.00	输入中断 0	A532CH	A536CH
I0.01	I0.01	输入中断 1	A533CH	A537CH
I0.02	I1.00	输入中断 2	A534CH	A538CH
I0.03	I1.01	输入中断 3	A535CH	A539CH
I1.00	I1.02	输入中断 4	A544CH	A548CH
I1.01	I1.03	输入中断 5	A545CH	A549CH
I1.02		输入中断 6（Y 型不可使用）	A546CH	A550CH
I1.03		输入中断 7（Y 型不可使用）	A547CH	A551CH

表 5-16　定时中断操作数说明

数　据		数 据 内 容
N	定时中断 0	14：复位开始指定（将内部时间值复位后，开始计时） 4：非复位开始指定（另外需要用 CLI 指令来设定初次中断开始时间）
S	PLC 系统设定"定时中断单位时间设定"	0（0000 Hex）：禁止执行定时中断（内部定时器停止）
	10ms	1~9999（0001~270FHex）：定时中断时间设定 10~99990ms
	1ms	1~9999（0001~270FHex）：定时中断时间设定 1~9999ms
	0.1ms	5~9999（0005~270FHex）：定时中断时间设定 0.5~999.9ms

S：中断数据。取值范围：CIO、WR、HR、AR、T、C、DM、@DM、＊DM、IR。

功能：N 指定是将输入中断作为对象，还是将定时中断任务作为对象。

（1）输入中断（N = 100~107、110~117 或 6~13）　可在启动时检测中断输入或在关闭时检测中断输入，也可进行中断输入允许/禁止指定。

（2）定时中断（N = 4、14）

1）指定定时中断的时间间隔的同时，开始内部定时器的定时。时间间隔的设定值根据 PLC 系统设定的"定时中断单位时间设定"。

2）内部定时器的启动可以是复位启动或非复位启动。

图 5-53 为当 I0.01 为 ON 时，设置为输入中断 0（直接模式），上升沿产生中断，中断允许。

图 5-53　中断设置

2. 中断解除指令 CLI（691）

格式：CLI（691）　　N

　　　　　　　　　　S

符号：

```
┌──────────┐── 清除中断
│ CLI(691) │
├──────────┤
│    N     │── 中断源
├──────────┤
│  ‾‾S‾‾   │── 中断数据
└──────────┘
```

（1）输入中断时　用 N 指定输入中断编号，用 S 指定动作。

（2）定时中断时　用 N 指定定时中断编号，用 S 指定初次中断开始时间。

（3）高速计数器中断时　用 N 指定高速计数器中断编号，用 S 指定动作。

S：中断数据。取值范围：CIO、WR、HR、AR、T、C、DM、@DM、＊DM、IR。

N：中断源指定是将输入中断作为对象，还是将定时中断任务作为对象。

功能：根据 N 的值，来指定进行输入中断源记忆的解除/保持，还是进行定时中断的初次中断开始时间设定，或者高速计数器中断源记忆的解除/保持。

3. 中断任务执行禁止指令 DI（693）

格式：DI（693）　　　符号：

功能：在周期执行任务中使用，禁止所有中断任务（输入中断任务、定时中断任务、高速计数器中断任务、外部中断任务）的执行。

4. 解除中断任务执行禁止指令 EI（694）

格式：EI（694）　　　符号：

功能：在周期执行任务内使用，解除通过 DI（禁止执行中断任务）指令被禁止执行的所有中断任务（输入中断任务、定时中断任务、高速计数器中断任务、外部中断任务）的执行禁止。

三、高速计数器

PLC 中普通计数器 CNT 的计数脉冲频率受扫描周期及输入滤波器时间常数的限制，所以不能对高频脉冲信号进行计数。对高频脉冲信号的计数，大中型 PLC 是采用特殊功能单元来处理。对小型 PLC，例如 CP1H 系列，由于其设置了高频脉冲信号的输入点，配合相关的指令及必要的设定，也可以处理高频脉冲信号的计数问题。

1. 动作模式控制 INI（880）

格式：INI（880）　　　C1

　　　　　　　　　　　C2

　　　　　　　　　　　S

符号：

C1：端口指定。

0000Hex：脉冲输出 0

0001Hex：脉冲输出 1

0002Hex：脉冲输出 2

0003Hex：脉冲输出 3

0010Hex：高速计数器输入 0

0011Hex：高速计数器输入 1

0012Hex：高速计数器输入 2

0013Hex：高速计数器输入 3

0100Hex：中断输入 0（计数模式）

0101Hex：中断输入 1（计数模式）

0102Hex：中断输入 2（计数模式）

0103Hex：中断输入 3（计数模式）

0104Hex：中断输入 4（计数模式）

0105Hex：中断输入 5（计数模式）

0106Hex：中断输入 6（计数模式，CP1H Y 型不适用）

0107Hex：中断输入 7（计数模式，CP1H Y 型不适用）

1000Hex：PWM 输出 0

1001Hex：PWM 输出 1

C2：控制数据。

0000 Hex：比较开始

0001 Hex：比较停止

0002 Hex：变更当前值

0003 Hex：停止脉冲输出

S：变更数据保存的起始通道。取值范围：CIO、WR、HR、AR、T、C、DM、@ DM、* DM、IR。

功能：对于由 C1 指定的端口，进行由 C2 指定的控制。表 5-17 为 C1 和 C2 可以搭配的组合。

表 5-17　C1 和 C2 组合

C1（端口指定）	C2（控制数据）			
	比较开始 （0000Hex）	比较停止 （0001Hex）	当前值变更 （0002Hex）	脉冲输出停止 （0003Hex）
脉冲输出（0000～0003Hex）	×	×	○	○
高速计数输入（0010～0013Hex）	○	○	○	×
中断输入（计数模式）（0100～0107Hex）	×	×	○	×
PWM 输出（1000、1001Hex）	×	×	×	○

（1）比较开始（C2 = 0000Hex）　通过比较表登录（CTBL）指令，开始登录的比较表和高速计数当前值之间的比较。

（2）比较停止（C2 = 0001Hex）　通过比较表登录（CTBL）指令，停止登录的比较表和高速计数当前值之间的比较。

（3）当前值变更（C2 = 0002Hex）　当前值变更含义如表 5-18 所示。

（4）脉冲输出停止（C1 = 0000～0003、1000、1001Hex、C2 = 0003Hex）　停止指定端口的脉冲输出。此外，在脉冲输出停止状态下执行本指令时，清除脉冲量设定。

2. 比较表登录指令 CTBL（882）

格式：CTBL（882）　　C1

　　　　　　　　　　　C2

　　　　　　　　　　　S

表 5-18 当前值变更含义

控 制 对 象			控 制 内 容	可 变 更 范 围
脉冲输出 （C1 = 0000 ~ 0003Hex）			进行脉冲输出当前值的变更。 将变更的值设定在 S+1、S 中	80000000 ~ 7FFFFFFFHex
高速计数输入 （C1 = 0010 ~ 0013Hex）	线形 模式时	相差位输入/加减法脉 冲输入/脉冲+方向输入	变更高速计数当前值	80000000 ~ 7FFFFFFFHex
		加法脉冲输入	将变更的值设定在 S+1、S 中	00000000 ~ FFFFFFFFHex
	链路模式时			00000000 ~ FFFFFFFFHex
中断输入（计数模式） （C1 = 0100 ~ 0107Hex）			变更中断输入（计数模 式）当前值。将变更的 值设定在 S+1、S 中	00000000 ~ 0000FFFFHex

符号：

C1：端口指定。

0000Hex：高速计数器输入 0

0001Hex：高速计数器输入 1

0002Hex：高速计数器输入 2

0003Hex：高速计数器输入 3

C2：控制数据。

0000Hex：登录目标值一致比较表并开始比较

0001Hex：登录区域比较表并开始比较

0002Hex：只登录目标值一致比较表

0003Hex：只登录区域比较表

S：第一个比较表字。取值范围：CIO、WR、HR、AR、T、C、DM、@ DM、＊DM、IR。

当指定目标值一致比较表时，根据 S 的比较个数，指定目标值一致比较表为 4 ~ 145 通道，如图 5-54 所示。

当指定区域比较表时，须指定 8 个区域，为 40 CH 的固定长度。设定值不满 8 个时，将 FFFFHex 指定为中断任务，如图 5-55 所示。

功能：对于由 C1 指定的端口，按由 C2 指定的方式，开始执行与高速计数器当前值进行比较的表的登录和比较。执行一次 CTBL 指令时，由指定条件开始进行比较动作。

指定目标值一致比较表：

（1）比较表登录（C2 = 0002、0003Hex） 只执行为了和高速计数当前值进行比较的表的登录。这时通过执行 INI 指令来开始比较。

（2）登录比较表并开始比较（C2 = 0000、0001Hex） 登录为了和高速计数当前值进行比较的表，开始执行比较。

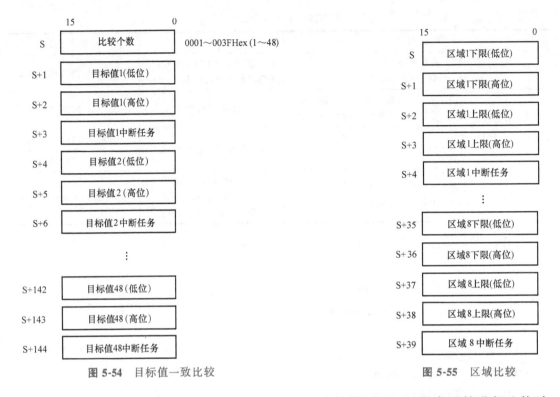

图 5-54 目标值一致比较   图 5-55 区域比较

（3）比较的停止 在停止比较动作状态下，不管是使用 CTBL 指令开始进行比较时，还是用 INI 指令开始进行比较时，都使用 INI 指令。

（4）目标值一致比较 高速计数当前值和表的目标值一致时，执行指定中断任务。

区域比较：

高速计数器当前值在上限值和下限值中间时，执行指定中断任务。

3. 脉冲当前值读取指令 PRV（881）

格式：PRV（881）   P

C

S

符号：

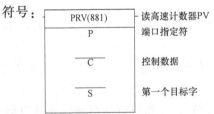

读高速计数器PV

端口指定符

控制数据

第一个目标字

P：端口定义。

0000Hex：脉冲输出 0

0001Hex：脉冲输出 1

0002Hex：脉冲输出 2

0003Hex：脉冲输出 3

0010Hex：高速计数器输入 0

0011Hex：高速计数器输入 1

0012Hex：高速计数器输入 2

0013Hex：高速计数器输入 3

0100Hex：中断输入 0（计数器模式）

0101Hex：中断输入 1（计数器模式）

0102Hex：中断输入 2（计数器模式）

0103Hex：中断输入 3（计数器模式）

0104Hex：中断输入 4（计数器模式）

0105Hex：中断输入 5（计数器模式）

0106Hex：中断输入 6（计数器模式，CP1H Y 型不适用）

0107Hex：中断输入 7（计数器模式，CP1H Y 型不适用）

1000Hex：PWM 输出 0

1001Hex：PWM 输出 1

C：控制数据。

0000Hex：读取当前值

0001Hex：读取状态

0002Hex：读取区域比较结果

00□3Hex：P = 0000Hex 或 0001Hex 时，读取脉冲输出为 0 或 1 的频率；P = 0010Hex
时，读取高速计数输入为 0 的频率。

0003Hex：通常方式

0013Hex：高频率对应·10ms 采样方式

0023Hex：高频率对应·100ms 采样方式

0033Hex：高频率对应·1s 采样方式

S：目的开始字。取值范围：CIO、WR、HR、AR、T、C、DM、@ DM、* DM、IR。

功能：在 P 指定的端口读取由 C 指定的数据。

表 5-19 为 P 和 C 的组合。

表 5-19　P 和 C 的组合

P（端口指定）	C（控制数据）			
	当前值读取（0000Hex）	状态读取（0001Hex）	区域比较结果读取（0002Hex）	脉冲输出/高速计数频率读取（0003Hex）
脉冲输出（0000~0003Hex）	○	○	×	○
高速计数输入（0010~0013Hex）	○	○	○	○（只有高速计数 0）
中断输入（计数模式）（0100~0107Hex）	○	×	×	×
PWM 输出（1000、1001Hex）	×	○	×	×

4. 快速脉冲输出 SPED（885）

格式：SPED（885）　　　C1

　　　　　　　　　　　　C2

　　　　　　　　　　　　S

符号：

```
┌─────────────┐
│  SPED(885)  │──── 速度输出
│     C1      │     端口指定符
│─────────────│
│     C2      │     输出模式
│─────────────│
│     S       │     脉冲频率
└─────────────┘
```

C1：端口指定。

0000Hex：脉冲输出 0

0001Hex：脉冲输出 1

0002Hex：脉冲输出 2

0003Hex：脉冲输出 3

C2：控制数据。

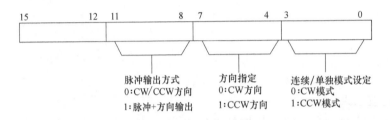

S：目标频率起始字。取值范围：CIO、WR、HR、AR、T、C、DM、@ DM、*DM、IR。

功能：从由 C1 指定的端口中，通过由 C2 指定的方式和由 S 指定的目标频率来执行脉冲输出。

5. 脉冲量设置 PULS（886）

格式：PULS（886）　　　C1
　　　　　　　　　　　　　C2
　　　　　　　　　　　　　S

符号：

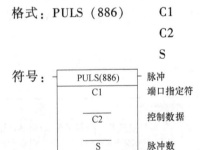

C1：端口指定。

0000Hex：脉冲输出 0

0001Hex：脉冲输出 1

0002Hex：脉冲输出 2

0003Hex：脉冲输出 3

C2：控制数据。

0000Hex：相对脉冲指定

0001Hex：绝对脉冲指定

S：脉冲输出量设定起始字。取值范围：CIO、WR、HR、AR、T、C、DM、@ DM、*DM、IR。

功能：对于由 C1 指定的端口，设定由 C2、S 所指定的方式/脉冲输出量。

由 PULS 指令设定的脉冲输出量，通过用独立模式来执行频率设定（SPED）指令或频率加减速控制（ACC）指令来进行输出。

6. 频率加减速控制指令 ACC（ ）

7. PWM 输出指令 PWM（891）

格式：PWM（891）   C

                      S1

                      S2

符号：

PWM(891)	← 具有可变占空比的脉冲
C	端口指定符
S1	频率
S2	占空比

C：端口指定。

0000Hex：脉冲输出 0（占空比单位：1%、频率单位：0.1Hz）

0001Hex：脉冲输出 1（占空比单位：1%、频率单位：0.1Hz）

1000Hex：脉冲输出 0（占空比单位：0.1%、频率单位：0.1Hz）

1001Hex：脉冲输出 1（占空比单位：0.1%、频率单位：0.1Hz）

S1：频率指定。取值范围：CIO、WR、HR、AR、T、C、DM、@ DM、*DM、IR。

0001 ~ FFFF Hex：0.1 ~ 6553.5Hz

S2：占空比指定，取值范围同 S1。

0000 ~ 03E8Hex：0.0 ~ 100.0%（0.1%单位指定时）

0000 ~ 0064Hex：0 ~ 100%（1%单位指定时）

功能：从由 C 指定的端口中输出由 S1 指定的频率和由 S2 指定的占空比的脉冲。

习题与思考题

5-1 将图 5-56 所示的梯形图简化并写出指令表。

5-2 根据图 5-57 给出的梯形图程序绘制各点的时序图（见图 5-58）。

5-3 三队进行智力竞赛，每队三人，每队所在桌上有三个按钮（SB11、SB12、SB13；SB21、SB22、SB23；SB31、SB32、SB33）和一个指示灯（分别为 L1、L2、L3），主持人桌上有抢答开始按钮 SBB 和复位按钮 SBE，三队分别为小学队、中学队和大学队，要求如下，编一 PLC 程序实现之。

1）主持人按下抢答开始按钮 SBB 后才能抢答，任一队抢答成功其桌上灯亮，其余队再抢无效。主持人按复位按钮后灯灭。

2）小学队抢答成功的条件是三个按钮任何一个按下；中学队抢答成功的条件是三个按钮都按下；大学队抢答成功的条件是三个按钮都在主持人按下抢答开始按钮 SBB 的 10s 内按

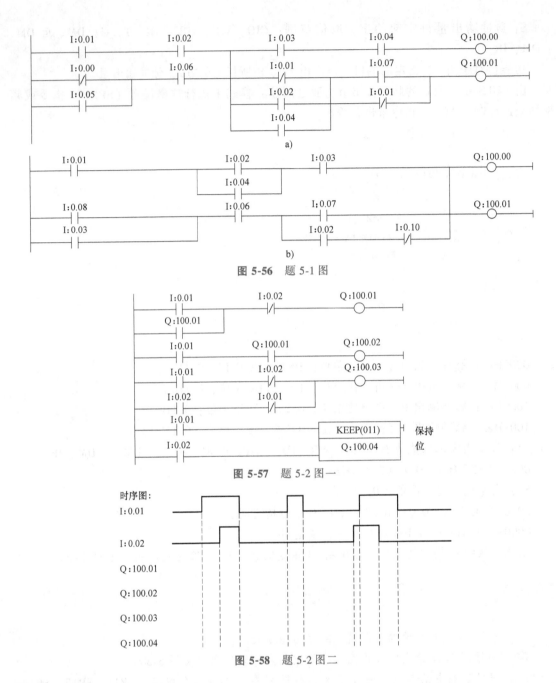

图 5-56 题 5-1 图

图 5-57 题 5-2 图一

图 5-58 题 5-2 图二

下。

5-4 编制一 PLC 程序控制三台电动机，要求：起动时顺序起动（M1→M2→M3），间隔 10s；停止时顺序停止（M3→M2→M1）间隔 5s。

5-5 某广告牌上有 8 个字，每个字轮流显示 1s 后 8 个字一起显示 1s，然后全灭，1s 后再从第一个字开始显示，如此循环，编一 PLC 程序实现之。

5-6 某啤酒生产线需要计产品数，假定每瓶通过就产生一个脉冲，每 8h 为一班，每小时生产瓶数小于 10000，每 12 瓶为一箱，现需计每班生产的总瓶数、每小时生产的箱数和每班生产的总箱数。编一 PLC 程序实现功能。注：每小时生产的瓶数装箱后余下的计入下一小时。

5-7　某检测系统中，需要检测一输油管道的流量。现使用流量传感器取出流量脉冲信号，脉冲当量为 $20m^3$，已知瞬时流量的最大值约为 $2500m^3/h$。若 10min 没有流量脉冲信号则认为输油管道已关断。编制 PLC 程序统计该输油管道 24h 的总流量（单位为 m^3）和检测到的瞬时流量（单位为 m^3/h，每个流量脉冲信号检测一次，随时更新）。

5-8　设计一小车控制程序，如图 5-59 所示，要求起动后，小车从 A 位由左向右行驶。

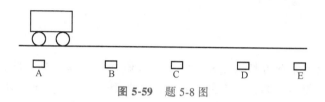

图 5-59　题 5-8 图

到每个位置后，均停车 2s。后自行起动；到达 E 位置后，小车直接返回 A 处，再重复上述动作。当每个停车位置均停车 3 次后，小车自动停于原位。

5-9　某生产线同时生产 A、B、C 三种规格的产品，用计长脉冲发生装置加以区别，已知产品 A 通过时发出 1000±10 个脉冲，产品 B 通过时发出 2000±20 个脉冲，产品 B 通过时发出 2500±50 个脉冲，若产品通过时发出的脉冲数不在以上三个区域内则为废品。编制 PLC 程序判断产品规格（A、B、C、废品）触发不同的推杆装置，将产品推入不同的包装箱（A、B、C）与废品箱中。（可用高速计数器中断功能）

第六章 PLC 网络通信及可编程终端

工业自动化系统通常分为控制开关量的逻辑控制系统、控制慢连续量的过程控制系统、控制快连续量的运动控制系统，这三类系统往往并存于一体，但各自互不相干，能否将上述系统统一起来，协调控制，成为人们研究的热点。PLC 及其网络控制的发展，无疑是实现这一愿望的物质基础。由 PLC 组成的多级分布式控制系统逐渐成为现代工业控制的主流，它将逻辑控制装置、过程控制装置和运动控制装置接入同一网络，在 MAP 规约的带动下，方便地实现底层现场的控制与检测、中间层生产过程的监控及优化和上层的生产管理。显然，网络是网络控制的载体，无论采用总线结构还是环形结构，数据通信都必不可少，因而引入了"数据通信"的概念。

第一节 概述

一、数据通信方式

1. 并行通信与串行通信

并行通信一般发生在 PLC 的内部，指的是多处理器 PLC 中多台处理器之间和 CPU 与各智能模板之间的数据交换。并行通信以字或字节为单位同时进行数据传输，除了 8 根或 16 根数据线、一根公共线外，还需要数据通信联络用的控制线。并行通信速度快，但传输线根数多、成本高，一般用于近距离的数据传送。

串行通信一般发生在 PLC 的外部，指的是在 PLC 间和 PLC 与计算机间的数据交换。串行通信以二进制的位（bit）为单位依次顺序进行数据传输，每次只传送一位，除地线外，在一个数据传输方向上只需一根数据线，这根线既作为数据线又作为通信联络控制线，数据和联络信号在这根线上按位进行传送。串行通信需要的信号线少，但数据传送的效率较低，适用于距离较远的场合。计算机和 PLC 都备有通用的串行通信接口，工业控制中一般使用串行通信。

2. 异步通信与同步通信

在串行通信中，通信速率与时钟脉冲有关，接收方和发送方传送速率相同，但实际发送速率与接收速率总是有一些误差，如不采取措施，在连续传送大量的信息时，将会因积累误差造成错位，使接收方收到错误信息。为解决这一问题，应使发送过程和接收过程同步。按同步方式的不同，将串行通信分为异步通信和同步通信。

异步通信的数据格式如图 6-1 所示，发送的数据字符由 1 个起始位、7 个数据位、1 个

奇偶校验位（奇校验或偶校验）和停止位
（1位、1.5位或2位）组成。通信的双方
需要对所采用的数据格式和数据的传输速
率作相同的约定，接收端检测到停止位和
起始位的下降沿后，将它作为接收的起始
点，在每一位的中间接收数据。由于一个

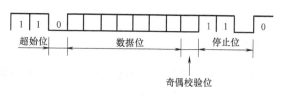

图 6-1　异步通信的数据格式

字符中包含的位数不多，即使发送端和接收端的收发频率略有不同，也不会因两台机器之间
时钟周期的误差累积而导致错位。

异步通信时，每个字符都要用起始位和停止位作为字符开始和结束的标志，接收端常采
用倍频时钟对接收的数据同步采样，所以异步传输效率较低，一般用于低速通信。

同步通信的数据格式如图 6-2 所示，同步通信用 1 个或 2 个同步字符作为传送过程
的开始，接着传送 N 个字节的数据块，字符之间不允许有空隙，当没有字符发送时，
则连续发送同步字符。发送端首先对欲发送的原始数据进行编码，形成编码数据后再
向外发送。由于每位码元包含数据状态和时钟信息，接收端经过解码，就可以得到原
始数据和时钟信号。可见，发送端发出的编码自带时钟信息，实现了收、发双方的自
同步功能。

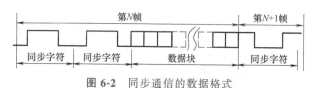

图 6-2　同步通信的数据格式

同步通信方式不需要在每个字符中加起始位、停止位和奇偶校验位，只需要在数据块
（往往很长）之前加一两个同步字符，所以传输效率很高，但是对硬件的要求也较高，一般
用于高速通信。

3. 单工通信与双工通信

（1）单工通信　单工通信方式只能沿单一方向发送和接收数据，而没有反方向的交互，
数据的传输只需要一个信道。

（2）双工通信　双工通信方式的信息可沿两个方向传送，每一站既可以发送数据，也
可以接收数据。如果通信双方用同一根或同一组线接收和发送数据，则在同一时刻接收和发
送数据就不能同时进行，这种通信方式称为半双工通信方式，如图 6-3 所示；如果数据的发
送和接收分别由两根或两组不同的数据线传送，通信的双方都能在同一时刻接收和发送信
息，这种通信方式称为全双工通信方式，如图 6-4 所示。

图 6-3　半双工通信方式

图 6-4　全双工通信方式

在串行通信中，波特率是指单位时间内传输的信息量，用位/秒表示，即 bit/s。常用的
标准波特率为 300bit/s、600bit/s、1200bit/s、2400bit/s、9600bit/s 和 19200bit/s。不同串行
通信网络的传输速率差别较大，有的只有数百 bit/s，有的可达 100Mbit/s。

二、数据通信形式

1. 基带传输

基带传输方式是利用通信介质的整个带宽进行信号传送，需要对数字信号进行编码，按照数字波形的原样在信道上传输。数据编码分为三种：非归零码 NRZ、曼彻斯特编码和差动曼彻斯特编码，如图 6-5 所示，它要求信道具有较宽的通频带。基带传输不需要调制、解调，设备开销少，适用于小范围的数据传输，PLC 网络一般采用基带传输方式。

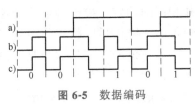

图 6-5　数据编码

a）非归零码 NRZ　b）曼彻斯特编码

c）差动曼彻斯特编码

（1）非归零码 NRZ　非归零码 NRZ 最容易实现，用恒定的正电压表示"1"，用恒定的负电压表示"0"，每一位中间没有跳变。NRZ 编码简单，缺点是码元之间无间隔，难以判定一位的开始和结束，不便于发送方和接收方保持同步；同时，当信号中包含的"1"和"0"个数不相同时，存在直流分量。

（2）曼彻斯特编码　曼彻斯特编码属于归零码 RZ，每一位的中间有一个跳变，位中间的跳变既作为同步时钟，也作为数据：从"1"→"0"表示数据"1"，从"0"→"1"表示数据"0"。接收端利用位中间的跳变很容易分离出同步时钟脉冲。

（3）差动曼彻斯特编码　差动曼彻斯特编码是曼彻斯特编码的改进形式，其特点是位中间的跳变只表示时钟，用每位开始有无跳变来表示"0"或"1"，只要有跳变（不管其变化方向如何）就表示"0"，而无跳变则表示"1"。

曼彻斯特编码和差动曼彻斯特编码也称为自同步编码，因为具有自同步能力和不含直流分量，因此，这两种编码在 PLC 网络中得到了广泛的应用。

2. 频带传输

频带传输方式是把通信信道以不同的载频划分成若干个通道，采用调制、解调技术，在同一通信介质上同时传送多路信号。在发送端，采用调制手段，对数字信号进行某种变换，将代表数据的二进制"1"和"0"，变换成具有一定频带范围的模拟信号，以适应在模拟信道上传输；在接收端，通过解调手段进行相反变换，把模拟的调制信号复原为"1"或"0"。常用的调制方法有频率调制、振幅调制和相位调制。

频带传输方式较复杂，传送距离较远，若通过市话系统配备 Modem，则传送距离可不受限制，但 PLC 网络一般不采用频带传输方式。

三、数据通信接口

1. RS232C 通信接口

RS232C 是一种串行通信接口协议，广泛用于计算机、PLC 和其他控制设备中。它采用负逻辑，用 -5～-15V 表示逻辑状态"1"，用 +5～+15V 表示逻辑状态"0"。RS232C 的最高传输速率为 20kbit/s，最大传输距离为 15m，只能进行一对一的通信。距离较近的连接只需三根线，计算机与 PLC 之间和 PLC 与 PLC 之间一般使用 9 针的连接器，接口方式如图 6-6 所示。RS232C 使用单端驱动、单端接收电路，容易受到公共地线上的电位差和外部引入的干扰信号的影响。

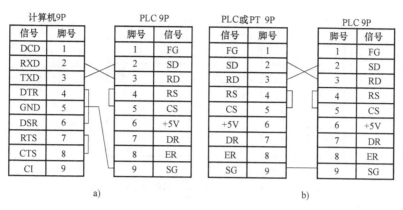

图 6-6　RS232C 接口方式

a）计算机与 PLC 的连接　b）PLC 或 PT 与 PLC 的连接

2. RS422A/RS485 通信接口

美国电子工业联合会（EIC）在 RS232C 电气特性的基础上作了改进，于 1977 年制定了 RS499 串行通信标准，RS422A/RS485 是 RS499 的子集。该标准采用平衡驱动差分接收电路，如图 6-7 所示，其接收和发送信号不共地，从而大大减少了共模干扰。RS422A 采用全双工通信，两对平衡差分信号线分别用于接收和发送；RS485 采用半双工通信，只有一对平衡差分信号线，接收和发送不能同时进行。RS422A/RS485 在最大传输速率 10Mbit/s 时，允许的最大通信距离为 12m；当传输速率为 100kbit/s 时，允许的最大通信距离为 1200m。

3. RS232C/RS422A（RS485）转换电路

实际应用中，计算机和工业控制设备往往都配有 RS232C 接口，有时为了把远距离的两个或多个带 RS232C 接口的设备连接起来，组成分布式控制系统，就需要有 RS232C/RS422A（RS485）转换器把 RS232C 转换成 RS422A（RS485 接口是 RS422A 接口的简化）再进行连接，其转换原理如图 6-8 所示。

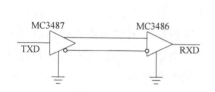

图 6-7　平衡驱动差分接收电路

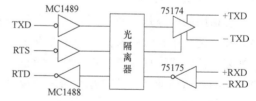

图 6-8　RS232C/RS422A 转换器原理图

四、网络通信协议

建立计算机网络的目的就是为了能在广阔的范围内实现信息资源共享，但没有统一规范的网络产品却成了网络互联的障碍。为此，国际标准化组织（ISO）于 1978 年提出了开放系统互联的 OSI（Open System Interconnection）参考模型，它包括七个功能层，各层都有自己的协议，且相互独立，网络协议层结构如图 6-9 所示。

1. 物理层（Physical）

物理层的任务是在信道上传输未经处理的信息。该层协议为通信双方提供建立、保持和

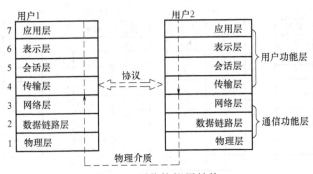

图 6-9 网络协议层结构

断开物理连接的功能，RS232C、RS422A/RS485 等均为物理层协议。

2. 数据链路层（Data Link）

数据链路层的任务是将可能有差错的物理链路改造成对于网络层来说是无差错的传输线路。它把输入的数据组成数据帧，并在接收端检验传输的正确性。若正确，则发送确认信息；若不正确，则抛弃该帧，等待发送端超时重发。数据链路层在两个相邻节点间的链路上实现差错控制、数据成帧、同步控制等。

3. 网络层（Network）

网络层的任务是使数据在网络传输中分组。它规定了分组在网络中的传输规范，包括报文包的分段、阻塞处理和本层内信息的交换和路由的选择，为数据从源点到终点建立物理和逻辑的连接。

4. 传输层（Transport）

传输层的任务是从会话层接收数据，把它们传到网络层。该层提供一个可靠的端到端的数据传送服务，确保传送数据的完整性和准确性，起到网络层和会话层之间的"桥梁"作用。

5. 会话层（Session）

会话层的任务是控制一个通信会话的进程，按正确的顺序收发数据，进行对话。这一层检查并确定一个正常的通信是否正在发生。如果没有发生，则该层必须在不丢失数据的情况下恢复会话，或根据规定，在会话不能正常发生的情况下终止会话。如果正在发生，则按用户提供的会话地址，在遵守双方约定的规约前提下，建立或结束数据传输。

6. 表示层（Presentation）

表示层的任务是实现不同信息格式和编码之间的转换。如数据加密/解密、信息压缩/解压缩、不同计算机之间不相容文件格式的转换（文件传输协议）、不相容终端输入/输出格式的转换（虚拟终端协议）等。

7. 应用层（Application）

应用层的任务是为用户的应用服务提供信息交换，为应用接口提供操作标准。

OMRON 公司 PLC 的网络类型较多，功能齐全，可以适合不同层次自动化网络的需要。早期推出的网络有：HOST Link、PC Link、Remote I/O；目前推出的主流网络有：信息层 Ethernet、控制层 Controller Link 和器件层 CompoBus/S、CompoBus/D 等。本章主要对 OMRON 公司的上述网络进行探讨。

第二节 OMRON PLC 主从总线结构网络

在工厂自动化网络系统中，常常把 Remote I/O 系统、PC Link 系统、HOST Link 系统综合在一起，构成复合型的 PLC 网络，如图 6-10 所示，以实现工厂自动化要求的多级功能。在这个 PLC 网络中，Remote I/O 系统位于最下层，负责现场信号的采集和执行元件的驱动；PC Link 系统位于中间层，负责监控和优化；HOST Link 系统位于最上层，负责整个系统的信息汇总和管理。

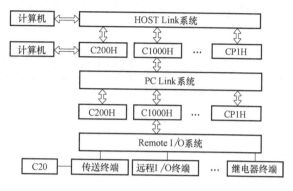

图 6-10 复合型 PLC 网络结构

一、HOST Link 通信网络

HOST Link 网络是由上位机（计算机）和下位机（PLC）通过 HOST Link 单元及串行总线互联而成的控制网络。上位机对系统中的 PLC 进行集中管理与控制，它可以编辑或修改下位机的程序，实时监控运行，实现自动化系统的分布式控制。

1. HOST Link 通信网络的组成

（1）光缆连接的 HOST Link 网络 光缆连接的 HOST Link 网络上位机最多可接 32 台 PLC，有串行结构和并行结构两种方式，如图 6-11 所示。

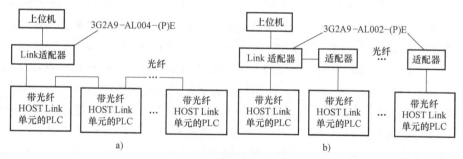

图 6-11 光缆连接的 HOST Link 网络

a）串行结构 b）并行结构

串行结构中上位机和 HOST Link 单元通过适配器 AL004—（P）E 连接，AL004 有一个 RS232C 口、一个 RS422A 口和一个光纤接口、PLC 的 HOST Link 单元通过光缆串联连接，一旦某处 HOST Link 单元出现故障，如掉电、未连接上等，将会影响后面所有 PLC 的通信；并行结构中 PLC 的 HOST Link 单元通过 AL002—（P）E 连接，AL002 有三个光纤接口。PLC 的 HOST Link 单元通过光缆并联连接。当某处 HOST Link 单元发生故障时，信号将通过适配器绕过故障单元传送到后面的 HOST Link 单元，故并行结构成本高、可靠性也高。

（2）RS232C/RS422A 电缆连接的 HOST Link 网络 对于有 RS232C 通信接口的 PLC，如 CPM2A、C200H、C200HS 等，可以直接与上位机通信；对于无 RS232C 通信接口的 PLC，

如 CP1H、CQM1、SRM1 等，可以通过 RS232C 适配器与上位机通信。如图 6-6 所示连接方法，将计算机或可编程终端 PT 与一台 PLC 连接，形成上位 1∶1 通信网络。

用 RS232C/RS422A 电缆连接的 HOST Link 网络如图 6-12 所示，上位机最多可连接 32 台 PLC。每台 PLC 应配一块 RS422A 通信模块或通信适配器 AL001（AL001 有三个 RS422A 接口），再与连接适配器 B500-AL004 相连，形成上位 1∶N 通信网络。

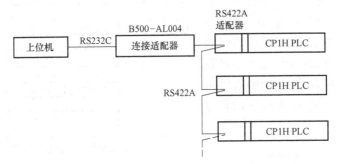

图 6-12　RS232C/RS422A 电缆连接的 HOST Link 网络

（3）多级 HOST Link 网络　在 PLC 上安装多个 HOST Link 单元与多台上位机相连，构成了多级 HOST Link 系统。这样，一台上位机可以通过适配器控制与其相连接的多台 PLC；一台 PLC 也可以通过适配器由与其相连接的多台上位机控制。所有与上位机连接的电缆均采用 RS232C 电缆，与 PLC 相连的可以是 RS422A 电缆或光缆，取决于 Link 适配器和 HOST Link 单元的类型。

2. HOST Link 通信协议

HOST Link 网络使用 HOST Link 通信协议进行通信，上位机具有优先传送权并启动通信，HOST Link 单元收到命令交由 PLC 执行，然后将执行结果返回上位机，两者以帧为单位轮流交换数据。帧是被传送的一组数据，从上位机发送到 HOST Link 单元的一组数据称为命令帧；从 HOST Link 单元发送到上位机的一组数据称为响应帧。每一帧以节点号及识别码开始，以校验码（FCS）及结束符结束，响应帧中包括反映执行结果的响应码。一个帧最多由 131 个 ASCII 字符组成，当需要发送的数据超过 131 个或更多 ASCII 字符时，要分成两帧或多帧发送，在进行 WR、WL、WC、WD 等的写入命令分割发送时，注意不要将写入到同一通道的数据分割成不同的帧。第一帧和中间各帧的结尾用分界符（回车符 CR）代替结束符（∗ 和 CR）。

送出帧权限称为"发送权"，帧可以从持有发送权的一方送出，每送出一帧，上位机或 PLC 就将发送权交给另一方，收到结束符后，再将发送权转移到接收方。

如图 6-13 所示，命令帧与响应帧格式必须以 @ 开始，命令帧和响应帧中的节点号为下位 PLC 的编号（00~31），两个字符的识别码用来描述帧的操作命令，最后两位 ∗ 和 CR 表示结束符，FCS（两个字符）为帧校验序列码。校验规则是：从每一帧的第一个字符到该帧正文最后一个字符，接收端把接收到的所有 ASCII 码与接收到的校验码按位作异或运算，并将异或结果转换为两个 ASCII 码，得到 FCS，若 FCS＝0，则表明传送正确，否则，要求重新发送。

注意，响应帧的识别码和正文之间，必须有一个 2 位的结束代码，判断返回命令的执行

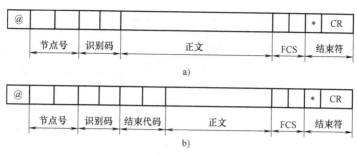

图 6-13　命令帧与响应帧格式

a）命令帧格式　b）响应帧格式

状态（有无错误等）。

　　例如，命令帧 @ 05RD00020003 表示上位机要求读出节点号为 05 的 PLC 中起始地址为 0002 的三个 DM（数据存储器）字的内容，则相应的响应帧回答为 @ 05RD00A345B456C567，说明 05 号 PLC 中的 DM0002＝A345H、DM0003＝B456H、DM0004＝C567H，RD 之后的 00 表示结束代码，DM 中的数据为十六进制。

　　上例命令帧和响应帧中的 RD 为 HOST Link 的通信命令，通信命令分为 1、2、3 级，1 级命令在各种情况下都可以使用，2 级和 3 级命令可根据 HOST Link 单元的设定，选择是否可以使用。PLC 的运行方式有三种，即运行方式、监控方式和编程方式。以 CP1H 为例，表 6-1 列出了 HOST Link 的各级通信命令，表 6-2 列出了 HOST Link 响应帧中响应码的含义。

表 6-1　HOST Link 通信命令

命令级	识别码	PLC 工作模式			名　　称
		RUN	MON	PRG	
1 级	RR	1	1	1	读出输入/输出内部/特殊辅助继电器区
	RL	1	1	1	读出连接继电器（LR）区
	RH	1	1	1	读出保持继电器（HR）区
	RC	1	1	1	读出定时器/计数器当前值区
	RG	1	1	1	读出定时器/计数器到数据
	RD	1	1	1	读出数据内存（DM）区
	RJ	1	1	1	读出辅助记忆继电器（AR）区
	WR	0	1	1	写入输入/输出内部/特殊辅助继电器区
	WL	0	1	1	写入连接继电器（LR）区
	WH	0	1	1	写入保持继电器（HR）区
	WC	0	1	1	写入定时器/计数器当前值区
	WG	0	1	1	写入定时器/计数器到数据
	WD	0	1	1	写入数据内存（DM）区
	WJ	0	1	1	写入辅助记忆继电器（AR）区
	R#	1	1	1	设定值读出 1
	R $	1	1	1	设定值读出 2
	W#	0	1	1	设定值写入 1
	W $	0	1	1	设定值写入 2
	MS	1	1	1	读出状态

（续）

命令级	识别码	PLC 工作模式			名　　称
		RUN	MON	PRG	
1级	SC	1	1	1	写入状态
	MF	1	1	1	读出故障信息
	KS	0	1	1	强制置位
	KR	0	1	1	强制复位
	FK	0	1	1	多点强制置位/复位
	KC	0	1	1	解除强制置位/复位
	MM	1	1	1	读出机种码
	TS	1	1	1	测试
	XZ	1	1	1	放弃（仅命令）
	IC	—	—	—	命令未定义错误（仅响应）
	＊＊	1	1	1	初始化（仅命令）
2级	RP	1	1	1	读出程序
	WP	0	0	1	写入程序
3级	QQMR	1	1	1	I/O 登记
	QQIR	1	1	1	I/O 读

注：1：有效；0：无效；—：与模式无关。

表 6-2　CP1H 的 HOST Link 响应帧中响应码的含义

响应码	含　　义	响应码	含　　义
00	正常结束	16	没有设定的指令
01	由于在运行模式，不能执行	18	最大帧长错误
02	由于在监视模式，不能执行	19	不能执行
04	地址溢出	23	用户内存保护中
0B	由于在编程模式，不能执行	A3	数据处理途中，由于发生 FCS 错误而放弃
13	FCS 错误	A4	数据处理途中，由于发生格式错误而放弃
14	格式错误	A5	数据处理途中，由于发生设置数据错误而放弃
15	设置数据错误	A8	数据处理途中，由于发生最大帧长错误而放弃

下面以 RS232C 电缆连接 OMRON CP1H PLC（型号为：CP1H-XA40DR-A）与上位机为例，说明 HOST Link 1∶1 通信网络实现的主要步骤。

（1）硬件设置　CP1H 没有 RS232C 通信接口，有 RS232C 选件板插槽，用 RS232C 串口实现 HOST Link 通信，需要在 CP1H 的 RS232C 选件板插槽中安装 RS232C 选件板 CP1W-CIF01，RS232C 连接线缆选择为 XW2Z-500S-CV。

（2）通信参数设置　CP1H PLC 的通信参数设定包括波特率为 9600bit/s，数据位为 7，停止位为 2，校验方式为偶校验，链接字大小为 10，无起始码，结束码设定为接收字节 256。CP1H 节点号设置为 0。

（3）上位机程序设计　上位机读取 CP1H PLC 的 DM 数据内存区命令为：＠00RD "0000" + "0001" FCS 终止符 OMRON PLC CP1H 的帧格式，如图 6-14 所示。该命令读取 CP1H 以 DM0000 为起始地址 1 字的数据内容。

与之相对应的，写 DM 区指令帧格式如图 6-15 所示。该命令向 CP1H 以 DM0000 为起始

@	节点号	识别码	正文	FCS	终止符
@	00	RD	00000001	FCS	终止符

图 6-14　读取 CP1H 的 DM0000 数据内存区命令帧

@	节点号	识别码	起始地址	写入数据	FCS	终止符
@	00	WD	0000	…	FCS	终止符

图 6-15　写入 CP1H 的 DM0000 数据内存区命令帧

地址写入 1 字的数据内容。

二、PC Link 通信网络

OMRON 公司提供了 PC Link 通信方式，可以自动进行 PLC 与 PLC 之间的数据交换和共享，共享的数据区为链接继电器区。网络中的每台 PLC 只要访问自己的链接继电器区就可以完成与其他 PLC 的数据交换。

1. PC Link 通信网络的组成

（1）1：N PC Link 通信网络结构　PC Link 通信既可以使用 RS485 方式，也可以使用 RS422 方式实现。CP1H 型 PLC 可以通过 RS-422A/485 选件板 CP1W-CIF11 构成 1：N PC Link 通信链接，实现 1 台主机与 N 台从机的 PC Link 数据交换，从机的数量 N 最多为 8 台，即最多 9 台 PLC 通信，通信网络结构如图 6-16 所示。

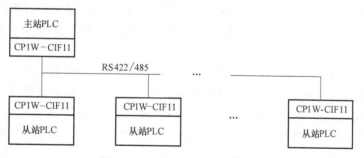

图 6-16　1：N PC Link 通信结构

当使用 RS485 接口时，通信介质采用屏蔽双绞线，接线方式如图 6-17 所示。1 台主站 CP1H 和 2 台从站 CP1H 采用 RS-422A/485 选件板 CP1W-CIF11 进行 RS485 串行方式的 PC Link 通信时，硬件线路连接如图 6-17 所示。

此时主站的 CP1W-CIF11 选件板 DIP 开关设置为：1~3 号和 6 号引脚为 ON，4 号、5 号引脚为 OFF；从站 1 的 CJ1W-CIF11 选件板 DIP 开关设置为：1 号、4 号、5 号引脚为 OFF，2 号、3 号、6 号引脚为 ON；从站 2 的 CJ1W-CIF11 选件板 DIP 开关设置为：1~3 号和 6 号引脚为 ON，4 号和 5 号引脚为 OFF。网络两端的主站 1 和从站 2 设为有终端电阻。CP1W-CIF11 选件板的拨动开关设置内容如表 6-3 所示。

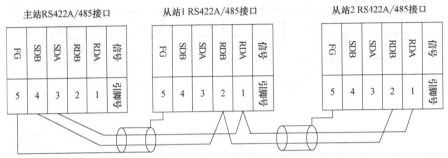

图 6-17　1 : N PC Link 通信结构

表 6-3　CP1W-CIF11 选件板拨动开关设置

DIP 开关		设 定 内 容	
1	ON	有	终端电阻有无选择
	OFF	无	
2	ON	两线制（RS485）	2、3 DIP 开关设置必须相同
	OFF	四线制（RS422）	
3	ON	两线制（RS485）	
	OFF	四线制（RS422）	
4	—	—	空
5	ON	有	接收有无 RS 控制
	OFF	无（总是接收）	
6	ON	有	发送有无 RS 控制 RS422A 方式 1 : N 连接，N 侧设备设为 ON RS485 方式设为 ON
	OFF	无（总是发送）	

（2）通信参数设置　PC Link 通信参数在 CX-P 软件中进行设置，设置时需要在编程模式下进行后，设置结束后载入 PLC，并对 PLC 进行断电上电操作使设置生效。主要设置以下内容：

1）通信模式。主站的通信模式设置为"PC Link（主站）"模式，从站的通信模式设置为"PC Link（从站）"模式。同一台 PLC 的两个串行端口不能同时都用作串行链接，如一个串行端口的通信模式设定为"PC Link（主站）"或"PC Link（从站）"时，则另一个串行端口的通信模式必须设定为"PC Link（主站）"和"PC Link（从站）"以外的模式，否则会出现 PLC 系统设定异常。

2）端口的通信设置。主站和从站的端口通信参数要保持一致，如波特率设为 115200，数据长度为 7 位，停止位为 2 位，偶校验。

3）PC 链接模式。PC Link 通信有两种工作模式，分别是全部链接模式和主体链接模式。全部链接模式是主站和从站之间、从站和从站之间都可以交换数据；而主体链接模式是主站与从站之间交换数据，而从站之间不能交换数据。

4）链接通道数。主站或从站只能对自身的数据共享区的数据进行操作，数据共享区的大小即链接通道数，PC Link 允许最多 10 个通道进行数据交换。

5）NT/PC 链接最大数。主站 PLC 的 NT/PC 链接最大数由主站和从站所有 PLC 数量决定。如图 6-17 所示 3 台 CP1H 进行 PC Link 通信，则主站 PLC 的 NT/PC 链接最大数设为 3。

6）PC 链接单元号。PC 链接单元号是从站的标识号，设置范围为 0~7。

（3）PC 链接模式与地址分配

1）全部链接模式。全部链接模式是主站和从站之间、从站和从站之间都可以交换数据。PLC 主站和 PLC 从站进行数据交换的继电器区域分配情况如表 6-4 所示。从表中可以看出，每台 PLC 链接继电器的数量与链接通道数有关，主站以串行 PLC 链接继电器基地址开始占用继电器位单元，位单元的数量与链接通道数相同。各从站的数据交换继电器区域根据从站单元号由低到高，依次占据主站数据交换继电器区域后的地址。

表 6-4　全部链接方式下主站 PLC 与从站 PLC 的继电器区域配置情况

链接通道数	1CH	2CH	3CH	...	10CH
主站	3100	3100~3101	3100~3102		3100~3109
从站 0	3101	3102~3103	3103~3105		3110~3119
从站 1	3102	3104~3105	3106~3108		3120~3129
从站 2	3103	3106~3107	3109~3111		3130~3139
从站 3	3104	3108~3109	3112~3114		3140~3149
从站 4	3105	3110~3111	3115~3117		3150~3159
从站 5	3106	3112~3113	3118~3120		3160~3169
从站 6	3107	3114~3115	3121~3123		3170~3179
从站 7	3108	3116~3117	3124~3126		3180~3189

例如，在链接通道数设为 10 的情况下，主站的数据共享区中，发送区为 CIO3100~CIO3109，接收区 CIO3110~CIO3119 对应从站（PC 链接单元号为 0）10 个连续字，接收区 CIO3120~CIO3129 对应从站（PC 链接单元号为 1）的 10 个连续字，依次类推；

从站（PC 链接单元号为 0）的数据共享区中，发送区为 CIO3110~CIO3119，接收区 CIO3100~CIO3109 对应主站的发送区 CIO3100~CIO3109，接收区 CIO3120~CIO3129 对应从站（PC 链接单元号为 1）的发送区 CIO3120~CIO3129，依次类推。

2）主体链接模式。在主体链接模式中，主站与所有从站进行数据共享，而每一个从站只能与主站实现数据共享。主体链接模式下，PLC 主站和 PLC 从站的继电器区域配置情况如表 6-5 所示。从表中可以看出，主站和从站 PLC 的数据共享所使用的继电器数量与链接通道数量相同。主站 PLC 的继电器区域配置与全部链接模式下主站 PLC 的配置情况相同。从站接收主站的数据而不接收其他从站数据，因此所有从站 PLC 内部的数据接收区与主站 PLC 的数据交换继电器地址相同。

表 6-5　全体链接方式下主站 PLC 与从站 PLC 的继电器区域配置情况

链接通道数	1CH	2CH	3CH	...	10CH
主站	3100	3100~3101	3100~3102		3100~3109
从站 0	3101	3102~3103	3103~3105		3110~3119
从站 1	3101	3102~3103	3103~3105		3110~3119
从站 2	3101	3102~3103	3103~3105		3110~3119
从站 3	3101	3102~3103	3103~3105		3110~3119
从站 4	3101	3102~3103	3103~3105		3110~3119
从站 5	3101	3102~3103	3103~3105		3110~3119
从站 6	3101	3102~3103	3103~3105		3110~3119
从站 7	3101	3102~3103	3103~3105		3110~3119

例如，在链接通道数为 10CH 的情况下，主站的发送区为 CIO3100～CIO3109，向所有从站的 3100～3109 CH 发送。各从站的发送区为自身的 CIO3110～CIO3119。从站（PC 链接单元号 0）的数据存储在主站的接收区 CIO3110～CIO3119，从站（PC 链接单元号 1）的数据存储在主站的接收区 CIO3120～CIO3129，依次类推。从站不接收其他从站的数据，从站自身 CIO3120 后的地址就不占用，依次类推。

2. 建立 PC Link 通信的方法

下面以两台 CP1H PLC（型号为 CP1H-XA40DR-A）为例说明建立 PC Link 通信的方法。

（1）硬件设置　CP1H 具有 RS422/485 插槽，两台 CP1H 均需在插槽中安装 CP1W-CIF11 选件板，以实现两台 CP1H 的 RS422/485 连接，进行 PC Link 通信。CP1W-CIF11 选件板背后的 DIP 开关需要重新设置，具体的设置方式为开关 1、2、3、6 拨 ON，开关 4、5 拨 OFF。

两个 CP1W-CIF11 接线方式为 RDA-引脚与 RDA-引脚相连，RDB+引脚与 RDB+引脚相连。

（2）软件设置　两台 CP1H 通信参数均设定为：波特率 115200bit/s，数据位 7 位，停止位 2 位，校验方式为偶校验，链接字 10，无起始码，结束码为 256 接收字节，链接字为默认值 10，链接模式为全部链接模式。两台 CP1H 在通信参数设置上的区别是，作为主站的 CP1H 的工作模式设置为 PC Link（主站），作为从站的 CP1H 的工作模式设置为 PC Link（从站）。

（3）数据传送　数据传送通过将主站 PLC DM 寄存器区的数据写入 CIO 寄存器区，利用 CIO 寄存器区的数据共享特性，再将其传输给从站 PLC。

以块数据的传送为例，主站 CP1H 与从站 CP1H 之间进行数据共享，主站 PLC 可以执行 XFER 命令，如 XFER &10 D200 3100，即将以主站 D200 为首的 10 个连续通道中的数据传送到以主站 3100 为首的 10 个连续通道中。3100 位于主站 CP1H 的 CIO 区，该区的地址编号时前面不附带有英文字母符号。两台 CP1H 进行 PC Link 通信链接的通道地址为 3100～3109，传送到该区域的数据与从站 CP1H 进行自动数据交换，从而建立两台 CP1H 之间的 PC Link 通信。

三、Remote I/O 通信网络

对于比较分散的控制对象，当要求集中管理的时候，常常选用一台 PLC 带上远程 I/O 单元构成 Remote I/O 通信网络。

这种网络的通信介质采用两芯电缆或光缆，用远程 I/O 主单元、远程 I/O 从单元或远程终端将各个 PLC 连接起来。远程 I/O 主单元是构成远程 I/O 网络时主 PLC 上使用的通信单元；远程 I/O 从单元是构成远程 I/O 网络时装在远程从机架上使用的通信单元；远程终端是用于显示信息的装置，本身装有通信单元，可以直接接入远程 I/O 网络。

1. Remote I/O 通信网络的组成

（1）电缆连接的 Remote I/O 网络　电缆连接的 Remote I/O 通信网络采用两芯 VCTF 平行电缆传输信息，通信接口为 RS485，通信方式是两线、半双工、异步方式，传送距离最长不超过 200m，传送波特率为 187.5kbit/s。

（2）光缆连接的 Remote I/O 网络　光缆连接的 Remote I/O 通信网络采用光缆传输信

息，可以实现长距离、高可靠性的数据传输，通信方式是半双工、分时、多路循环，传送距离最长不超过 800m，传送波特率为 187.5kbit/s。

（3）远程 I/O 连接网络　远程 I/O 连接网络的组成灵活多样，由远程 I/O 主单元与远程 I/O 从单元、远程 I/O 连接单元、光传输 I/O 单元等组成多级通信网络，如图 6-18 所示。电缆或光缆连接的远程 I/O 网络只有一台 PLC，而远程 I/O 连接网络含有多台 PLC，其中装有远程 I/O 主单元的 PLC 为主机，其他 PLC 皆为从机。从机必须通过 I/O 连接单元才能接入远程 I/O 连接网络。

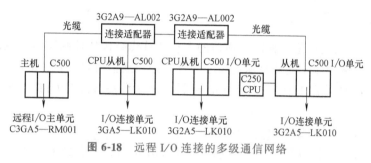

图 6-18　远程 I/O 连接的多级通信网络

一个远程 I/O 主单元最多可连接 16 台小型 PLC 的连接单元，对于 C500、C1000H 和 C2000H 型 PLC，主单元可以安装在 CPU 机架上或者与其相连的 I/O 扩展机架的任意槽位上，而从单元必须安装在扩展机架上的最左一个槽位，即扩展机架上 I/O 接口单元的位置。不同的机型远程 I/O 连接网络允许的配置不同，表 6-6 列出了部分远程 I/O 网络允许的最大配置。

表 6-6　部分远程 I/O 网络允许的最大配置

项　　目	C120	C500	C1000H、C2000H	C200H
每台 PLC 可带的主单元数	4		8	2
每个主单元可带的从单元数	2		2	
每台 PLC 可控制的从单元数	8		16	5
每个主单元可控制的 I/O 通道数	16	32	32	32
每个主单元可控制的 I/O 点数	256	512	512	512
每台 PLC 可控制的 I/O 点数	256	512	2048	1680

（4）光传输的 Remote I/O 网络　光传输的 Remote I/O 网络由光传输 I/O 单元连接，每个光传输单元的 I/O 点数为 8。一台 PLC 最多可以连接 64 个光传输 I/O 单元，如果连接的单元数超过 32 个，必须在第 32 个单元后面安装一个中继器。中继器单元采用 3G5A2—RPT01—（P）E 型号。光传输单元可以混接入同一远程 I/O 通信网络中。

2. Remote I/O 通信网络的通道分配

Remote I/O 网络的通信子网为主从式总线，主 PLC 的远程 I/O 主单元为通信主站，其他所有的远程 I/O 从单元、I/O 连接单元、光传输 I/O 单元和远程终端皆为从站。主站与从站之间采用"周期 I/O 方式"通信，从站与从站之间无数据交换。与同一主单元相连的多个从单元应设置不同的通道号，便于主单元区分。如 C1000H、C200H、C120、C500 主单元所连的从单元分别设为：0~7、0~4、0~1，从单元的通道号不能重复。与主单元相连的从单元设为#0，与#0 相连的从单元设为#1，依此类推。在从单元机架上，I/O 单元可以被安装在机架的任一槽位，其通道号则根据 I/O 单元安装的序号自动分配。表6-7列出了 C200H 和 C500 从单元号及从机架上 I/O 单元通道号。

表 6-7 C200H 和 C500 从单元号及从机架上 I/O 单元通道号

从单元号	0	1	2	3	4
C200H 通道号	50~59	60~69	70~79	80~89	90~99
C500 通道号	50~69	60~79	70~89	80~99	—

四、CompoBus/S 通信网络

CompoBus/S 通信网络是一种高速通信的主从式总线结构的控制网络。CompoBus/S 主单元能够与模拟量终端连接，支持高速通信模式和长距离通信模式。它的响应速度快、实时性强、容易实现、可对远程 I/O 点进行分散控制，是一种高速 ON/OFF 系统控制总线的器件网。

1. CompoBus/S 通信网络的结构

CompoBus/S 通信网络用一台 PLC（CS1、C200Hα/HS、CQM1H/CQM1）或一台 SRM1 主控单元作为主站，在 PLC 上安装 CompoBus/S 主单元。一个主单元可以连接 16 个或 32 个远程从站单元、控制 256 个 I/O 点，通信循环周期不超过 1ms；当主单元可以连接 32 个远程从站单元、控制 256 个 I/O 点，波特率为 750kbit/s 时，通信循环周期只需 0.5ms。通信距离在波特率为 93.75kbit/s 时最大可达 500m。

CompoBus/S 网络的通信介质采用四芯扁平电缆或两芯 VCTF 平行电缆，但两者不能兼用。使用四芯扁平电缆时，两根线为信号线，另两根为电源线，从单元以 T 形分支方式与总线连接；使用两芯 VCTF 平行电缆时，从单元以 T 形分支或 M 形多分支方式与总线连接，如图 6-19 所示。连接距离最远两点的主电缆称为干线，主单元必须处在干线的末端。从电缆分支引出的电缆称为支线，一条分支线只能接一个从单元，不能从分支再引出分支。为了稳定通信，在干线上与主单元相对的另一末端应接入终端电阻。如果网络最末一个从单元是 T 形分支连接，应保证终端电阻到 T 形连接器的距离大于最末从单元到 T 形连接器的距离，也就是终端电阻到主单元的距离。每条支线长度不超过 3m。干线长度和支线总长决定于所用电缆类型和从单元数量，其技术规格如表 6-8 所示。

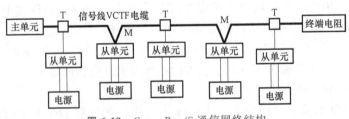

图 6-19 CompoBus/S 通信网络结构

2. CompoBus/S 通信单元的通道分配

PLC 主单元是一个特殊的 I/O 单元，主单元用来对主单元号和 DIP 开关位 1 的设定。主单元号规定了 I/O 单元区里分配给主单元的一组通道的起始位置，DIP 开关位 1 的设置决定了分配给主单元通道的数量。这就确定了 PLC 所能连接的最大主单元数和每个主单元所能

表 6-8　CompoBus/S 通信网络的技术规格

项　　目		技 术 规 格		
通信协议		专用 CompoBus/S 协议		
代码		曼彻斯特编码		
连接方法		多节点，T 形分支（都需要外部终端电阻）		
波特率		750kbit/s，93.75kbit/s（可选 DIP 开关）		
电缆		双绞线或两芯 VCTF 电缆		
最大节点数		32		
出错控制		曼彻斯特编码检查、帧长度检查、奇偶校验		
通信循环时间	高速通信模式	0.5ms（最多连接从单元数：8 入/8 出）		
		0.8ms（最多连接从单元数：16 入/16 出）		
	长距离通信模式	4.0ms（最多连接从单元数：8 入/8 出）		
		6.0ms（最多连接从单元数：16 入/16 出）		
通信距离	高速通信模式	VCTF 电缆		
		干线长度	支线长度	支线总长
		最大 100m	最大 3m	最大 50m
		扁平电缆		
		干线长度	支线长度	支线总长
		最大 30m	最大 3m	最大 30m
	长距离通信模式	VCTF 电缆		
		干线长度	支线长度	支线总长
		最大 500m	最大 6m	最大 120m

控制的从单元数以及 I/O 点数。注意，有的从单元既有输入点又有输出点，从单元使用前，应根据 PLC 的型号和主单元的设置来设定有效的从单元号。

DIP 开关位 1 为 ON（主单元号不能使用 9 和 F）和位 1 为 OFF 时，起始字都表示分配给主单元数据区的第一个通道号，但在分配特殊从单元 I/O 通道时，要考虑以下几点：

1）对于 4 点的从单元，若设置一个奇数节点号，则使用 8~11 位，12~15 位不用；若设置一个偶数节点号，则使用 0~3 位，4~7 位不用。

2）对于 16 点从单元，应占两个节点号，除设置节点号外，还使用前节点号和后节点号。如果设置节点号为奇数，则使用前节点号；如果为偶数，则使用后节点号。

3）对于既有输入点又有输出点的从单元，在数据区中同时占用输入节点号和输出节点号，这两个节点号与从单元所设定的节点号相一致。

3. SRM1 主控单元

SRM1 通过外设端口或 RS232C 端口，可与上位机、可编程终端 PT 或其他 PLC 通信，符合前面讲的 PC Link 和 HOST Link 通信规约，这里不再重复。

SRM1 本身也具有 PLC 的功能，是一种适用于在小空间中安装的紧凑型 CompoBus/S 主控单元。SRM1 本身没有 I/O 端子，但它可以通过总线连接远程从单元，并通过编程设备在 SRM1 上编制程序，实现对远程 I/O 点进行控制。SRM1 的 I/O 控制方式为循环扫描方式，编程语言也是梯形图，类似一台 PLC。其控制的最大 I/O 点数为 256 点（128 入、128 出），基本指令有 14 条，特殊指令有 77 条或 123 条，编程容量可达 4096 字。SRM1 主控单元的 I/O 地址编号如表 6-9 所示。

表 6-9 SRM1 主控单元的 I/O 地址编号

位 定 义	编 号	字 地 址
输入位	00000~00915	IR000~IR009
输出位	01000~01915	IR010~IR019
工作位	20000~23915	IR200~IR239
特殊位	24000~25507	IR240~IR255
暂存位	—	TR0~TR7
保持位	HR0000~HR1915	HR00~HR19
辅助位	AR0000~AR1515	AR00~AR15
连接位	LR0000~LR1515	LR00~LR15
定时器/计数器	000~127	—
数据存储器	DM0000~DM2021	—

SRM1 从总线端子引出通信电缆连接从站单元，最多可连接 32 个从单元，控制点数达 256 点，通信周期为 0.8ms；当连接 16 个从单元时，控制点数为 128 点，通信周期为 0.5ms。由 SRM1 主控单元构成的 CompoBus/S 网络，其 I/O 通道分配如表 6-10 所示。IN0~IN15 为输入从站的节点编号，OUT0~OUT15 为输出从站的节点编号。CompoBus/S 最大从单元设为 16 时，则 IN8~IN15、OUT8~OUT15 可作为编程工作位。对于小于 8 位的 CompoBus/S 从站，使用从 0 或 8 开始的位地址。对于 16 位的 CompoBus/S 从站，只可以使用偶数位地址。

表 6-10 SRM1 的 I/O 通道分配

输入字地址	位		输出字地址	位	
	15~8	7~0		15~8	7~0
000	IN1	IN0	010	OUT1	OUT0
001	IN3	IN2	011	OUT3	OUT2
002	IN5	IN4	012	OUT5	OUT4
003	IN7	IN6	013	OUT7	OUT6
004	IN9	IN8	014	OUT9	OUT8
005	IN11	IN10	015	OUT11	OUT10
006	IN13	IN12	016	OUT13	OUT12
007	IN15	IN14	017	0UT15	OUT14

第三节 OMRON PLC 的其他通信网络

随着新器件、新技术和新功能的不断完善和应用，OMRON 公司的 PLC 网络发展很快，在信息层、控制层和器件层三个网络层次上，OMRON 主推 Ethernet、Controller Link 和 CompoBus/D 三种网络。

一、CompoBus/D 通信网络

CompoBus/D 通信网络是一种开放的、多主控的器件网，开放性是其主要特色。它采用

了美国罗克韦尔自动化公司制定的 DeviceNet 通信标准，DeviceNet 是以 CAN 总线为基础的现场总线结构，有相当多的厂家生产符合该标准的产品，只要符合 DeviceNet 标准，就可以接入其中。

1. CompoBus/D 通信网络结构

一个 DeviceNet 中一般有一个主站（Master，即插在 PLC 内的 DeviceNet 通信模块）和若干个从站（Slave，即带 DeviceNet 通信接口的设备），各站又称为节点。一个 PLC 内可以配置几块 De-viceNet 通信模块，分别控制几个器件网，一个器件网中也可以有多个主站（即多个 PLC）。

主站与从站之间的信息交换，是通过主单元 PLC 中执行特殊指令如 SEND、RECV、CMND 和 IOWR 等，向从站（其他主单元、从单元或其他公司 PLC 的主单元、从单元）读写信息，控制它们的运行。CompoBus/D 网络可采用不同的连接方式，如不带配置器的网络、带配置器的网络或者接入其他公司网络，其典型结构如图 6-20 所示。各从站可设置不同的通信响应速度，即循环时间。DeviceNet 最多可设 64 个节点；最高通信速率为 500kbit/s 时的通信距离为 39m，通信速率为 125kbit/s 时的通信距离为 156m；采用循环冗余码校验（CRC）检查是否有传送错误。DeviceNet 使用五芯通信电缆，其中包括两根信号线、两根电源线和一根屏蔽线。

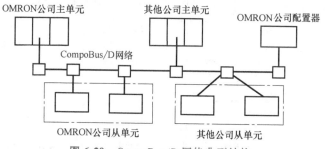

图 6-20　CompoBus/D 网络典型结构

图 6-20 中，OMRON 公司配置器作为 CompoBus/D 网络中的一个节点，其主要功能是对网上资源进行管理，功能如下：

（1）设置功能　设定远程 I/O 分配（扫描表）。

设定其他主单元参数（初始化远程 I/O 状态、通信循环时间等）。

设定非 OMRON 公司的从单元参数。

（2）监控功能　显示连接的器件表。

监控主单元状态、主单元出错经历以及通信循环时间。

（3）运行功能　启动、停止远程 I/O 通信。

（4）文件管理功能　从连接的器件上读写文件（ON LINE）以及读写设置主单元参数产生的设备文件（OFF LINE）。

主站与远程 I/O 通过 DeviceNet 通信网络不停地交换信息，该通信是自动完成的，不需要用户编程，只需做一些简单的硬件（如 DIP 开关）和软件的初始化设置。用户在读写远程 I/O 时，就像读写 PLC 内部的 I/O 一样方便。

2. CompoBus/D 网络的信息通信

在 CompoBus/D 网络中，使用指令 SEND、RECV、CMND 和 IOWR 等进行信息通信。

使用代码为 28 01 的 FINS 指令发送 Explicit 信息，可以与网络中非 OMRON 主单元或从单元节点通信。CMND 指令用于 CV、CP 系列 PLC，PLC 通过执行 CMND 可以发送 FINS 指令和 Explicit 信息。

IOWR 指令用于 C200HX/HG/HE 系列 PLC，其功能与 CMND 相似，PLC 通过执行 IO-WR 可以发送 FINS 指令和 Explicit 信息。

表 6-11 为 CompoBus/D 网络通信规格。

表 6-11 CompoBus/D 网络通信规格

PLC		CP 系列	CV/CP 系列	C200HX/HG/HE	C200HS
通信单元型号		CJ1W-DRM21	CVM1-DRM21-V1	C200HW-DRM21-V1	
每个通信单元最大通信节点数	FINS 信息	62	8	8	不支持
	Explicit 信息	63	63	63	不支持
通信指令	数据发送/接收	SEND/RECV	SEND/RECV	无	不支持
	FINS 指令	CMND	CMND（194）	IOWR	不支持
	Explicit 信息	CMND（28 01）	CMND（194）	IOWR	不支持
		发送信息到非 OMRON 的主单元和从单元			
源：目的		1：1（不支持 1：N 广播）	1：1（不支持 1：N 广播）		不支持
最大数据长度		SEND：267 字 RECV：269 字 CMND：542 字节	SEND（192）：76 字 RECV（193）：78 字 CMND（194）：158 字	IOWR：158 字	不支持
同时传送指令数		8 个端口 0～7	8 个端口 0～7	1 个	不支持
响应监控时间		0.1～6553.5s	0.1～6553.5s	不支持	不支持
重发次数		0～15	0～15	0	不支持
信息接收	来自 CV 系列 PLC	不支持	支持数据发送/接收和 FINS 指令		仅支持主单元 FINS 指令
	来自 C200HX/HG/HE PLC	不支持	支持 FINS 指令		
	来自 CS/CJ 系列 PLC	支持数据发送/接收和 FINS 指令	不支持		

下面以两台 CP1H PLC（型号为 CP1H-XA40DR-A）为例说明建立 CompoBus/D 通信网络实现远程 I/O 终端控制的基本过程。

（1）CompoBus/D 通信单元 主站 CompoBus/D 通信单元采用 OMRON CJ 系列 DeviceNet 通信模块 CJ1W-DRM21，该模块遵循 DeviceNet 通信协议，可同时用作主站和从站，支持最大节点数为 64（包括主站、从站和配置器），可组合使用多站结构和 T 形分支连接（用于主线路和分支线路）。该模块支持三种波特率设置：500kbit/s、250kbit/s 或 125kbit/s，通信介质可采用 5 线电缆（2 根信号线、2 根电源线、1 根屏蔽线）或 4 线扁平电缆（2 根信号线、2 根电源线）。

从站 CompoBus/D 通信单元采用 OMRON DRT2 系列智能从站 NPN 型晶体管远程 I/O 终端 DRT2-OD16，可通过网络收集及管理实用信息，包括有关通信电源电压电平、设备运行信息，可添加 1 个 I/O 扩展单元，而且不需要进行通信波特率设置。

（2）硬件设置 CP1H 通过适配器 CP1W-EXT01 与 CJ1W-DRM21 连接，从站为远程 I/O

终端 DRT2-OD16 扩展 XWT-ID08 进行通信，可实现 16 点输出+8 点输入，扩大可用的系统配置范围。主从站之间的连接线缆为 DCA2-5C10，硬件连接方式如图 6-21 所示。

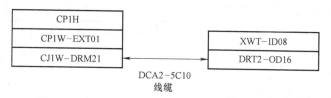

图 **6-21**　DeviceNet 主单元与从单元的硬件连接方式

网络参数设置时，主站 DeviceNet 通信模块 CJ1W-DRM21 的单元序号通过硬件拨码设为 0，节点序号通过硬件拨码设为 0，波特率为 125kbit/s。从站 DeviceNet 远程 I/O 终端 DRT2-OD16 通过硬件拨码设置节点序号为 01，通信波特率自动检测，无须设置。

（3）网络参数设置　通过 CX-Integrator 中的相关功能可以设置从站 DeviceNet 不同输入、输出端口对应的内存地址，从而在 PLC 编程的过程中达到对从站输入、输出的控制。

通过软件设置，可建立从站 DeviceNet 远程 I/O 终端 DRT2-OD16 的 16 个输出端口和 I/O 扩展单元的 XWT-ID08 的 8 个输入端口与 CP1H 的内存地址之间的对应关系，可实现 CP1H 对远程从站单元输入、输出的控制。

CJ1W-DRM21 支持三组继电器数据交换区，每组区域包含输入区域和输出区域。第 1 组继电器数据交换区的输出区域和输入区域分别为 3200~3263 CH、3300~3363 CH；第 2 组继电器数据交换区的输出区域和输入区域分别为 3400~3463 CH、3500~3563 CH；第 3 组继电器数据交换区的输出区域和输入区域分别为 3600~3663 CH、3700~3763 CH。这三组数据交换区域具体使用哪一组分配给 DRT2-OD16 和 XWT-ID08，由设置位 1500.08、1500.09、1500.10 设置。设置位的起始通道号的计算方式位：起始通道号=1500+（25×单元序号 0）=1500。

亦可通过网络设置软件 CX-Integrator 经 USB 口与 CP1H 通信，网络设置顺序为：①在网络通信设置中设定 PLC 为 CP1H，网络类型为 USB；②连接单元序号为 0、节点序号为 0 的主站 DeviceNet 通信模块 CJ1W-DRM21；③编辑 CJ1W-DRM21 的设备参数，添加 DRT2-OD16+XWT-ID08 至其注册设备列表；④I/O（输入/输出）地址自动分配，输出首地址从 3200 开始，输入首地址从 3300 开始；⑤设置完成后，选择 DRM21 参数设置界面中的下载按钮进行扫描表数据下载。

完成以上网络设置后，设置 PLC 内存 3200.01 位为 1，则 DRT2-OD16 的 01 点导通。当 XWT-ID08 的 04 点导通后，对应 PLC 内存 3300.04 位的状态为 1。

二、Controller Link 通信网络

Controller Link 控制器网采用令牌总线拓扑结构，实现简单，使用 FINS 命令进行信息通信，适用于小规模集中管理的分散工业控制网络。Controller Link（CLK）单元支持数据共享的数据连接，通过建立基于 Controller Link 的分散控制网络可方便地实现 OMRON 公司的 CQM1H 系列、C200HX/HG/HE、CS1 系列、CVM1 和 CV 系列 PLC 之间大容量数据交换的 FA（工厂自动化）网络。

1. Controller Link 控制器网络结构

如图 6-22 所示，用屏蔽双绞线或光缆将 Controller Link 单元连接起来，这样数台 PLC 之

间可以进行信息交换。PLC 上安装 Controller Link 单元，上位计算机在扩展插槽上安装 Con-
troller Link 支持卡。用屏蔽双绞线连接的 Controller Link 网络，通信距离随波特率的不同而不同，如波特率为 2Mbit/s 时最大传输距离为 500m；波特率为 1Mbit/s 时最大传输距离为 800m；波特率为 500kbit/s 时最大传输距离为 1000m。Controller Link 单元上内置了终端电阻，通过开关设置可以配置网络中所需的终端电阻，

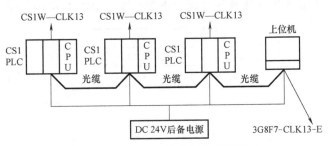

图 6-22 Controller Link 控制器网络结构

上位机用 3G8F7-CLK13-E 支持卡。用光缆连接的 Controller Link 网络，通信波特率为 2Mbit/s，最大传输距离为 20km。上位机用 3G8F7-CLK13-E 支持卡，光缆网络的 CLK 单元必须外加 DC 24V 后备电源，并且只有 CS1 系列 PLC 支持此连接。表 6-12 列出了 Controller Link 网络技术规格。

表 6-12 Controller Link 网络技术规格

项 目	技 术 规 格	
通信方法	N∶N 令牌总线	
代码	曼彻斯特编码	
调制	基带码	
同步	标志同步（与 HDLC 帧一致）	
传输路径形式	多站总线或菊花连接总线	
波特率和最大传输距离	屏蔽双绞线通信：2Mbit/s：500m 1Mbit/s：800m 500kbit/s：1km	光缆通信：2Mbit/s：20km
传输介质	屏蔽双绞线：2 根信号线，1 根屏蔽线 光缆：两芯 H-PCF 光缆	
最大节点数	32 节点	
通信功能	数据链接和信息服务	
数据链接字数	传输单元：最大 1000 字 1 台 CP1H 型 PLC 中的数据链接区域：最大 20000 字 1 台 CQM1H 系列 PLC 中的数据链接区域：最大 8000 字 1 台 CS1 系列 PLC 中的数据链接区域：最大 12000 字 1 台计算机节点的数据链接区域：最大 32000 字 1 个网络的数据链接字数：最大 32000 字	
数据链接区域	位区域（IR、AR、LR、CIO） 数据存储区（DM） 扩展数据存储区（EM）	
信息长度	最大 2012B（包括报头）	
RAS 功能	检测节点备份功能（删除节点后备功能） 自诊断（启动时硬件检查） 回应测试和广播测试（使用 FINS 指令） 监视时钟 出错记录功能；看门狗定时器	
出错控制	曼彻斯特编码检验、CRC 检验（CCITT $X^{16}+X^{12}+X^5+1$）	

2. Controller Link 网络数据链接

Controller Link 网络建立数据链接后，网络的各个节点之间就可以自动地交换在预置区域内的数据。每个节点可以设置两个数据链接区域，即第 1 区和第 2 区。第 1 区和第 2 区的数据链接同时生效，两个区域设置的数据链接开始字和发送区尺寸可以分别进行，但发送和接收的顺序是相同的。这种数据链接可以手动设置也可以自动设置。手动设置是用 Controller Link 支持软件对参与链接的每个节点（CLK 单元和 CLK 支持卡）进行设定，其设置功能包括数据链接表、设置网络参数、路径表、回送和广播测试、网络监控和系统维护等；自动设置是用编程器或 SSS 支持软件在启动节点的 DM 参数区中设置自动数据链接模式，用来激活数据链接的各个节点，即可在各节点 PLC 的 DM 区域中自动建立数据链接。

对于 CV 系列，PLC 的启动位是启动节点的字 DM2000+100XCLK 单元号中的第 0 位；对于 CJ 系列，PLC 的启动位是启动节点的字 DM30000+100XCLK 单元号中的第 0 位；而 α 机启动节点中的 AR0700、AR0704 位分别为操作级 0、操作级 1 的启动位。当启动位从 OFF 变为 ON 或接通电源已经为 ON 时，启动数据链接；当启动位从 ON 变为 OFF 时，停止数据链接。CP1H 系列 PLC 的数据链接区的地址范围为 CH1000 ~ CH1199（位地址 CIO 1000.00 ~ CIO1199.15）。当 LR 被设定为 Controller Link 网络的数据链接区时，数据链接区中的字用于实现数据链接。未使用 Controller Link 网络功能时，数据链接区可作为内部继电器使用。

使用 CMND 指令从一个 Controller Link 的节点或在上位机上应用 Controller Link 支持软件向数据链接中的节点发送 RUN/STOP 指令来启动或停止数据链接。使用 CMND 指令来发送 FINS 信息的命令帧和响应帧的数据格式如图 6-23 所示。

图 6-23 中，指令代码是一个 2B 的十六进制数，FINS 指令总是以一个 2B 指令代码开始，其他参数随后；响应代码也是一个 2B 的十六进制数，表示执行指令的结果，第一个字节是主响应代码（MRES），将结果分级；第二个字节是子响应代码（SRES），提供详细结果。

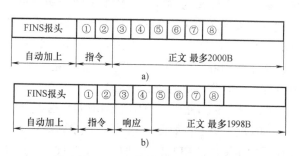

图 6-23 CMND 发送 FINS 的数据格式

a）命令帧数据格式 b）响应帧数据格式

表 6-13 列出了 Controller Link 单元的 FINS 指令，表 6-14 列出了主响应代码及执行结果。

表 6-13 Controller Link 单元的 FINS 指令

指 令 代 码		名　称	指 令 代 码		名　称
04	01	启动数据链接	08	01	回送测试
	02	停止数据链接		02	读广播测试结果
05	01	读控制器数据		03	发送广播测试数据
06	01	读控制器状态	21	02	读出错记录
	02	读网络状态		03	清出错记录
	03	读数据链接状态	—	—	—

下面以两台 CP1H PLC（型号为 CP1H-XA40DR-A）为例说明建立 Controller Link 网络的数据共享基本过程。

表 6-14　主响应代码及执行结果

MRES	执 行 结 果	MRES	执 行 结 果
00	正常完成	21	不能写入
01	本地节点出错	22	在当地方式下不能执行
02	目标节点出错	23	无单元
03	通信控制器出错	24	不能启动/停止
04	不能执行	25	单元出错
05	路径出错	26	命令出错
10	命令格式出错	30	进入出错
11	参数出错	40	因失败而中断网络服务
20	不能读出	—	—

（1）Controller Link 通信单元　CP1H-XA40DR-A 需要安装 Controller Link 单元选择 CJ1W-CLK23 以使其具有 Controller Link 网络通信功能。Controller Link 通信单元采用 OMRON CJ 系列 Controller Link 通信模块 CJ1W-CLK23，该单元只需设置数据链接表即可进行大容量数据链接，每个节点最多发送/接收 20000 字。该单元的通信方式为 N：N 令牌总线式，采用曼彻斯特编码，基带码调制方式，其最大传送距离由传送速度决定，如 2Mbit/s 的传送速度下最大传送距离为 500m，1Mbit/s 的传送速度下最大传送距离为 800m，500kbit/s 的传送速度下最大传送距离为 1km。该单元的通信介质为双绞线屏蔽电缆（2 根信号线、1 根屏蔽线），最大节点数为 32（无中继器）或 62 个节点（有中继器）。该单元支持每个节点的最大发送字为 4000 字以下。PLC 的数据链接区包括二进制区（CIO 区、工作区、链接区）、数据存储区、扩展数据存储区（EM）。

（2）硬件设置　CP1H-XA40DR-A 通过 CP1W-EXT01 适配器与 Controller Link 单元 CJ1W-CLK23 相连，如图 6-24 所示。建立两台 PLC 之间的 Controller Link 通信模块连接，首先设置两个 CJ1W-CLK23 模块的硬件参数，一台 PLC 的 CLK 模块的单元号为 0，节点号为 1；另一台 PLC 的 CLK 模块的单元号为 4，节点号为 3；两个 CLK 模块的终端电阻 TER SW 均设置为 ON，波特率拨码均设置为 OFF。

图 6-24　两台 CP1H 进行 Controller Link 网络通信的硬件连接方式

（3）网络参数设置　通过配置软件 CX-INTEGRATOR 设置 Controller Link 网络的软件参数，包括：①设置 PLC 型号；②网络类型；③Controller Link 数据链接区域选择：区域 1 为 CIO 区，区域 2 为 D 区；④两台 PLC 的发送区域和接收区域，例如：节点 1 PLC 的发送区域为 CIO500 和 D100，尺寸为 10 个字，接收区域为 CIO510 和 D110，尺寸为 10 字；节点 3 PLC 的发送区域为 D200 和 CIO100，尺寸为 10 字，接收区域为 D210 和 CIO110，尺寸为 10 字。节点 1 的发送区域 CIO500 对应节点 3 的接收区域 D210，节点 1 的发送区域 D100 对应节点 3 的接收区域 CIO110。设置完成后，在节点 1 的 CIO500 和 D100 开始通道写入如下数据，如图 6-25 所示。

CIO0500	+0	+1	+2	+3	+4	+5	+6	+7	+8	+9
	0000	1111	2222	3333	4444	5555	6666	7777	8888	9999
D00100	+0	+1	+2	+3	+4	+5	+6	+7	+8	+9
	1111	2222	3333	4444	5555	6666	7777	8888	9999	AAAA

图 6-25 节点 1 PLC 发送的数据

则节点 3 的 D210 和 CIO110 接收数据, 数据内容如图 6-26 所示, 从而实现两台 PLC 间的 Controller Link 网络数据共享。

D00210	+0	+1	+2	+3	+4	+5	+6	+7	+8	+9
	0000	1111	2222	3333	4444	5555	6666	7777	8888	9999
CIO0110	+0	+1	+2	+3	+4	+5	+6	+7	+8	+9
	1111	2222	3333	4444	5555	6666	7777	8888	9999	AAAA

图 6-26 节点 3 PLC 接收的数据

三、Ethernet 通信网络

Ethernet 以太网属于大型网, 它的信息处理功能很强, 是信息管理的高层网络。以太网支持 FINS 协议, 使用 FINS 命令可以进行 FINS 通信、TCP/IP 和 UDP/IP 的 Socket（接驳）服务、FTP 服务等。通过以太网, OMRON 公司的 PLC 可以与国际互联网连接, 实现最为广泛的节点间的信息交换。以太网使 FCS 与计算机网络的主流技术相融合, 相互促进, 有利于控制网络与管理信息系统（MIS）的一体化。

1. Ethernet 以太网工作原理

Ethernet 以太网的介质访问控制采用冲突检测的载波侦听多路访问（CSMA/CD）方式。CSMA/CD 又称随机访问技术或争用技术, 用于总线型网络, 其工作原理如图 6-27 所示。

当一个站要发送信息时, 首先要侦听总线是否空闲, 有无其他节点正在发送信息, 若无, 则立即发送, 并在发送过程中继续侦听是否有冲突; 若有, 则发送人为干扰信号, 放弃发送, 延迟一段时间后, 再重复发送过程。这种争用技术在轻载时效率较高, 但重载时冲突增加, 效率大大降低。在 PLC 网络中用得较少, 目前只在 Ethernet 网络中使用。

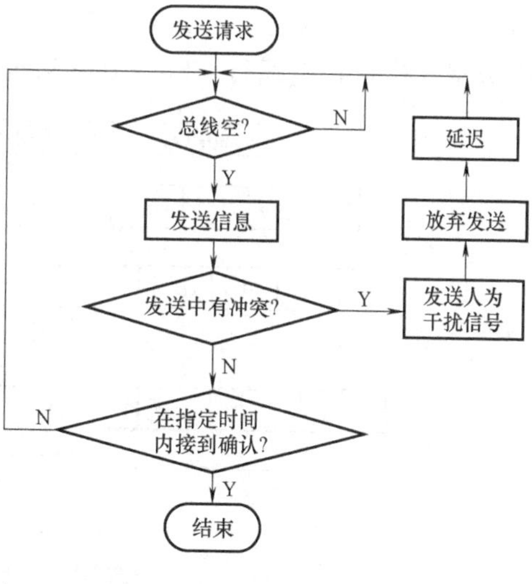

图 6-27 CSMA/CD 工作原理

2. Ethernet 以太网基本结构

Ethernet 以太网采用分段结构, 段与段之间通过中继器相连。通信介质为同轴电缆, 能够连接的最大节点数为 100, 在通信波特率为 10Mbit/s 时, 最大传输距离是 500m。目前 OMRON 公司入网的机型有 CP1H、CS1、CV 和 C200Hα 机, 前三种机型的 Ethernet 单元分别是 CJ1W-EIP21、CS1W-ETN01 和 CV500-ETN01, 后一种机型的 Ethernet 网络用总线连接单元把 C200HW-PCU01、C200HW-COM01/04 和以太网卡连接起来构成, 其基本结构如图 6-28 所示。

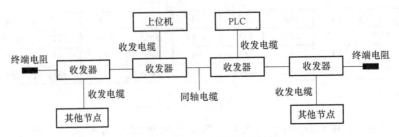

图 6-28 Ethernet 网络基本结构

3. Ethernet 以太网分层协议

OMRON 公司的 Ethernet 网络协议，除了链路层数据帧格式不同外，其他标准基本与国际 IEEE 802.3 通用。如图 6-29 所示，物理层采用 10BASE5 标准；数据链路层采用 Ethernet（Version-2）标准；网络层采用 IP 标准；传输层有用户数据报协议 UDP 和传输控制协议 TCP 标准；应用层有工厂接口网络服务 FINS 和文件传输协议 FTP 标准。

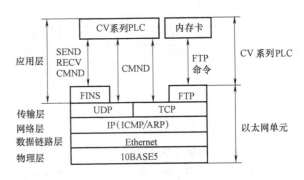

图 6-29 Ethernet 网络分层协议

4. Ethernet 以太网 FINS 服务

Ethernet 以太网单元通过 UDP/IP 端口提供 FINS 服务，如当上位机与 PLC 进行 FINS 通信时，上位机向以太网单元 FINS UDP 端口发送包含 FINS 命令的数据包，可以读写 PLC 的内存数据或控制 PLC 运行。FINS 通信数据格式如图 6-30 所示。

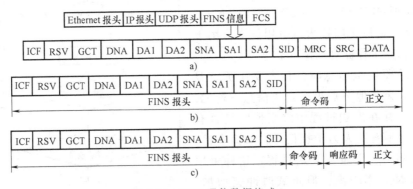

图 6-30 FINS 通信数据格式

a）FINS 数据格式 b）命令帧格式 c）响应帧格式

从上位机发出的命令和响应必须符合下面帧格式要求，并提供合适的 FINS 报头信息。命令帧正文长度为 1998B，响应帧正文长度为 1996B，命令码和响应码各占 2B。FINS 报头信息分别如下：

ICF： 信息控制域

位 0：响应请求位，要求响应置 0，不要求响应置 1

位 6：数据类型位，0 代表命令，1 代表响应

RSV：系统保留，通常置 00

GCT：网关允许数目，通常置 02

DNA：目标网络地址

　　01~7F：目标网络地址（1~127）

DA1：目标节点号

　　00：本地 PLC 单元

　　01~7E：以太网或 SYSMAC NET 网节点（1~126）

　　01~3E：SYSMAC Link 网络节点（1~62）

　　FF：广播

DA2：目标单元地址

　　00：PLC（CPU）

　　FE：通信单元

　　10~1F：CPU 总线单元

SNA：源网络地址

　　01~7F：本地网络地址（1~127）

SA1：源节点号

　　00：本地 PLC 单元

　　01~7E：以太网或 SYSMAC NET 网节点（1~126）

　　01~3E：SYSMAC Link 网络节点（1~62）

SA2：源节点地址

　　00：PLC（CPU）

　　FE：通信单元

　　10~1F：CPU 总线单元

　　SID：服务标识

SID 识别数据出自何处，取值范围为 00~FF，响应会返回同样的 SID 数值。表 6-15 列出了用于 Ethernet 单元的 FINS 指令。

表 6-15　用于 Ethernet 单元的 FINS 指令

指令代码		名　称	指令代码		名　称
04	03	复位		10	TCP 打开请求（被动）
05	01	读控制器数据		11	TCP 打开请求（主动）
06	01	读控制器状态		12	TCP 接收请求
08	01	节点间回送测试		13	TCP 发送请求
	02	读广播测试结果		14	TCP 关闭请求
	03	发送广播数据	27	20	PING 测试
21	02	读错误记录		60	读 IP 地址表
	03	清错误记录		61	读 IP 路由器表
27	01	UDP 打开请求		62	读协议状态
	02	UDP 接收请求		63	读内存状态
	03	UDP 发送请求		64	读 Socket 状态
	04	UDP 关闭请求		—	—

5. Ethernet 以太网 FTP 服务

FTP 支持以太网中的上位机读写 PLC 内存卡中的文件。内存卡插在 PLC 的 CPU 单元上，有 RAM、EPROM、E^2PROM 等类型。以太网单元不支持 FTP 客户功能，但可作为 FTP 服务器，工作于客户—服务器模式。上位机必须与 FTP 服务器建立连接以后，才能启动 FTP 服务器功能，连接 FTP 的登录名和口令应放在 CPU 总线单元的系统设置区域。

FTP 服务器状态可以根据以太网单元上的 FTP 指示灯或 CPU 总线单元数据区 CIO 里的 FTP 状态字来检查。FTP 状态字地址为 1500+(25×单元号)+17，它的位 00 表示 FTP 服务器状态，位 00 置 1，FTP 指示灯闪亮，表示正在进行 FTP 操作；位 00 置 0，表示 FTP 空闲。上位机使用 UNIX 操作系统时，FTP 由一组 Shell 命令实现。ftp 是较为重要的命令，上位机调用 ftp 命令与以太网单元建立连接，双方进入交互式会话状态。FTP 命令集如表 6-16 所示。

表 6-16　FTP 命令集

命令	功　　能	命令	功　　能
ftp	连接指定的 FTP 服务器	mget	把多个文件从内存卡中传到本地上位机
user	对远程 FTP 服务器指定用户名	put	把指定本地文件传到内存卡中
ls	列出内存卡中文件名	mput	把多个本地文件传到内存卡中
dir	列出内存卡中文件名及细节	delete	从内存卡中删除指定文件
cd	把以太网单元工作目录改变到指定目录	mdelete	从内存卡中删除多个文件
pwd	列出以太网单元工作目录	close	拆除 FTP 服务器
type	指定到传输文件的数据类型	bye	关闭 FTP（客户）
get	把指定文件从内存卡中传到本地上位机	quit	关闭 FTP（客户）

6. Ethernet 以太网 Socket 服务

Socket 服务又称接驳服务，它允许用户程序直接使用 TCP 和 UDP 协议，在以太网节点之间交换数据。Socket 支持客户—服务器模式，TCP Socket 在启动数据之前，要在两个节点之间建立"虚链路"。打开一个 Socket 命令建立连接时，服务器节点使用被动打开命令，并等待连接；作为客户节点使用主动命令，发出连接请求。

TCP 提供通信服务时，要求目标节点应答，加以确认。数据分包传送，每个数据包最大长度 1024B；UDP 提供通信服务时，不要求目标节点应答，数据分包传送，每个数据包最大长度 1472B。以 OMRON 公司 CV 系列 PLC 机型为例，Ethernet 以太网提供 Socket 服务的操作如图 6-31 所示。

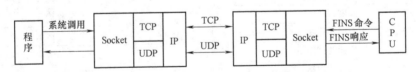

图 6-31　Ethernet 以太网 Socket 服务的操作

图 6-31 中，每个以太网单元有八个 TCP Socket 和八个 UDP Socket。每一个 Socket 都有一个状态字相对应。Socket 有打开、关闭、发送和接收操作。打开一个 TCP Socket 就建立一个连接，关闭一个 TCP Socket 就是拆除一个连接。用于以太网单元 Socket 服务的 FINS 指令如表 6-17 所示。

表 6-17 用于以太网单元 Socket 服务的 FINS 指令

命令码		名 称	功 能
MRC	SRC		
27	01	UDP 打开请求	打开 UDP Socket
	02	UDP 接收请求	通过 UDP Socket 接收数据
	03	UDP 发送请求	从 UDP Socket 发送数据
	04	UDP 关闭请求	关闭 UDP Socket，结束通信
	10	TCP 打开请求（被动）	打开 TCP Socket，等待与其他节点连接
	11	TCP 打开请求（主动）	打开 TCP Socket 与其他节点连接
	12	TCP 接收请求	从 TCP Socket 接收数据
	13	TCP 发送请求	从 TCP Socket 发送数据
	14	TCP 关闭请求	关闭 TCP Socket，结束通信

下面以两台 CP1H-XA40DR-A 型号的 PLC 为例说明以太网通信的建立过程。

（1）EtherNet 通信单元 为实现以太网通信功能，CP1H 需要安装 OMRON EtherNet/IP 单元 CJ1W-EIP21，该单元支持 tag 数据链接，以实现在 Ethernet 节点上的设备之间共享数据。EtherNet/IP 单元与 Ethernet 单元支持相同的 FINS/UDP 和 FINS/ TCP 功能。链接地址空间分配为 CIO 区 25 字，DM 区 100 字。网络介质访问方式为 CSMA/CD，调制方式为基带，波特率为 100 Mbit/s，传送介质为双绞屏蔽电缆。

（2）硬件设置 CP1H 通过安装 CJ 单元适配器 CP1W-EXT01 与 EtherNet/IP 单元 CJ1W-EIP21 相连接，如图 6-32 所示。一台 CJ1W-EIP21 通信单元硬件拨码设置单元号为 1，硬件拨码设置节点号为 1；另一台 CJ1W-EIP21 通信单元硬件拨码设置单元号为 1，硬件拨码设置节点号为 2。

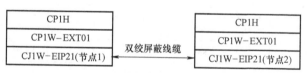

图 6-32 以太网通信硬件连接方式

（3）网络参数设置 OMRON EtherNet/IP 单元 CJ1W-EIP21 的网络参数设置主要包括以下内容：

1）在 CX-Programmer 中设置两个 EIP21 模块参数，包括 IP 地址、子网掩码，注意最后一个网段与硬件节点号一致。

2）用 PC USB 口连接节点 1 PLC，在网络配置软件 Network Configurator 中，设置 PLC 与 PC 之间的接口类型、启动连接，并设置 USB 连接参数如波特率为 115200bit/s。

3）设置网络接口类型为 TCP：2，并添加该网络至当前网络进行连接。

4）选择需要上载的两个 CJ1W-EIP21 的 IP 地址，完成上载。

5）设置两台通信模块 CJ1W-EIP21 参数，设定两台 CP1H 的数据链接区域。例如：节点 1 分别在 CIO100、D100 和 W100 区域划分 4B 空间给输入数据，在 CIO110、D110 和 W110 划分 4B 空间给输出数据；节点 2 在 CIO200、D200 和 W200 区域划分 4B 空间给输入数据，在 CIO210、D210 和 W210 划分 4B 空间给输出数据。

6）在通信模块 CJ1W-EIP21 节点 2 的参数列表中添加节点 1 侧 PLC，设置节点 2 侧 PLC

和节点 1 侧 PLC 之间数据传输链接表, 如源设备的 IP 地址为 10.110.59.2, 目的设备的 IP 地址为 10.110.59.1, 源设备 (节点 2) 的 CIO210 区 4B 对应目的设备 (节点 1) 的 CIO100 区 4B, 源设备 (节点 2) 的 D210 区 4B 对应目的设备 (节点 1) 的 D100 区 4B, 源设备 (节点 2) 的 W210 区 4B 对应目的设备 (节点 1) 的 W100 区 4B。

7) 在通信模块 CJ1W-EIP21 节点 1 的参数列表中添加节点 2 侧 PLC, 设置节点 1 侧 PLC 和节点 2 侧 PLC 数据传输链接表, 如源设备的 IP 地址为 10.110.59.1, 目的设备的 IP 地址为 10.110.59.2, 源设备 (节点 1) 的 CIO110 区 4B 对应目的设备 (节点 2) 的 CIO200 区 4B, 源设备 (节点 1) 的 D110 区 4B 对应目的设备 (节点 2) 的 D200 区 4B, 源设备 (节点 1) 的 W110 区 4B 对应目的设备 (节点 2) 的 W200 区 4B。

8) 下载数据链接表, 在两台 CP1H 的对应数据区域分别写入数据, 在另外一台对应的地址中可读取到数据。例如: 在节点 1 侧 PLC 的 CIO110 区写入 1111、2222, D110 区写入 3333、4444, W110 区写入 5555、6666, 如图 6-33 所示; 在节点 2 侧 PLC 的 CIO210 区写入 7777、8888, D210 区写入 9999、AAAA, W210 区写入 BBBB、CCCC, 如图 6-34 所示。

	+0	+1
CIO110	1111	2222

	+0	+1
D110	3333	4444

	+0	+1
W110	5555	6666

图 6-33 节点 1 侧 PLC 分别在 CIO 区、D 区和 W 区写入的数据

	+0	+1
CIO210	7777	8888

	+0	+1
D210	9999	AAAA

	+0	+1
W210	BBBB	CCCC

图 6-34 节点 2 侧 PLC 分别在 CIO 区、D 区和 W 区写入的数据

在节点 1 侧 PLC 的 CIO100 区读出 7777、8888, D100 区读出 9999、AAAA, W100 区读出 BBBB、CCCC, 如图 6-35 所示; 在节点 2 侧 PLC 的 CIO200 区读出 1111、2222, D200 区读出 3333、4444, W200 区读出 5555、6666, 如图 6-36 所示。由此可见, 两个节点间建立了以太网通信。

OMRON 公司 PLC 网络类型较多, 总结其网络通信性能如下:

HOST Link 网是使用较多的一种网。上位计算机使用 HOST 通信协议与各台 PLC 通信, 可以对网中的各台 PLC 进行管理与监控, 是适用于集中管理、分散控制的工业自动化网络。

PC Link 网的主要功能是各台 PLC 建立数据连接, 实现数据信息共享, 它适用于控制范围较大, 需要多台 PLC 参与控制且控制环节相互关联的场合。

CIO100	+0	+1
	7777	8888

D100	+0	+1
	9999	AAAA

W100	+0	+1
	BBBB	CCCC

图 6-35　节点 1 侧 PLC 分别在 CIO 区、D 区和 W 区读出的数据

CIO200	+0	+1
	1111	2222

D200	+0	+1
	3333	4444

W200	+0	+1
	5555	6666

图 6-36　节点 2 侧 PLC 分别在 CIO 区、D 区和 W 区读出的数据

Remote I/O 网实际上是 PLC I/O 点的远程扩展，适用于工业自动化的现场控制。

CompoBus/S 为器件网，主要功能是实现远程开关量的 I/O 控制，使用 CompoBus/S 专用通信协议，通信速度快，是一种高速 ON/OFF 系统控制总线。

CompoBus/D 器件网的主要功能是远程开关量和模拟量的 I/O 控制及信息通信。它遵守美国罗克韦尔自动化公司指定的 DeviceNet 通信规约，只要符合 DeviceNet 标准的 PLC 控制设备，都可以接入其中，是一种开放的、多主控的分散控制网络。

Controller Link 控制器网实现简单，使用 FINS 命令可以进行信息通信，适用于小规模集中管理的分散控制网络。

Ethernet 以太网属于大型网，它的信息处理功能很强，是信息管理的高层网络。以太网支持 FINS 协议，使用 FINS 命令可以进行 FINS 通信、TCP/IP 和 UDP/IP 的 Socket（接驳）服务、FTP 服务等。

第四节　PLC 可编程终端与触摸屏

MPT002 是一种微型可编程终端，用于工厂自动化设备的现场监控。本节是以 MPT002-G4R-V2 型号可编程终端为例而编写的，MPT002 的功能如表 6-18 所示。

表 6-18　MPT002 的功能说明

项　　目	规　　格
LCD 显示区域像素/尺寸	192×64 点/79mm×26mm
显示功能	静态文本和图像，动态的数据、动态字符串对象、字符串、灯、棒图（支持刻度）、趋势图
画面	屏幕 255 个，每屏 14 个动态对象 全角字符 512 个，字符串 255 条，单色位图图像 32KB（MAX）
键盘功能	8 个功能键（F1~F8），每一屏分别定义不同功能，包括屏幕切换、脉冲位控制、置位、复位、保持型功能、交替型功能

（续）

项　　目	规　　格
通信功能	HOST Link：1200～115200bit/s RS232 端口 COM1：可连接支持工具（MPTST）和 PLC 外设端口 COM2：可连接 PLC RS485 端口 COM2：可连接 PLC
报警功能	支持用户自定义的报警功能，显示报警信息，支持报警声音
密码功能	支持用户操作密码保护，可以设置 3 个不同级别的 3 组密码保护，支持传送密码保护。 密码设置支持 1～8 位数字
支持的语言	半角 ASCII 字符；任何语言的全角字符
程序复制功能	可在 MPT002 之间进行程序复制
适用的 PLC	OMRON C 系列 PLC：CPM1A/2，CQM1/CQM1H，SRM1，C200H/HS/HE/HG/HX，CS1G/CS1H，CJ1G，CJ1H，CJ1M，CJ2H，CJ2M OMORN CP 系列 PLC：CP1E，CP1H，CP1L
支持软件	MPTST-VER6.0-C，MPTST-VER5.04-C

▰ 一、MPT002 可编程终端及其连接方法

1）MPT002-G4R-V2 正视图如图 6-37 所示。

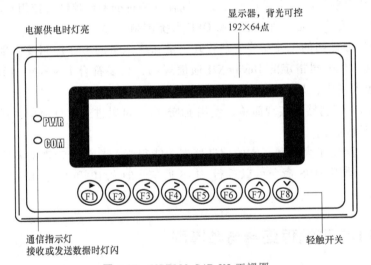

显示器，背光可控
192×64点

电源供电时灯亮

PWR
COM

通信指示灯
接收或发送数据时灯闪

轻触开关

图 6-37 MPT002-G4R-V2 正视图

2）MPT002-G4R-V2 背视图如图 6-38 所示。

3）MPT002-G4R-V2 与 PLC 和上位机 MPTST 的连接如图 6-39 所示。

① MPT002 与上位机 MPTST 连接。

MPT002 通过 COM1 与上位机（MPTST）连接，如图 6-40 所示。

② MPT002 通过 COM1 与 PLC 的连接，如图 6-6b 所示。

③ MPT002 与 MPT002 的连接。

MPT002 通过 COM1 与另一台 MPT002 连接，但 MPT002 的 COM2 不能用于这种连接方式，如图 6-41 所示。

④ MPT002 与 NT-AL001 的连接。

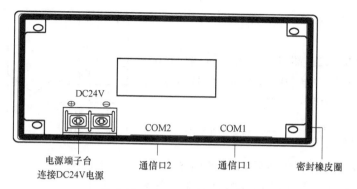

图 6-38　MPT002-G4R-V2 背视图

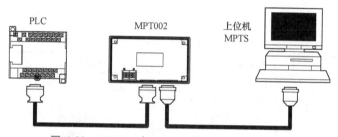

图 6-39　MPT002 与 MPTST 或 PLC 的连接方法

MPT002		MPTST			MPT002		MPTST	
信号	脚号	脚号	信号		信号	脚号	脚号	信号
	1	1				1	1	
SD	2	2	RD		SD	2	2	RD
RD	3	3	SD		RD	3	3	SD
RS	4	4	ER		RS	4	4	RS
	5	5	SG		CS	5	5	CS
+5V	6	6	DR		+5V	6	6	DR
	7	7	RS			7	7	SG
	8	8	CS			8	8	
SG	9	9			SG	9	20	ER

图 6-40　MPT002 与 MPTST 9P 或 25P 的连接方法

　　MPT002 通过 COM1 与 NT-AL001 连接，NT-AL001 是 RS232C/RS422A 转换适配器，通过 NT-AL001 与 MPT002 的连接，通信方式从 RS232C 转换为 RS422A 1∶1 方式，通信距离达 500m，MPT002 的 COM2 不能用 RS422A 连接，如图 6-42 所示。

MPT002			MPT002	
9针			9针	
2	SD		2	SD
3	RD		3	RD
4	RS		4	RS
5	CS		5	CS
6	+5V		6	+5V
9	SG		9	SG

图 6-41　MPT002 与 MPT002 的连接方法

MPT002			NT-AL001	
9针			9针	
2	SD		2	SD
3	RD		3	RD
4	RS		4	RS
5	CS		5	CS
6	+5V		6	+5V
9	SG		9	SG

图 6-42　MPT002 与 NT-AL001 的连接方法

⑤ NT-AL001 与 NT-AL001 或 CPM1A-CIF11 的连接。

NT-AL001 的 RS422A 端口可与另一台 NT-AL001 或 CPM1A-CIF11 连接，但 MPT002 的 COM2 不能与 CPM1A-CIF11 连接，如图 6-43 所示。

二、MPT002 可编程终端的键盘功能

如图 6-37 所示，MPT002 具有 F1 ~ F8 的 8 个键，每个键都具有双重功能，部分键具有组合功能。在系统菜单中，键盘的使用分为三种情况，分别是菜单操作、数据设定和数据选择，如表 6-19 所示。

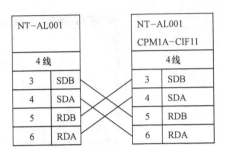

图 6-43 NT-AL001 与 NT-AL001 或 CPM1A-CIF11 的连接方法

表 6-19 MPT002 在系统菜单中的键盘功能

按　键	菜单操作	数据设定	数据选择
F1/▶	F1：选择菜单中的第 1 项	—	—
F2/-	F2：选择菜单中的第 2 项	—	—
F3/<	F3：选择菜单中的第 3 项	<：数据进格	—
F4/>	F4：选择菜单中的第 4 项	>：数据退格	—
F5/ESC	ESC：放弃当前的数据设定或数据选择，并返回上一级菜单		
F6/ENT	ENT：接收当前的数据设定或数据选择，并返回上一级菜单		
F7/∧	—	∧：数据加 1	∧：向上选择
F8/∨	—	∨：数据减 1	∨：向下选择

在主菜单下，按 ESC 键将退出系统菜单，进入运行状态。在运行状态中，键盘的使用取决于 MPT002 的两种状态，即用户操作状态和数据设定状态，如表 6-20 所示。

表 6-20 MPT002 在运行状态中的键盘功能

键　盘	用户操作状态		数据设定状态
	单　键	组合键	
F1/▶	F1：用户定义（软件定义）	进入系统菜单	▶：将光标下移一个数据
F2/-	F2：用户定义（软件定义）	进入数据设定状态	-：
F3/<	F3：用户定义（软件定义）	—	<：数据进格
F4/>	F4：用户定义（软件定义）	—	>：数据退格
F5/ESC	F5：用户定义（软件定义）		ESC：放弃当前的数据设定
F6/ENT	F6：用户定义（软件定义）		ENT：当前的数据设定有效
F7/∧	∧：切换屏幕		∧：数据加 1
F8/∨	∨：切换屏幕		∨：数据减 1

三、MPT002 可编程终端与同系列产品以及 NT20S 的比较

MPT002 可编程终端与同系列产品以及 NT20S 的比较如表 6-21 所示。

有关 MPT002、NT20S、NT30/30C、NT600S/620S 等可编程终端的具体功能，请参考有关使用手册。

表 6-21　MPT002 与同系列产品以及 NT20S 的比较

功　能	MPT002 [1]	MPT002 [2]	NT20S
液晶显示器	196×64 点	196×64 点	256×128 点
外设端口	可选	可选	无
RS232C 端口	有	有	有
RS422A/RS485	无法实现	可选	通过适配器转换
键盘	微动按键 8 键	微动按键 8 键	触摸屏
用户画面数	255	255	500
静态文本对象	有	有	有
静态图形对象	有	有	有
数据对象	十六进制，BCD 码 长度 1~8 位	十六进制，BCD 码长度 1~8 位， 十进制长度 1~10 位，小数点由 支持软件（MPTST）设定	有
字符串对象	有	有	有
动态字符串对象	无	有	有
灯对象	两种形状；大小固定	两种形状；大小固定	两种形状；大小任选
棒图对象	有，但无百分比数字显示	有，带百分比数字显示	有，带百分比数字显示
功能键定义	根据显示的屏幕， 连接到不同的位	根据显示的屏幕， 连接到不同的位	根据显示的屏幕， 连接到不同的位
密码功能	无	有，用户操作密码 保护和传送密码保护	无
报警功能	无	有，显示报警信息，有报警声	无
支持的通信协议	HOST Link	HOST Link	HOST Link, NT Link
支持的全角文字	4095 个，内置汉字库或 日文汉字（可选）	4095 个，内置汉字库或 日文汉字（可选）	4095 个，内置汉字库或 日文汉字（可选）

注：1. 此处的 MPT002 仅包括型号 MPT002-G4R-V1、MPT002-G4P-V1。

2. 此处的 MPT002 仅包括型号 MPT002-G4R-V2、MPT002-G4P-V2、MPT002-G4N-V1。

四、MCGS 触摸屏

MCGS TPC7062Ti 是一套以 Cortex-A8 CPU 为核心、主频 600MHz 的嵌入式一体化触摸屏。该产品采用了 7in（1in＝2.54cm）高亮度 TFT 液晶显示屏（分辨率为 800×480 像素），四线电阻式触摸屏（分辨率为 4096×4096 像素），内存为 128MB，同时预装了 MCGS 嵌入式组态软件（运行版），提供图像显示和数据处理功能，可提供 PLC 控制的人机交互用途。MCGS TPC7062Ti 的外部接口有 RS232、RS485 串行接口，1 主 1 从 USB 口，10/100Mbit/s 以太网口，以及可扩展 CAN 接口。

MCGS（Monitor and Control Generated System）嵌入式组态软件在 Windows 平台上运行，由 "MCGS 组态环境" 和 "MCGS 运行环境" 两个系统组成。MCGS 组态环境是生成用户应用系统的工作环境，可实现动画设计、设备连接、编写控制流程、编制工程打印报表等组态工作。MCGS 运行环境根据用户要求，运行组态环境中构造的组态工程，实现用户组态设计功能。

MCGS 组态工程由主控窗口、设备窗口、用户窗口、实时数据库和运行策略五部分构成，每一部分分别进行组态操作，完成不同的工作，具有不同的特性。

主控窗口：是工程的主要框架，主控窗口内可设计设备窗口和用户窗口。主控窗口负责管理设备窗口与用户窗口的打开或关闭。

设备窗口：是配置输入设备（数据采集设备）与输出设备的组态环境，通过设备驱动程序与外部设备进行数据交换。

用户窗口：负责管理人机交互界面，譬如生成各种动画显示画面、报警输出、显示数据曲线图表等。

实时数据库：在本窗口内定义不同类型和名称的变量，作为数据采集、处理、输出控制、动画连接及设备驱动的对象。

运行策略窗口：建立用户运行策略，使系统按照设定的顺序和条件，操作实时数据库，对动画窗口切换，控制工程运行流程和设备运行状态。

习题与思考题

6-1 试比较 RS232C、RS422A/RS485 串行通信接口规范。

6-2 试解释基带传输为什么要对数据进行编码？数据编码的特点是什么？

6-3 试比较异步传输和同步传输的数据格式，并说明数据传送中常用的校验方法及原理。

6-4 工业局域网常用的介质访问控制方式有哪三种？各有什么特点？

6-5 HOST Link 网络的 PLC 之间能否通信？怎样才能实现？

6-6 并行结构与串行结构相比各有什么特点？HOST Link 单元用到哪些通信口？一台上位机最多可以带几台 PLC？上位机用哪些方式与 PLC 通信？

6-7 在点对点通信网络中，说明命令块和响应块均为多帧时的格式，用图形表示。

6-8 I/O 连接网络是怎样通过连接单元的 I/O 点在本地主 PLC 和远程 PLC 之间建立连接关系的？

6-9 为什么 CompoBus/S 是一种高速的 ON/OFF 控制总线？

6-10 CompoBus/D 网的通信距离与通信介质、通信波特率有何关系？

6-11 光纤型远程 I/O 网络有哪些结构类型？各有什么特点？什么情况下要用到中继器？

6-12 SRM1 是一种什么样的控制单元？为什么说它具有 PLC 的功能？它的通信功能有哪些？

6-13 FTP 的功能是什么？何谓 Socket 服务？其功能如何？

6-14 什么是 FINS 网络通信协议？如何使用？什么是配置器？它的作用是什么？

6-15 PC Link 网络中的 PLC 怎样实现数据的共享？

6-16 PC Link 单元用什么样的通信口？连线时要用到哪些连接适配器？

6-17 试比较 Controller Link 与 PC Link 两种网络的数据链接功能。

6-18 PC Link 网络有几种链接模式？各 PLC 怎样实现数据的共享？

6-19 实现以太网通信功能需要什么通信单元？该单元具有哪些通信功能？

第七章　PLC 控制系统设计

PLC 采用可编程序的存储器，用来在其内部进行存储，执行逻辑运算、顺序控制、定时、计数和算术运算等操作指令，并通过数字、模拟的输入和输出控制各种类型的机械或生产过程。PLC 是专为在工业环境下应用而设计的，具有很强的抗干扰能力，能在恶劣的工业环境下工作，而且有功能强大的成熟的软件支持和各种不同规模的产品供选用，所以在控制领域，如冶金、化工、机械、汽车、轻工等行业得到了广泛的应用。本章主要介绍 PLC 控制系统的设计方法及其应用实例。

第一节　概述

PLC 的工作原理是基于对输入信号不断地进行监视，输入信号来自按钮、行程开关、光电开关、指令开关、变送器和传感器等装置。当检测到信号状态发生改变时，控制系统马上做出反应，通过用户编制的用户程序，产生输出信号，控制被控系统的外部负载，如继电器、接触器、电磁阀、电动机、指示灯和报警器等，其实际应用中的控制过程如图 7-1 所示。

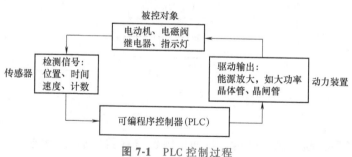

图 7-1　PLC 控制过程

当 PLC 执行程序时，PLC 内部要执行一系列的操作，但在任何时刻它只能执行一条指令，而且是循环地、顺序地逐条执行。这些操作大致分为四类：公共处理类、数据输入/输出类、指令执行类、外设服务类。监视钟是在 PLC 内部监测扫描时间的定时器，如果扫描时间太长，它会报警。扫描时间是 PLC 完成上述操作所需的全部时间（扫描周期），图 7-2 表示 PLC 内部操作流程。

在输入采样阶段，PLC 以扫描方式顺序读入所有输入端的通/断状态，并将此状态存入输入映像寄存器，接着转入程序执行阶段，程序执行期间关闭输入映像寄存器。

在程序执行阶段，按先左后右、先上后下的顺序逐条执行程序指令，并将运算和处理的

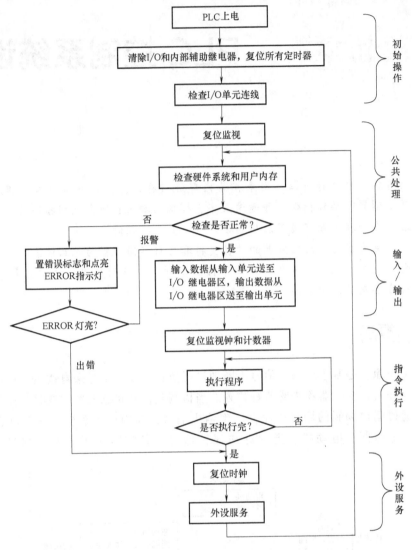

图 7-2 PLC 内部操作流程图

结果输出。

在输出刷新阶段，程序执行完后，将输出映像寄存器的通/断状态转存到输出锁存器，通过隔离电路、驱动功率放大电路、输出端子向外输出控制信号。

第二节 PLC 控制系统设计的原则和方法

PLC 用软件和内部逻辑取代了继电接触器控制系统中的继电器、定时器、计数器和其他单个设备。因此，PLC 控制系统的设计，关键是设计 PLC 的控制电路和 PLC 的控制程序。尽管 PLC 的应用场合复杂多样，PLC 的联网通信功能不断完善，各种工业控制领域的自动化程度不断提高，但对 PLC 进行控制系统的设计总有一定的规律可循，大致分为如下几个方面。

一、PLC 控制系统设计原则

1. 建立系统设计方案

（1）熟悉被控制系统的工艺要求　深入了解被控系统是 PLC 控制系统设计的基础。工程师在接到设计任务时，首先必须进入现场调查研究，搜集有关资料，并与工艺、机械、电气方面的技术和操作人员密切配合，共同探讨被控制对象的驱动要求和注意事项，如驱动的电压、电流和时间等；各部件的动作关系如因果、条件、顺序和必要的保护与联锁等；操作方式如手动、自动、半自动，连续、单步和单周期等；内部设备与机械、液压、气动、仪表、电气等方面的关系；外围设备与其他 PLC、工业控制计算机、变频器、监视器之间的关系，以及是否需要显示关键物理量、上下位机的联网通信和停电等应急情况时的紧急处理等。

（2）根据各物理量的性质确定 PLC 的型号　根据控制要求确定所需的信号输入元件、输出执行元件，即哪些信号是输入给 PLC，哪些信号是由 PLC 发出去驱动外围负载。同时分类统计出各物理量的性质，如是开关量还是模拟量，是直流量还是交流量，以及电压的大小等级。根据输入量、输出量的类型和点数，选择具有相应功能 PLC 的基本单元和扩展单元，对于模块式 PLC，还应考虑框架和基板的型号、数量，并留有余量。

（3）确定被控对象的参数　控制系统被控对象的参数有位置、速度、时间、温度、压力、电压、电流等信号，根据控制要求设置各量的参数、点数和范围。对于有特殊要求的参数，如精度要求、快速性要求、保护要求，应按工艺指标选择相应传感器和保护装置。

（4）分配输入/输出继电器号　分配继电器号之前，首先区分输入、输出继电器。所谓输入继电器就是把外部来的信号送至 PLC 内部处理用的继电器，在程序内作触点使用；输出继电器就是把 PLC 内部的运算结果向外部输出的继电器，在程序内部作为继电器线圈，以及动合、动断触点使用。在策划编程时，首先要对输入/输出继电器进行编号。确定输入/输出继电器的元件号与它们所对应的 I/O 信号所接的接线端子编号，并且保持一致，列一张 I/O 信号表，注明各信号的名称、代号和分配的元件号。如果使用多个框架的模块式 PLC，还应标注各信号所在的框架、模块序号和所接的端子号。这样，会使以后的配线、检修非常方便。

（5）用流程图表示系统动作基本流程　用流程图表示系统动作的基本流程，会给编写程序带来极大的方便。流程图表达的控制对象的动作顺序，相互约束关系直观、形象，基本组成了工程设计的大致框架，如图 7-3 所示。

（6）绘制梯形图，编写 PLC 控制程序　如果程序较为复杂，应灵活运用 PLC 内部的辅助继电器、定时器、计数器等编程元件。绘制梯形图的过程就是控制对象按生产工艺的要求进行逐条语句执行的过程，因此有必要列出某些信号的有效状态，如是上升沿有效还是下降沿有效，是低电平有效还是高电平有效，开关量信号是动断触点还是动合触点，触点在什么条件下接通或断开，激励信号是来自 PLC 的内部还是外部等。最后依据梯形图的逻辑关系，按照 PLC 的语言和格式编写用户程序，并写入到 PLC 存储器中。

（7）现场调试、试运行　通常编好程序后，利用实验室拨码开关模拟现场信号，逼近实际系统，对 PLC 控制程序进行模拟调试，对控制过程中可能出现的各种故障进行汇总、

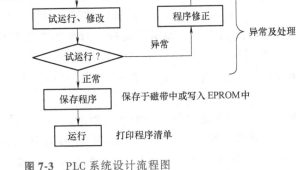

图 7-3 PLC 系统设计流程图

修正直到运行可靠。完成上述过程后，将 PLC 安装在控制现场进行联机总调试，对可能出现的接线问题以及执行元件的硬件故障问题，采用首先调试子程序或功能模块，然后调试初始化程序，最后调试主程序的方式，逐一排除，使程序更趋完善，再进行试运行测试阶段。

（8）编制技术文件　系统投入使用后，应结合工艺要求和最终的调试结果，整理出完整的技术文件，提交给用户。包括电气原理图、程序清单、使用说明书、元件明细表和元件所对应的 PLC 中 I/O 接线端子的编号等。

2. 确定控制方案

1）拟定实现参数控制具体方案，包括硬件结构、选择机型和系统软件设计。

2）设计系统控制的网络拓扑结构，分析上、下位机各自承担的任务，相互关系、通信方式、协议、速率、距离等，以及实现这些功能的具体要求。

3）考虑输入、输出信号是开关量还是模拟量，是模拟量的还应根据控制精度的要求选择 A-D、D-A 转换模块的个数和位数。

4）考虑对 PLC 特殊功能的要求，对于 PID 闭环控制、快速响应、高速计数和运动控制等特殊要求，可以选用有相应特殊 I/O 模块的 PLC。

5）考虑系统对可靠性的要求，对可靠性要求极高的系统，应考虑是否采用冗余控制系统或备用系统。

总之，在设计 PLC 控制系统时，应最大限度地满足被控对象的控制要求，并力求使控制系统简单、经济，使用及维修方便。保证控制系统的安全、可靠，同时考虑到生产的发展和工艺的改进，在选择 PLC 容量时，应适当留有余量。

3. 控制系统的结构和控制方式

PLC 控制系统根据实际需要，可以采用以下几种物理结构和控制方式。

（1）单机控制系统　这种控制系统采用一台 PLC 就可以完成控制要求，控制对象往往是单个设备或多个设备的某些专用功能。其特点是被控设备的 I/O 点数较少，设备之间或 PLC 间无通信要求，各自独立工作，主要应用于老设备的改造和小型系统，具体采用局部式结构还是离散式结构，应视现场的情况而定。

（2）复杂控制系统　复杂控制系统根据控制形式的不同又可分为多种，如集中控制系统、远程控制系统、集散控制系统和冗余控制系统等，也可以是上述系统的组合。

集中控制系统用一台 PLC 控制几台设备，这些设备的地理位置相距不远，相互之间有一定的联系。如果设备之间相距很远，被控对象的远程 I/O 装置分布又广，远程 I/O 单元与 PLC 主机之间的信息交换需要远程通信的接口模块来完成，用很少几根电缆就可以控制远程装置，称为远程 I/O 控制方式，如大型仓库、料场和采集基站等。有些控制系统如大型冷、热轧钢厂的辅助生产机组和供油、供风系统，薄板厂的冷轧过程生产线控制，显示器的彩枪生产线控制等。这些系统电动机传动的逻辑控制部分都单独采用一台 PLC 控制一台单机设备，通过数据通信总线，把各个独立的 PLC 连接起来，这样现场的信号和数据通过 PLC 送给上位机（工业控制计算机）来集中管理，可以把复杂系统简单化，编程容易、调试方便，当某台 PLC 停止运行时，不会影响其他 PLC 的工作，这种系统称为集散控制系统。有些生产过程必须连续不断地运行，人工无法干预，要求控制装置有极高的可靠性和稳定性，即使 PLC 出现故障，也不允许停止生产，因此需要采用冗余控制系统。该系统通常采用多个 CPU 模块，其中一个直接参与控制，其他作为备用，当工作的 CPU 出现问题时，备用的 CPU 立即自动投入运行，保证生产过程的连续性。上述几个控制系统既相互联系、又各有特点。

（3）网络控制系统　工厂自动化程度的提高，推动了工业控制领域网络的发展，在大规模生产线上，将工控机、PLC、变频器、机器人和柔性制造系统连在一个网络上，大量的数据处理业务和综合管理业务之间进行数据通信，形成一个复杂的多级分布式网络控制系统，如变电站的遥测、遥控、遥信、遥调，汽车组装生产线的控制等。

二、PLC 控制系统设计方法

由于 PLC 的所有控制功能都是以程序的形式来实现的，因此 PLC 控制系统设计的大量工作都集中在程序设计上，即体现在梯形图的设计上，梯形图编程是各种 PLC 通用的格式。前面讲过梯形图的基本电路，本节将结合实例重点探讨梯形图的设计方法。PLC 程序的执行是按照存于 CPU 存储器中的指令顺序依次进行的，因此编程要有正确的次序，主要考虑以下几点，本章的设计是以 OMRON 公司 CP1H 系列可编程序控制器为依据的。

1）输入、输出继电器触点、内部辅助继电器触点、定时器/计数器触点可以反复使用，按照简单、实用的原则，尽量减少触点数目。

2）所有的输出线圈都提供与之对应的触点，该触点在编程中可以反复使用，输出线圈可以并联使用。

3）PLC 的梯形图信号流程只能是从左至右，从上至下。

4）继电器线圈、定时器/计数器线圈，不能直接接在左侧的母线上，必要时，可以使用特殊辅助继电器 25313（常开触点）。

5）在输出线圈的右边，不能再使用触点，输出线圈可以并联使用。

6）线圈号（定时器 TIM、计数器 CNT、移位寄存器 SFT、保持继电器 HR、暂存继电器 TR、特殊辅助继电器区 SR、辅助记忆继电器区 AR、链接继电器区 LR、数据存储器区 DM 等）不能重复使用。

7）程序的结尾必须使用 END 指令结束。

目前对梯形图的设计，可分为一般设计法和顺序设计法，下面做进一步论述。

1. 一般设计法

一般设计法类似于传统继电接触器控制电路的形式，适用于简单逻辑关系的梯形图，直观易懂，熟悉继电接触器硬件电路的人员常用此法。有经验的工作人员可以在典型电路的基础上根据被控对象对控制系统的具体要求，借鉴继电接触器控制设计的思路，遵循电气控制设计的基本规律和原则来设计。

例 7-1　刀架的自动循环控制电路。

在现代化工业生产中，实现生产过程自动化的目的就是为了提高生产效率、降低成本、减轻工人负担。如钻削加工的自动进刀、退刀和工作台的往复循环等工艺过程，以钻孔加工过程自动化为例，用 PLC 设计刀架的自动循环控制，钻削加工时刀架的自动循环过程如图 7-4 所示。

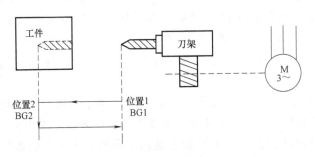

图 7-4　刀架的自动循环过程

要求如下：①刀架能够自动地由位置 1（行程开关 BG1）移动到位置 2（行程开关 BG2）进行钻削加工，加工完毕自动退回到位置 1，实现刀架的自动循环；②当刀具到达位置 2 时，刀架不再进给（用时间继电器控制），但钻头继续旋转，实现无进给钻削，以提高工件的加工精度；③当刀架退出后或因紧急情况要求快速停车时，采用快速停车控制（反接制动）方式，以减少辅助工时。

1）定义元器件名和分配 I/O 号，继电接触器控制电路图与 PLC 控制 I/O 的对应关系如表 7-1 所示。

表 7-1　继电接触器控制电路图与 PLC 控制 I/O 关系对应表

元 器 件 名	符号	对应 PLC 名称	对应 PLC 的 I/O 号
总制动按钮	SF1	输入继电器	I：0.02
正向起动按钮	SF2	输入继电器	I：0.03
反向起动按钮	SF3	输入继电器	I：0.04
行程开关 1（常闭触点）	BG1	输入继电器	I：0.11
行程开关 2（常闭触点）	BG2	输入继电器	I：0.06
行程开关 2（常开触点）	BG2	输入继电器	I：0.05
过载保护热继电器	BB1		
速度继电器	BS		
速度继电器正向动合触点	BS_{3F}	输入继电器	I：0.10
速度继电器正向动断触点	BS_{3F}	输入继电器	I：0.09
速度继电器反向动合触点	BS_{3R}	输入继电器	I：0.08
速度继电器反向动断触点	BS_{3R}	输入继电器	I：0.07
正向接触器	QA1	输出继电器	Q：100.00
反向接触器	QA2	输出继电器	Q：100.01
时间继电器	KF1	定时器	T0000

2）设计继电接触器控制的逻辑电路图，继电接触器控制电路如图 7-5 所示。

3）设计 PLC 控制的梯形图。图 7-5 所示为刀架自动循环的典型电气控制电路，用 PLC 设计时，最好的办法是将继电接触器电路图直接"翻译"成梯形图，如图 7-6 所示。因为继电接触器电路图与 PLC 控制梯形图之间有许多相似之处，这种"翻译"方式没有改变系统的外部特性，只是应用了 PLC 本身的硬件和软件功能实现了继电器控制要求。

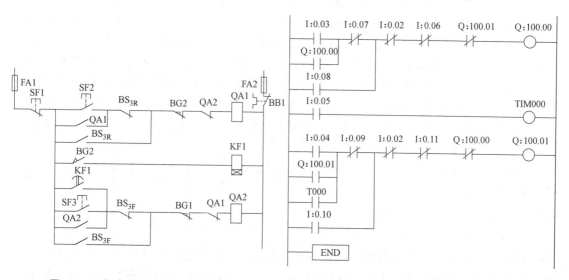

图 7-5　刀架自动循环的电气控制电路　　　　图 7-6　刀架自动循环的梯形图

图 7-6 中 PLC 的定时器取代了图 7-5 中的时间继电器，PLC 输出线圈的常开触点取代了自锁触点，常闭触点取代了互锁触点。在分析时可以将梯形图中输入继电器的触点认为是对应外部输入元器件的触点，输出继电器的线圈认为是对应的外部驱动负载的线圈。外部负载的线圈除了受 PLC 控制外，还可能受外部敏感元件的控制。

4）PLC 的外部接线图，利用图 7-6 设计的刀架自动循环控制电路的 PLC 外部接线图如图 7-7 所示。

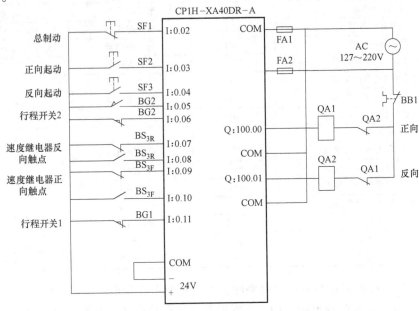

图 7-7　刀架的自动循环控制电路的 PLC 外部接线图

2. 顺序控制法

顺序控制法是结合工业控制的需要，按照生产工艺规定的流程，根据内部状态的逻辑关系和时间的先后顺序，使执行机构自动有序地运动。顺序控制法的设计思路是将系统的一个周期划分为若干个顺序相连的阶段，这个阶段称为步，用编程元件（如中间辅助继电器 M 和状态 S）来表示。在任何一步之内，各输出量的 0/1 状态不变，但相邻两步输出量总的状态是不同的。使系统由当前步进入下一步的信号称为转换条件，转换条件可能是外部输入信号，如按钮、行程开关、限位开关的 0/1 状态等，也可能是 PLC 内部产生的信号，如定时器、计数器、微分指令和比较指令等，或者是上述信号的与、或、非逻辑组合等。顺序控制法用转换条件控制代表各步的编程元件，让它们的状态按一定的顺序变化，然后用代表各步的编程元件去控制各自的输出继电器，其信号关系如图 7-8 所示。

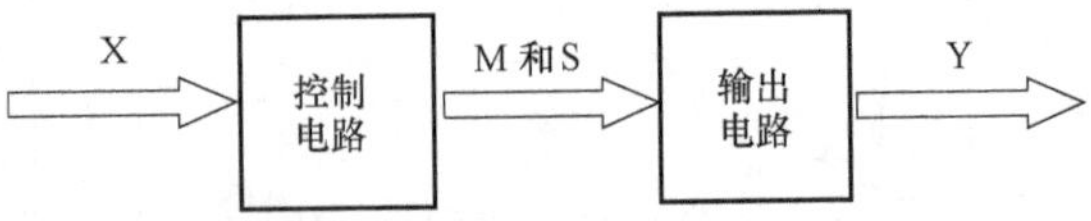

图 7-8　顺序控制信号关系图

顺序控制法是用输入量 X 控制代表各步的编程元件（M 和 S），再用它们去控制输出量 Y。步是根据输出量 Y 的状态变化来划分的，M 和 Y 之间具有简单"与"的逻辑关系，解决了 X 和 Y 之间的记忆、联锁、互锁等问题。

顺序功能图（又称状态转移图）语言是实现顺序控制的有效工具，它是描述控制系统的控制过程、功能和特性的一种图形。将顺序功能图作为一种设计工具，根据工艺流程，设计顺序控制的功能图，然后转换为梯形图，编写梯形图语言程序。如果有高级图形编程器的支持，有些型号的 PLC 允许直接用顺序功能图语言编写用户程序，并写入 PLC。最后以带胶料秤传送控制系统为例，简单介绍顺序控制功能图的设计方法。

（1）顺序功能图的基本结构　两个或两个以上顺序动作的过程，其顺序功能图的结构较为复杂，但其基本结构只有四种形式，即单流程结构、选择流程结构、并联流程结构和跳步与循环流程结构，如图7-9所示。

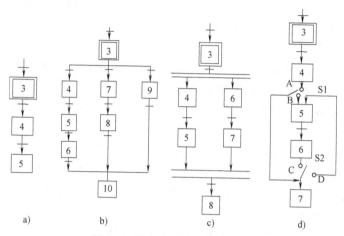

图 7-9　顺序功能图的基本结构

a）单流程　b）选择流程　c）并联流程　d）跳步与循环流程

在图7-9中，每一个方框就是一个步，连接步之间的短横线称为一个转换，可见，单流程结构由一系列相继激活的步组成，步的后面只有一个转换，每一个转换的后面只有一个步（见图7-9a）；选择流程结构的开始称为分支，转换符号只能标在水平连线之下。选择流程结构的结束称为合并，几个选择流程合并到一个公共流程时，转换符号只允许标在水平连线之上。多个流程由条件选择执行，状态不能同时转移，符合选择条件的步才能被激活，并且只允许选择一个流程（见图7-9b）；并联流程结构的开始称为分支，当转换的实现导致几个流程同时激活时，这些流程称为并联流程。每个流程中步的进展是独立的，在表示并联的双水平线之上，只允许有一个转换符号。同理，选择流程结构的结束称为合并，几个并联流程合并到一个公共流程时，转换符号只允许标在双水平线之下，当多个流程同时转移执行时，状态同时转移（见图7-9c）；跳步与循环流程结构（见图7-9d）中，如果满足循环流程条件，则重复执行循环流程子循环，如开关S1选择B，S2选择D时，程序在步4、7之间循环执行步5和步6。如果满足跳步流程条件，则程序的执行越过不执行的步（即跳跃执行）。如开关S1选择A，S2随机选择时，程序执行完步4后，直接执行步7，越过步5和6。

（2）设计顺序功能图的基本规则　顺序功能图主要由步、有向连线、转换、转换条件和命令组成。

步是完成顺序控制的基本阶段，分为启动步、激活步和子步。启动步与系统的起动状态有关，通常是系统等待启动命令的相对静止状态，在功能图中用双线框表示，如图7-9c所示，程序的运行起始于启动步；当系统正处于某一步所在的运动状态时，则该步被激活，称为激活步，在激活状态下，该步的动作被执行，在非激活状态下，处于非存储型动作停止执行，由相应的命令来驱动；子步是相对独立的一个阶段和转换，描述的是一个完整的子功能，主要是为简化功能图而设置的，子步中的步和功能图中的步有着同样的概念，如图7-9b

中的方框4、方框5、方框6完全可以用一个独立的步（方框）来描述，只不过该步由多个逻辑性很强的子步来组成，同理，子步中还可以包含更详细的子步。应用子步的设计，可以使整体设计变得简单，功能模块间的逻辑关系和流程一目了然，减少设计错误，缩短设计时间。

有向连线是按照被激活步的先后顺序，用带有箭头的连线连接起来的流程线。有了有向连线，就等于规定了步的执行路线和方向，习惯上按照从上到下、从左到右的方向连接各步，如图7-9中的带有箭头的连线。

转换用有向连线上的短横线来表示，转换将相邻两步分隔开。步的激活状态的进展由转换的实现来完成，并与控制过程的发展相对应。

转换条件是与转换相关的逻辑命题，可以用文字语言、布尔代数表达式或图形符号标注在表示转换的短横线旁边。

命令是通知作什么操作的指令，通常分为存储型和非存储型。对于存储型的命令，如起动1号机组并保持，当该步被激活时，起动1号机组，该步激活以后，1号机组保持运行状态；对于非存储型命令，如起动1号机组，当该步被激活时，起动1号机组，该步不激活时，1号机组处于关闭状态。

基于上述的概念，设计顺序功能图时应遵守下列规则：

1）满足条件的所有步都会被激活。

2）不满足条件的所有步都被停止激活（存储型命令除外）。

3）两个步绝对不能直接相连，必须用一个转换将它们隔开。

4）两个转换也不能直接相连，必须用一个步将它们隔开。

5）初始步必不可少，它表示初始状态，在无输出时处于"1"状态。

6）要想激活某一步，必须先激活与该步相连接的前一步。

例 7-2 带胶料秤传送控制系统的顺序控制设计方法。

在橡胶工业中，应用各种带胶料秤计量各种橡胶产品的胶料配方比例。带胶料秤控制系统的示意图如图7-10所示，整个环节由一个带秤、一条传送带、一个漏斗和一台微机计量系统组成。带秤有两种功能：称重和传送。称重由微机计量系统、压力传感器、位置传感器（光电开关KF1）和电动机组成；传送系统由位置传感器（光电开关KF2）和电动机组成；漏斗由一个容器和一个控制阀组成。电动机1拖动胶料秤带，电动机2拖动传送带系统。开

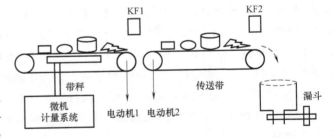

图 7-10 带胶料秤控制系统示意图

始工作时，微机计量系统由软件设定好各种胶料的配重比例，并以重量累积的方式在胶料秤上称放胶料（胶料为不规则块状结构），如果胶料1满足设定值，微机计量系统提示填放胶料2，依此类推。假设共6种胶料都满足计量设定值时，微机提示停止称重，并通知操作员可以将胶料秤上的胶料送至带传送系统，此时操作员应检查漏斗是否为空，若为空，则发布指令驱动电动机1，带胶料秤开始运行，传送系统电动机2不运行；当光电开关KF1检测到

胶料的前端到来时，自动起动电动机 2，传送带系统开始运行；当光电开关 KF1 检测到胶料后端离开时，电动机 1 停止，电动机 2 继续运行；当光电开关 KF2 检测到胶料后端离开时，电动机 1、电动机 2 都停止运行。若漏斗非空，系统处于等待状态，计量系统和漏斗空同时满足要求时，才允许起动带秤传送装置。

顺序控制设计的关键是正确设计顺序功能图。将带胶料秤传送系统的工艺过程划分为几个步，并确定各步的转换条件。在各步内，系统各输出量的状态保持不变，如果输出量的状态发生变化，则转换条件使系统从当前步进入下一步，依次完成步的进展。设计该系统时，分以下几步：

（1）定义元器件名和分配 I/O 号 顺序控制 I/O 关系对应如表 7-2 所示。

表 7-2 顺序控制 I/O 关系对应表

元器件名	符　　号	对应 PLC 名称	对应 PLC 的 I/O 号
光电开关 1	KF1	输入继电器	I：0.00
光电开关 2	KF2	输入继电器	I：0.01
起动按钮	SF1	输入继电器	I：0.02
制动按钮	SF2	输入继电器	I：0.03
电动机 1	QA1	输出继电器	Q：100.01
电动机 2	QA2	输出继电器	Q：100.02

（2）设计顺序控制功能图 如图 7-11 所示，$\overline{\text{I：0.00}}$ 表示转换条件 I：0.00 为 OFF 时有效，I：0.01↓表示转换条件为 I：0.01 的下降沿微分有效。双线框 W200.00 为启动步，启动条件采用初始化脉冲 A200.11，它在 PLC 运行的第一个扫描周期内，处于 ON 状态，然后处于 OFF 状态。

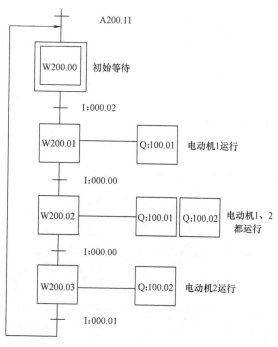

图 7-11 胶料带秤系统顺序控制功能图

（3）设计 PLC 控制的梯形图 梯形图如图 7-12 所示。

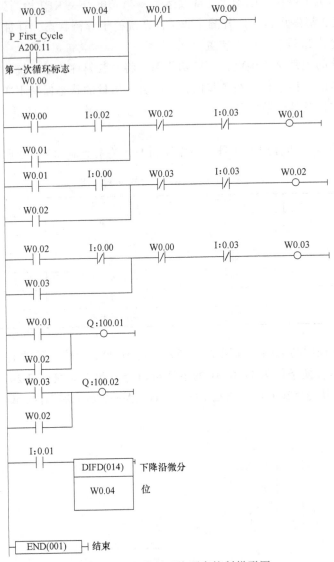

图 7-12 胶料带秤系统顺序控制梯形图

（4）梯形图语言编程 梯形图语言程序如表 7-3 所示。

表 7-3 PLC 控制的梯形图语言程序

地址	指令	数据	地址	指令	数据
0000	LD	W0.03	0017	OUT	W0.02
0001	AND	W0.04	0018	LD	W0.02
0002	OR	A200.11	0019	ANDNOT	I：0.00
0003	OR	W0.00'	0020	OR	W0.03
0004	ANDNOT	W0.01	0021	ANDNOT	W0.00
0005	OUT	W0.00	0022	AND	I：0.03
0006	LD	W0.00	0023	OUR	W0.03

（续）

地址	指令	数据	地址	指令	数据
0007	AND	I：0.02	0024	LD	W0.01
0008	OR	W0.01	0025	OR	W0.02
0009	ANDNOT	W0.02	0026	OUT	Q：100.01
0010	AND	I：0.03	0027	LD	W0.03
0011	OUT	W0.01	0028	OR	W0.02
0012	LD	W0.01	0029	OUT	Q：100.02
0013	AND	I：0.00	0030	LD	I：0.01
0014	OR	W0.02	0031	DIFD	W0.04
0015	ANDNOT	W0.03	0032	END	
0016	ANDNOT	I：0.03			

注：制动按钮 I：0.03 是一个输入常闭触点，程序的编写应与梯形图符号相反；而其他常闭触点是内部辅助继电器的反馈节点，程序的编写应与梯形图符号相同。

第三节　PLC 在控制系统中的应用

一、步进电动机控制

步进电动机又称为脉冲电动机，是数字控制系统中的一种重要执行元件。它是一种用电脉冲进行控制，并将电脉冲信号转换成相应角位移或转速的执行电动机。步进电动机每输入一个电脉冲就前进一步，其输出的角位移量与输入的电脉冲数成正比，其转速与电脉冲频率成正比。在负载能力范围内，这些关系将不受电源电压、负载、环境、温度等因素的影响。步进电动机可在很宽的范围内实现调速、快速起动、制动和反转。随着数字技术和电子计算机的发展，使步进电动机的控制更加简单、灵活和智能化。步进电动机广泛应用于数控机床、绘图机、自动化仪表、计算机外设、数-模转换等数字控制系统中。

下面以一台三相六极步进电动机为例说明其通电工作方式。步进电动机工作时以电脉冲向 A、B、C 三相控制绕组轮流通直流电，转子就会向一个方向一步一步地转动。每改变一次通电方式叫作一拍。如果每拍只有一相绕组通电，称为"单"通电；如果每拍有两相绕组通电，称为"双"通电。其通电方式有三相单三拍（通电顺序：A—B—C—A…为正转；或 A—C—B—A…为反转，三拍为一个循环周期），三相双三拍（通电顺序：AB—BC—CA—AB…为正转；或 AC—CB—BA—AC…为反转，三拍为一个循环周期），三相单、双六拍（通电顺序：A—AB—B—BC—C—CA—A…为正转；或 A—AC—C—CB—B—BA—A…为反转，六拍一个循环周期）。

本例要求按三相单、双六拍的通电方式对步进电动机进行控制，并要求有高、低速控制和单步控制，正、反转控制，步数控制。

根据控制要求，可按下列步骤进行设计。

1. 定义元器件名和分配 I/O 号

PLC 控制步进电动机对应 I/O 关系如表 7-4 所示。

表 7-4 步进电动机控制 I/O 关系对应表

元器件名	符 号	对应 PLC 名称	对应 PLC 的 I/O 号
起动控制	SF0	输入继电器	I: 0.00
高速控制	SF1	输入继电器	I: 0.01
低速1控制	SF2	输入继电器	I: 0.02
低速2控制	SF3	输入继电器	I: 0.03
正反转控制	SF4	输入继电器	I: 0.04
单步控制	SF5	输入继电器	I: 0.05
100步控制	SF6	输入继电器	I: 0.06
10步控制	SF7	输入继电器	I: 0.07
制动控制	SF8	输入继电器	I: 0.08
驱动 A 相	QA1	输出继电器	Q: 100.00
驱动 B 相	QA2	输出继电器	Q: 100.01
驱动 C 相	QA3	输出继电器	Q: 100.02

注：步进电动机制动控制用动合触点 SF8 完成。

2. PLC 控制的外部接线图

PLC 控制步进电动机外部接线图如图 7-13 所示。

3. PLC 控制步进电动机的工作过程

1）用移位寄存器 W0.00 ~ W0.05 产生六拍时序脉冲。移位寄存器指令 SFT 由数据输入端 IN、移位脉冲端 SP 和复位端 R 组成。当复位端 R 为 OFF 时，在移位脉冲端 SP 由 OFF 到 ON 的上升沿时，移位寄存器 W0.00 ~ W0.05 中的每一位依次左移一位，结束通道的最高位溢出丢失，开始通道的最低位则移进数据输入端 IN 的数据。当复位端

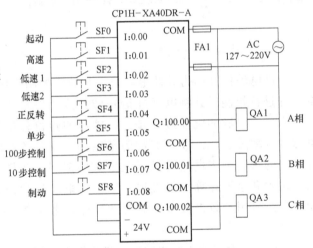

图 7-13 步进电动机控制的外部接线图

R 为 ON 时，移位寄存器 W0.00 ~ W0.05 中的每一位都置 OFF，此时 SP 和 IN 均无效。SP 的功能类似一个微分指令，即只有当 SP 由 OFF 到 ON 的上升沿才产生移位，当 SP 的状态不变或由 ON 到 OFF 时，不产生移位。

在移位脉冲信号（由辅助继电器 W0.10 产生）的作用下，将 IN 端的信号依次移入 W0.00 ~ W0.05，每移一位为一拍，六拍为一循环。移位时所产生的时序脉冲频率由移位脉冲信号频率决定。

2）辅助继电器 W0.06、W0.07、W0.08 组成三相单、双六拍环形分配器。在 W0.00 ~ W0.05 产生的六拍时序脉冲作用下，W0.06、W0.07、W0.08 的通电顺序如下：

```
  ┌→ W0.06 → W0.06    W0.07 → W0.07 → W0.07    W0.08 ┐
  │                                                    │
  └──── W0.06    W0.08 ← W0.08 ──────────────────────────┘
```

3）由 Q：100.00、Q：100.01、Q：100.2 实现正反转驱动控制。当正反转开关 SF4 断开时，输入点 I：0.04 断开，通电顺序是 Q：100.00（A 相）— Q：100.00，Q：100.01（A、B 相）— Q：100.01（B 相）— Q：100.01，Q：100.02（B、C 相）— Q：100.02（C 相）— Q：100.02，Q：100.00（C、A 相）— Q：100.00（A 相）……，此时电动机正转；当 SF4 合上时，输入点 I：0.04 接通，通电次序是 Q：100.01（B 相）— Q：100.01，Q：100.00（B、A 相）— Q：100.00（A 相）— Q：100.00，Q：100.02（A、C 相）— Q：100.02（C 相）— Q：100.02，Q：100.01（C、B 相）— Q：100.01（B 相）……，此时电动机反转，从而实现步进电动机的正反转控制。

起动时，合上开关 SF0，输入点 I：0.00 接通，就可以实现三相单、双六拍通电，这时 PLC 内部继电器各元素的状态如表 7-5 所示。

表 7-5　PLC 内部继电器各元素的状态

元　　素		第一拍	第二拍	第三拍	第四拍	第五拍	第六拍
	W0.00	1	0	0	0	0	0
	W0.01	0	1	0	0	0	0
	W0.02	0	0	1	0	0	0
	W0.03	0	0	0	1	0	0
	W0.04	0	0	0	0	1	0
	W0.05	0	0	0	0	0	1
	W0.06	1	1	0	0	0	1
	W0.07	0	1	1	1	0	0
	W0.08	0	0	0	1	1	1
正转	Q：100.00	1	1	0	0	0	1
	Q：100.01	0	1	1	1	0	0
	Q：100.02	0	0	0	1	1	1
反转	Q：100.00	0	0	1	1	1	0
	Q：100.01	1	1	0	0	0	1
	Q：100.02	0	0	0	1	1	1

4）由 W0.09、W0.10、W0.11 组成脉冲控制器。脉冲频率控制分为 4 档。振荡器产生的高速振荡脉冲，其周期为程序的一个扫描周期；低速设置 2 档，PLC 标志位 CF100 和 CF101 产生 0.1s 和 0.2s 的时钟脉冲；用点动按钮 SF5 和对应的输入点 I：0.05，采用微分指令（DIFU）。由辅助继电器产生单步脉冲，其脉冲频率由 SF5 控制。

脉冲控制器 W0.10 产生不同频率的脉冲，作为移位寄存器的移位信号。

5）由计数器 CNT000 和 CNT001 实现步数控制。当 SF6 合上时，输入点 I：0.06 接通，电动机运行 100 步后自动停止；当 SF7 合上时，输入点 I：0.07 接通，电动机运行 10 步后自动停止。改变计数器的设定值，就可以改变控制的步数。

此外，还设置了制动控制。当 SF8 合上时，输入点 I：0.08 接通，断开移位寄存器的移位脉冲输入端，移位寄存器停止移位，电动机暂停在某一拍上。

4. 步进电动机控制梯形图

PLC 控制步进电动机梯形图如图 7-14 所示。

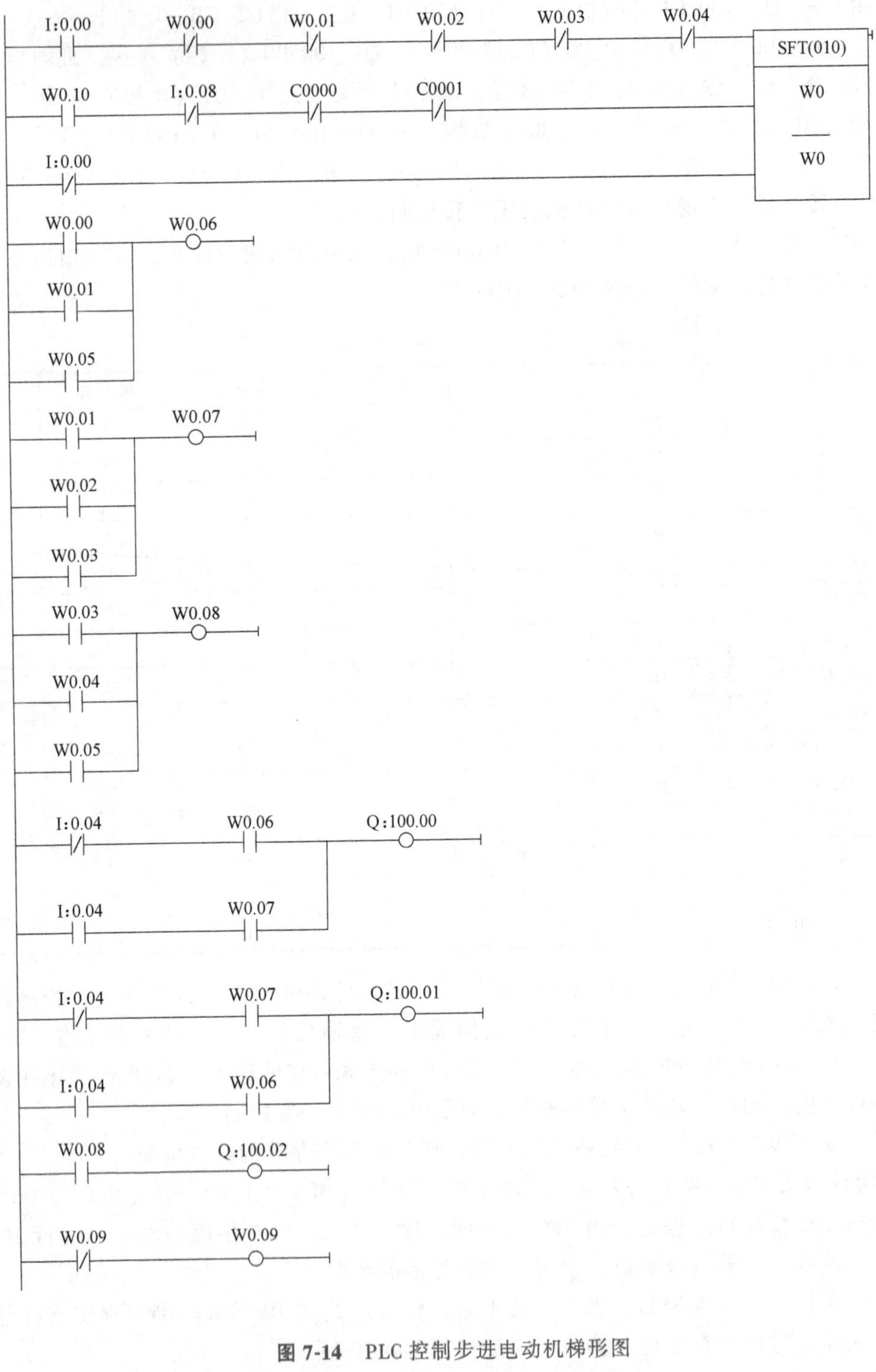

图 7-14 PLC 控制步进电动机梯形图

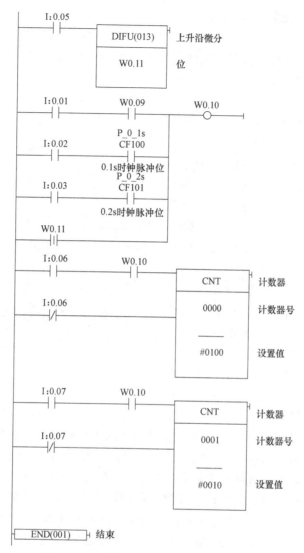

图 7-14 PLC 控制步进电动机梯形图（续）

二、立体停车库控制系统

在国外，立体停车库控制系统的发展已有很长的历史，随着 PLC 技术的广泛应用和自动化程度的不断提高，立体停车库控制技术日趋成熟。发达国家的诸多城市，均采用自动化立体停车控制系统，有效地解决了土地资源紧缺和泊车难的问题。

1. 立体停车库的主要形式

（1）升降横移式　升降横移式立体车库采用模块化设计，每单元可设计成两层、三层、四层、五层、半地下等多种形式，车位数从几个到上百个。此立体车库适用于地面及地下停车场，配置灵活，造价较低。

（2）巷道堆垛式　巷道堆垛式立体车库采用堆垛机作为存取车辆的工具，所有车辆均由堆垛机进行存取，因此对堆垛机的技术要求较高，单台堆垛机成本较高，所以巷道堆垛式立体车库适用于车位数较多的客户群使用。

（3）**垂直提升式** 垂直提升式立体车库类似于电梯的工作原理，在提升机的两侧布置车位，垂直提升式立体车库一般高度较高（几十米），对设备的安全性、加工精度等要求都很高，因此造价高，但占地面积小。

（4）**垂直循环式** 特点：占地少，两个泊位面积可停 6~10 辆车；价格低，地基、外装修、消防等投资少，建设周期短；可采用自动控制，运行安全可靠。

本例所设计的立体停车库是五层 20 库位，每层 4 库位，如 A 区、B 区、C 区、D 区，载重车辆 7.5t 以下，车长小于 5.0m，宽小于 2.0m，高小于 2.5m，采用垂直提升式，工作原理类似电梯的控制，其结构如图 7-15 所示。该系统由一台 22kW 的交流双速电动机（作为主拖动电动机）、四台 7.5kW 的交流电动机（作为四角平层的补偿电动机）、一台开关门电动机、一台纵向移动电动机、两台横向移动电动机组成。

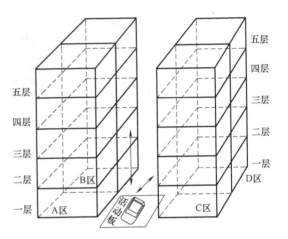

图 7-15 五层 20 库位立体车库示意图

2. 立体停车库控制系统

立体停车库控制系统包括车辆自动存取车系统、车辆自动管理系统（车辆身份认证、停车收费等）以及监控保安系统等。自动存取车系统是立体停车库控制系统的关键。自动存取车系统由小型 PLC 控制，包括卡号识别与载重箱移动两个过程。在车库入口（也是出口）处设一个非接触式读卡器，用户进入车库时，在门口刷卡进入，读卡机自动把数据传送到 PLC，PLC 系统自动判断该卡是否有效，若有效，则库门自动打开，系统把对应的载重箱移动到人车交接的位置，以缩短存取车的时间。存车时，驾驶人将车开到载重箱上（载重箱内有活动板，移动时，载重箱将活动板和车同时放在指定位置上），当车辆安全停放后，停车正常指示灯才会亮，此时按存车按钮，载重箱将车送入按 IC 卡内数据指定的库位，库位活动板锁扣自动锁住活动板，避免活动板滑动，载重箱自动回到原位，停车正常指示灯灭，延时 5s 关闭库门，完成存车操作；取车时，驾驶人刷卡完毕，自动打开库门，按取车按钮，载重箱自动到达 IC 卡内数据指定的库位，打开库位活动板锁扣，取车指示灯亮，载重箱将车送至原始停车位，该指示灯灭，驾驶人将车开走，车离开库门 5s 后，库门自动关闭，完成取车操作。

车库自动存取控制系统采用取车优先的原则，并且存、取车的时间不超过 140s。车库系统运行状态用红、绿、黄三种指示灯表示，红灯表示有人正在进行存、取车操作，请稍候；绿灯表示目前无人操作，可进行操作；黄灯表示系统有故障，车库不能工作。

（1）**交流双速电动机的工作原理** 主拖动电动机采用一台 22kW 的交流双速电动机，QA1 接上升接触器，QA2 接下降接触器，QA3 接通低速绕组，QA4 接通高速绕组，QA41 短路切除高速起动电抗，QA31 短接切除低速电抗。RA 为限制电流的电抗。起动（制动）时为了限制起动（制动）电流、减少电网电压冲击和起动（制动）时的加速度，采用定子绕组串联一级电抗形式，逐级减压起动（制动），主电路如图 7-16 所示。

该电路正向起动时，QA1、QA4 闭合，定子绕组串联一级电抗 L，经一段时间后 QA41 接触器接通，电动机转入固有特性运行。减速时，断开 QA4、QA41，接通 QA3，低速绕组串电抗运行，延时一段时间后，QA31 接触器接通，电动机转入低速特性段上运行。当到达指定楼层时，断开 QA3、QA31，电动机停止运行。反向起动原理同上，读者可自行分析。

（2）垂直提升式立体车库存取车控制流程
本立体车库的自动存取车控制流程如图 7-17 所示，由起动运行（双速）电路，载重箱内、外呼叫电路，定向选层电路，平层电路，横向移动电路，纵向移动电路，开关门控制电路等组成。

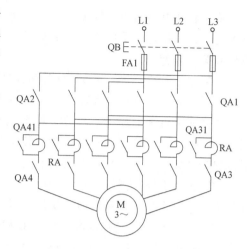

图 7-16　交流双速电动机主电路

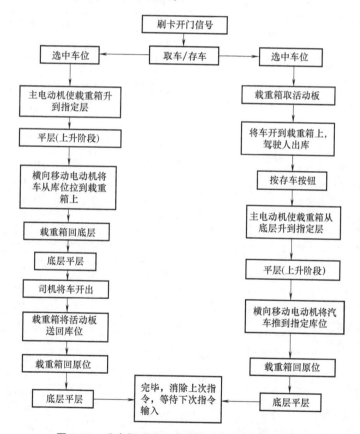

图 7-17　垂直提升式立体车库存取车控制流程图

开关门控制电路功能由 IC 卡识别完成，驾驶人持本车库有效卡，卡内记录车主信息、库位、有效期等内容，只要 IC 卡和驾驶人输入的存取车密码相吻合，车库门会自动打开，相对于载重箱的运动来说，是一套独立控制系统，只具有卡有效时的开门和存取车完成后的关门动作。

横向移动电路是指当载重箱移到指定层并平层后，将车推入（或拉出）左右库位的控制电路，该动作是由平层后（电磁阀开锁）的信号发布，终止于电磁阀的锁扣（载重箱上限位开关）动作。

纵向移动电路（图7-15），就是将车存入（或取出）每层库位中的B区和D区时，载重箱的运动分为垂直移动和前后移动两种。垂直移动由主拖动电动机完成，移动方向为一层与五层之间垂直上下移动；前后移动由纵向移动电动机完成，移动方向为每层的A区与B区之间、C区与D区之间前后移动。该动作起始于指定层B区或D区的呼唤，终止于纵向限位保护开关的动作，相对于主电动机的运动是独立的。

取车优先电路是指车放在活动板上，活动板放在载重箱上，存车时活动板和车一起放在库位内；取车后活动板被送回原库位，返回初始位，为取车优先做好准备。

（3）立体车库主要控制电路的PLC程序设计

1）定义元器件名和分配I/O号。PLC控制的立体车库I/O对应关系如表7-6所示。

表 7-6　PLC 控制的立体车库 I/O 关系对应表

元 器 件 名	符 号	对应 PLC 的 I/O 号
紧急制动按钮	SF0	I：0.00
1层A、C区呼叫按钮	SF1A～SF1C	I：0.01、I：0.02
2层A、C区呼叫按钮	SF2A～SF2C	I：0.03、I：0.04
3层A、C区呼叫按钮	SF3A～SF3C	I：0.05、I：0.06
4层A、C区呼叫按钮	SF4A～SF4C	I：0.07、I：0.08
5层A、C区呼叫按钮	SF5A～SF5C	I：0.09、I：0.10
1～5层5个1角平层行程开关	BG11～BG51	I：0.01～I：0.05
1～5层5个2角平层行程开关	BG12～BG52	I：2.01～I：2.05
1～5层5个3角平层行程开关	BG13～BG53	I：3.01～I：3.05
1～5层5个4角主平层行程开关	BG14～BG54	I：4.01～I：4.05
1～5层5个减速行程开关	BG15～BG55	I：1.06～I：1.10
上行接触器	QA1	Q：100.01
下行接触器	QA2	Q：100.02
低速接触器	QA3	Q：100.03
高速接触器	QA4	Q：100.04
短路切除高速电抗接触器	QA41	Q：100.05
短接切除低速电抗接触器	QA31	Q：100.06
横向左移电动机正转、反转	QAF11、QAR12	Q：102.00、Q：102.01
横向右移电动机正转、反转	QAF13、QAR14	Q：102.02、Q：102.03
纵向电动机正转、反转	QAF21、QAF22	Q：102.04、Q：102.05
每层1～4角正向平层接触器	QAF1～QAF4	Q：103.00～Q：103.03
每层1～4角反向平层接触器	QAR1～QAR4	Q：102.04～Q：102.07
1层A、C区呼叫指示	PG11、PG12	Q：100.07、Q：101.01
2层A、C区呼叫指示	PG21、PG22	Q：101.02、Q：101.03
3层A、C区呼叫指示	PG31、PG32	Q：101.04、Q：101.05
4层A、C区呼叫指示	PG41、PG42	Q：101.06、Q：101.07
5层A、C区呼叫指示	PG51、PG52	Q：102.06、Q：102.07
上行中间继电器		W0.00
下行中间继电器		W0.01

（续）

元 器 件 名	符　号	对应 PLC 的 I/O 号
1~5 层库层感应中间继电器		W0.11 ~ W0.15
1~5 层指层中间继电器		W0.02 ~ W0.06
1~5 层 A 区呼叫中间继电器		W1.01 ~ W1.05
1~5 层 C 区呼叫中间继电器		W2.01 ~ W2.05
四角均平层正向中间继电器		W2.06
四角均平层反向中间继电器		W2.07
高速中间继电器		W1.07
低速中间继电器		W1.08
换速中间继电器		W1.09

立体停车库的控制不同于电梯的控制，主要表现在：①门厅或轿内指令的呼唤，车库门厅指令按钮位于库门内侧操纵箱上，车库轿内指令按钮位于载重箱内操纵箱上，其他地方没有任何按钮；②平层控制电路，采用四角平层方式，由四台平层补偿电动机各自控制，占四个输入点；③减速感应器，位于每层主限位开关（除顶层、底层外，上下各一个）400mm处。④横向、纵向控制电路，载重箱除垂直运行外，还可以左右、前后移动。即在每层的B、D 区呼唤时，载重箱在上升的过程中，同时向后移动。

由于五层 20 库位车库的 A、C 区和 B、D 区对称，控制功能基本相似，难点主要集中在库层感应电路，轿内或门厅呼叫电路，载重箱的选向电路，载重箱的起动换速、平层电路。为了便于分析，简化重复设计，节省输入/输出点数，本节以每层 A、C 区呼叫为例（B、D 区呼叫类同，只增多载重箱前、后移动过程），重点对上述四种电路进行设计。

四角平层方式所需的输入点较多，故选择 OMRON 公司 CP1H-40CDR-A 型 PLC。

2）库层感应电路。库层感应由每层 4 角主平层行程开关的闭合与断开完成，感应出库层信号，用于指层、选向、选层、门厅呼叫的消号等。要求感应信号是连续的，该信号只有在载重箱移动至上层或下层时才消失。载重箱的上下感应信号都来自每层 4 角主平层行程开关 I：4.01 ~ I：4.05 的触点。当载重箱在 1 层时，1 层 4 角主平层行程开关 I：4.01 闭合，则 1 层库层和指层中间继电器 W0.11 和 W0.02 接通并保持，载重箱到达 2 层时，I：4.02 闭合，则 W0.12 和 W0.03 接通并保持，同时切断 W0.02。可见，载重箱上升至某一层时，相应的库层感应中间继电器接通指层中间继电器。当载重箱下降时，原理同上，该电路梯形图如图 7-18 所示。

3）轿内或门厅呼叫电路。该电路与电梯的控制不同，在立体车库的轿内或门厅呼叫电路中，轿内呼叫按钮置于载重箱内操作箱上，平时不使用，只有在需要维修或者驾驶人需要进入指定库区位时才起用，方便人员操作。门厅的控制只有一个，置于车库库门入口处，功能与轿内呼叫电路完全相同。因为车辆的入库操作都在库门入口处进行，其他库层无操作按钮。但载重箱移到指定层并平层后，自动起动横向左或右移动电动机，将载车活动板推入指定位置（A 区或 C 区）并锁住，而电梯的每层都有上呼和下呼按钮，这些按钮的响应都是执行先上后下的原则，并且保留没有响应的呼叫，这就需要根据集选控制的要求设计呼叫指令。综上所述，可以把轿内和门厅呼叫电路合并起来，只用一个电路实现控制功能。I：0.01、I：0.03、I：0.05、I：0.07、I：0.09 分别为 1~5 层 A 区呼叫按钮，I：0.02、I：0.04、I：0.06、I：0.08、I：0.10 分别为 1~5 层 C 区呼叫按钮，控制梯形图如图 7-19 所示。

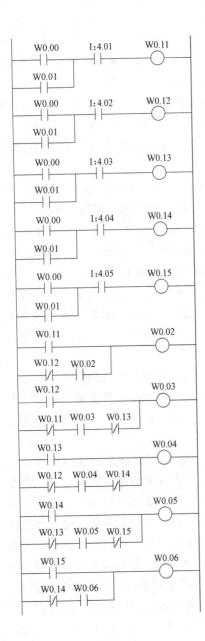

图7-18 库层控制梯形图

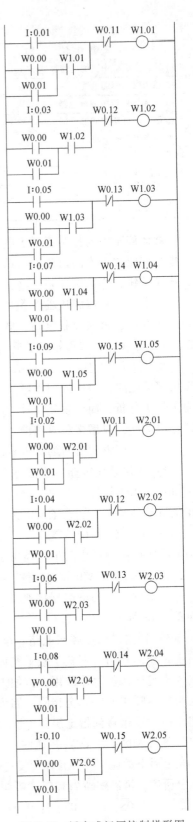

图7-19 轿内或门厅控制梯形图

4）横向移动电路。当某区呼叫时，载重箱首先响应库层信号，接通库层感应中间继电器并保持，当载重箱到达该层时，断开库层感应信号，然后判断哪一区呼叫，待四角均平层（每角行程开关到位）以后，起动横向左右移动电动机，将载车活动板送入相应库位，横向移动控制梯形图如图7-20所示。

5）载重箱选向电路。载重箱运行过程存在上行和下行状态，当载重箱完全处于整个运行周期时，即一个运行周期起始于初始位置、终止于初始位置，平时处于静止状态，此时载重箱的选向电路无关紧要。但当在运动中需要选向时，如将车存在4层A区，同时想取5层C区车时，载重箱不需返回，完成存车操作后，直接到5层C区取车，此时，选向电路起作用，该电路类似电梯的选向电路。控制梯形图如图7-21所示，同一层A区和C区的呼叫，选向电路控制相同，图中只设计了A区的呼叫选向。对于C区呼叫，只需将C区呼叫中间继电器触点并联在同层A区呼叫触点上即可。

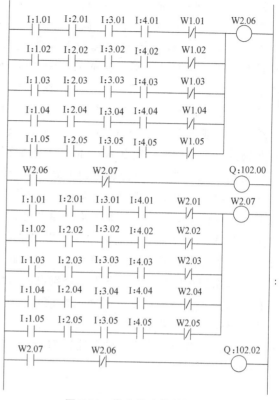

图7-20　横向移动控制梯形图

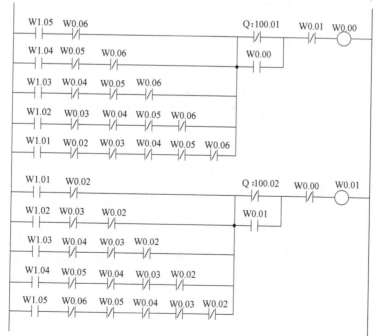

图7-21　选向电路控制梯形图

6）载重箱的起动换速、平层电路。

交流双速电动机有两套绕组：高速绕组和低速绕组，高速绕组为4极，低速绕组为16极，速比为4∶1。载重箱通常高速起动，设置高速中间继电器 W1.07 起动，接通 Q：100.04 接触器，延时几秒后，接通 Q：100.05，载重箱加速；当接近指定库层 400mm 时，换速中间继电器 W1.09 接通，低速中间继电器 W1.08 接入，载重箱由高速转换为低速运行，延时几秒后，闭合 Q：100.06，加快减速，最后制动在指定库层。

载重箱一般长 6.5m、宽 3.0m、高 2.5m，比活动板稍大，载重 7.5t 以下。因载重箱自重和车辆重量之和较大，接近 10t，而载重箱面积又较大，受到不平衡力后，容易变形，导致载重箱到达某一层后，可能载重箱下面四角与库层不共面，横向移动电动机难以将活动板推入库位，因而提出了严格的平层概念，这里的平层方式与电梯的平层完全不同。载重箱的平层必须采用四角平层策略，即每角必须平层后，才允许移动活动板。以每层4角主平层行程开关为基准，利用 PLC 的记忆功能，当载重箱上升时，若4角到位，主拖动电动机马上停止，此时可能因为惯性，载重箱上移。判断此时 1、2、3、4 角行程开关的记忆状态，如果该角有碰撞记忆信号，则该角平层补偿电动机反转，载重箱该角下降，直到该角正好下降至限位点为止；如果该角没有碰撞记忆信号，则该角平层补偿电动机正转，载重箱该角上升，直到该角正好上升至限位点为止。当 1、2、3、4 角均处于平层位置时，才允许起动横向移动电动机。载重箱下降时的平层原理同上，以1角上升过程平层为例，其控制梯形图如图 7-22 所示。

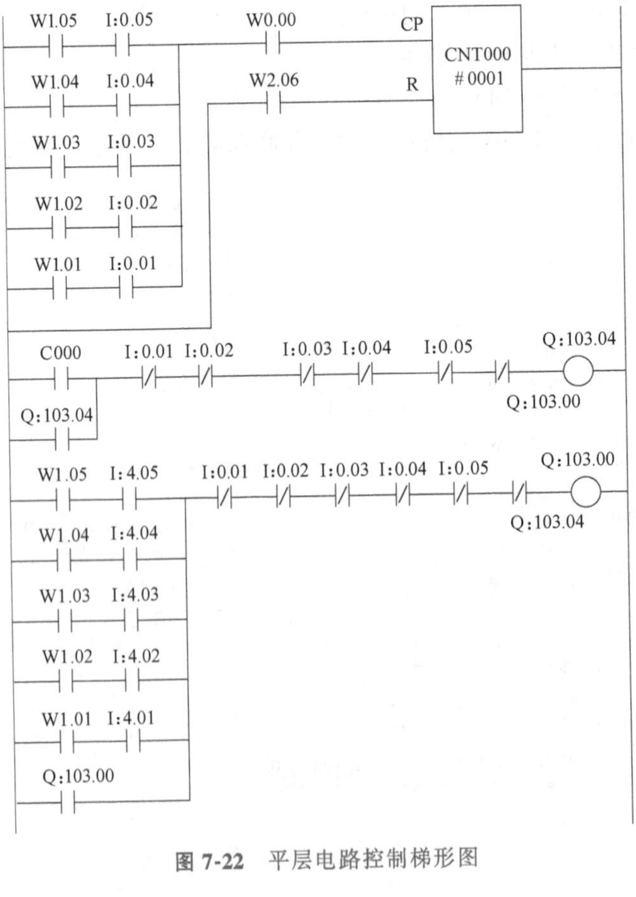

图 7-22　平层电路控制梯形图

　　五层 20 库位的 PLC 控制较为复杂，但满足顺序控制规律，应用顺序控制设计法，分模块设计、调试，可以简化设计过程，减少设计步骤。因为采用软接线的 PLC 程序控制，系统的可靠性大大提高。

三、网络通信程序设计

　　在 HOST Link 网络控制系统中，上位机集中管理和监控所连接的 PLC，通过与 HOST Link 单元通信。上位机实现的功能有：读/写 PLC 的运行状态，读/写 PLC 的出错信息，读/写继电器区（IR、HR、AR、LR）和数据区 DM 的内容，读/写定时器/计数器的设定值、当前值，对指定点或通道强迫置位/复位，读/写 PLC 的程序，读取或修改 I/O 表等。

　　上位机与 PLC 通信时，用户应遵循通信协议，即按照通信命令及响应的含义、帧的定义、FCS 计算等要求，在上位机设计通信程序，而在各台 PLC 上不需要设计通信程序。通信时，上位机是主动的，PLC 是被动的，采用主从通信方式。PLC 之间不进行直接通信，如果 PLC 之间需要交换信息，则必须由上位机中转。

　　通信前，应在 PLC 的 HOST Link 单元上设置单元号及相关的通信参数。上位机的通信参数如数据格式、波特率等必须和与之联网通信的 PLC 设置相一致。

　　编写通信程序可以采用高级语言或汇编语言。下面给出的例子是用 C 语言编写的上位计算机与 PLC 通信时，测试的通信程序。假设上位机用 1 号 RS232C 通信接口，采用多点通信方式，波特率设为 9600bit/s，对单元号为 01 的 PLC 进行通信测试。假设 PLC 为 OMRON 公司 CP1H 型，HOST Link 单元为 C200H-LK202-V1，SW1、SW2 设置为 01，即单元号为 01，SW3 设置为 5，即波特率为 9600bit/s，SW4 设定为 2，即可用 1、2、3 级命令，偶校验，ASCII 码方式（7 位数据位，2 位停止位）。假定 AL004 与上位机之间采用无握手的接线方式。执行该程序时，从键盘输入一串字符作为正文，因为程序是按单帧编写的，字符串不超过 122 个字符。程序计算校验码 FCS，构造出一个单帧的命令块，然后从上位机发送到 #01 PLC。如果 PLC 返回到上位机的响应块内容与命令块内容相同，说明通信正常，否则说明通信不正常。

```c
#include "stdio. h"
#include "string. h"
#include "stdlib. h"
#include "dos. h"
#include "conio. h"
int main( )
{
    int i, j, st;
    char td[123], rxd[131];
    char a = 0;
    char txd[131] = {"@01TS"};
    char fcs[3];
    printf(" \nINPUT TEST DATA:");
    gets(td);                          /* 输入测试字符串 */
```

```
        strcat(txd,td);                          /*加上正文*/
        for(i=0;txd[i]!='\0';i++)                /*对 txd 中字符的 ASCII 码按位异或*/
                a=a^txd[i];                      /*计算出 8 位二进制数*/
        itoa((int)a,fcs,16);                     /*转化为十六进制对应的字符*/
        if(strlen(fcs)==1)                       /*保证校验码为两位*/
        {
                fcs[1]=fcs[0];
                fcs[2]='\0';
                fcs[0]='0';
        }
        strcat(txd,fcs);                         /*加上校验码*/
        i=strlen(txd);
        txd[i]='*';
        txd[i+1]='\0';                           /*生成 test 命令块*/
        outportb(0x3fb,0x80);                    /*1 号串行口初始化*/
        outportb(0x3f8,0x0c);                    /*波特率设置*/
        outportb(0x3f9,0x00);
        outportb(0x3fb,0x03);                    /*设置通信数据格式*/
        outportb(0x3fc,0x03);
        outportb(0x3f9,0x0);
        for(i=0;i<=strlen(txd);i++)
        {
                while(1)
                {
                        st=inportb(0x3fd);       /*循环检查串行口状态*/
                        if(kbhit())goto end;     /*若按下任意键,则退出*/
                        in(st&0x20)break;        /*状态允许时停止检查*/
                }
                outportb(0x3f8,txd[i]);          /*发送数据*/
        }
        printf("SEND:%s",txd);                   /*显示已发送数据*/
        for(i=0;i<131;i++)
        {
                while(1)
                {
                        st=inportb(0x3fd);       /*循环检查串行口状态*/
                        if(kbhit())goto end;     /*若按下任意键,则退出*/
                        if(st&0x01)break;        /*状态允许时停止检查*/
                }
```

```
        rxd[i] = inportb(0x3f8);              /*接收数据*/
        if(rxd[i] == '*')                     /*接收到结束符时停止接收*/
        {
                rxd[i+1] = '\0';              /*并加上字符串结束标志*/
                break;
        }
    }
    printf("\nRECEIVE:%s",rxd);               /*显示已接收字符*/
    end:printf("\nPRESS ANY KEY TO OUIT");
    while(1) if(kbhit()) break;               /*程序结束,按任意键退出*/
    return 1;
}
```

第四节　PLC 在工业控制应用中应注意的问题

通常工业生产现场环境比较恶劣,干扰因素很多。如高温环境,腐蚀性、易燃易爆气体,危害性颗粒(尘埃),大功率设备引起的电源电压波动,电焊机、电火花机床、电动机电锯引起的高电平火花干扰,高压动力线产生的电磁耦合干扰等。这些干扰可能使 PLC接收到错误的信号,造成误动作,或使 PLC 内部的数据丢失,严重时可能使系统失控。为了保证 PLC 工作的稳定性和可靠性,消除或减少周边恶劣环境、外界振动、电磁干扰等因素对系统的影响,在系统设计时,必须采取相应的抗干扰措施,保证系统的正常工作。

一、PLC 的安装

1. 安装环境

1)周围环境温度不应低于 0℃或高于 60℃,最好低于 45℃。

2)周围相对湿度保持在 35%~80%范围内。

3)避免直接的振动和冲击。

4)避免在有导电尘埃、腐蚀性气体的环境下工作。

5)避免阳光直接照射。

6)避免水、油、药品的飞沫。

2. 在控制柜中安装注意事项

1)为了提供足够的通风空间,保证 PLC 正常的工作温度,各 PLC 单元与其他电器元件之间要留 100mm 以上间隙,以避免电磁干扰。

2)安装时远离高压电源线和高压设备,它们之间最少要留 200mm 间隙,高压线、动力线等避免与输入/输出线平行布置。

3)安装时要远离发热源,必要时安装风扇或空调。

4)不应与产生较大振动、冲击的接触器安装在同一块面板上。

5)远离产生电弧的开关、继电器等设备。

6）为防止外部配线短路，必须有断路器等安全措施。

7）还应保持充分的接地。

3. PLC 的固定

PLC 一般有两种固定方法：

（1）螺钉直接固定法　根据 PLC 在控制柜中的位置，按 PLC 安装孔的尺寸用配套的标准螺钉将其固定。

（2）DIN 轨道固定法　它由一根主轨道和配套的两副夹板构成，安装时，先将 DIN 轨道固定在控制柜中，并放好左右夹板，然后将 PLC 放在夹板间，用螺钉将夹板拧紧即可。

二、硬件接线

1. 电源接线

PLC 的工作电源一般为 50Hz/60Hz、110~240V 交流或 24V 直流。为安全起见，交流电源一般经断路器再送入 PLC，如果电源干扰特别严重，应安装电压比为 1∶1 的隔离变压器。如果 PLC 有扩展单元，则其电源应与基本单元共用一个开关，以保持其工作同步。

电源是干扰进入 PLC 的主要来源，它主要是通过供电电路的阻抗耦合产生的，消除电源干扰的主要方法是阻断干扰侵入的途径和降低系统对干扰的敏感性，提高系统的抗干扰能力。

在下列场合使用时，必须采用屏蔽措施：

1）因静电而可能产生干扰的地方。

2）电场强度很强的地方。

3）被放射性物质辐射的地方。

4）离动力线通路很近的地方。

2. 地线接线

良好的接地可以保持 PLC 可靠地工作，PLC 面板上有一个接地端子，应可靠接地。PLC 最好使用专用线接地，也可和其他设备采用公共接地。

3. 输入接线

输入端子只能连接按键开关、行程开关、限位开关、接触器或继电器的辅助触点、光电开关、接近开关、集电极开路的 NPN 型晶体管等主要开关器件。接线时注意：

1）不可将输入的 COM 端和输出的 COM 端相接在一起。

2）输入、输出线要分开铺设，不可用同一电缆。

3）输入线一般不超过 30m，如果环境干扰小、电压降不大时，可适当放长些。

4）PLC 所能接收的脉冲信号的宽度应大于扫描周期时间。

4. 输出接线

PLC 有继电器输出、晶闸管输出和晶体管输出三种形式。

PLC 的输出接线端子一般采用公共输出形式，即几个输出端子构成一组（通常四个一组），共用一个 COM 端。不同组可以采用不同的电源，同一组中必须采用同一电源。

PLC 的输出元件被封装在内部电路板上，若负载短路和失控，易烧毁电路板，因此要在输出电路安装熔断器保护电路和联锁电路、限位电路。

PLC 的输出负载可能产生噪声干扰，需要采取适当的抑制措施。

为了防止信号线的断路、瞬时停电异常信号而造成不良后果，在 PLC 的外部电路中设置失效保护措施。

此外，对于可能给用户造成危险的负载，除在程序中应该考虑外，应设计外部紧急停车电路，以使 PLC 在发生故障时能将负载迅速切断。

三、PLC 的适用范围

如果被控系统很简单，输入/输出点数不多，控制要求不复杂，从经济的角度出发，没有必要使用 PLC；对于较复杂的控制电路，如果使用 PLC 可以节省大量的元器件，减少控制柜内部的硬接线，则可以选择合适的 PLC 作为控制部件。对于 PLC 的选用，应综合考虑以下因素：

1）系统的 I/O 点数很多，控制要求复杂，如果用继电接触器控制，需要大量的中间继电器、时间继电器、计数器等器件。

2）系统对可靠性的要求特别高，继电接触器控制不能满足工艺要求。

3）由于工艺流程和产品品种的变化，需要经常改变控制电路的结构和修改控制参数等。

四、编写程序时的注意事项

不同厂家生产的 PLC 工作原理基本相同，但指令系统和 PLC 内部继电器号的定义各不相同，在编写 PLC 控制程序时，应以所选择的 PLC 规定的语言符号和格式进行编写。

1）在同一程序中不应出现双线圈输出现象，否则容易引起逻辑分析上的混乱。如果同一程序中同一线圈使用了两次或多次，则前面的输出无效，最后一次的输出才是有效的。

2）对于开关量信号的输入，可以采用软件延时（如 20ms）的方式，同一信号至少读入两次或两次以上，其结果一致才确认输入有效。

3）在只有模拟量输入、没有模拟量输出的系统中，一般要对模拟量信号作数据传输、数字滤波和比较运算等操作；在既有模拟量输入又有模拟量输出的系统中，一般要对模拟量作闭环控制，涉及的运算比较复杂，占用用户存储器的字节数要多一些，特别在自动测量、自动存储和补偿修正系统中，对存储器的容量需求很大，所以在考虑存储器容量时应留有余量。特殊场合也可以选择快闪存储器，如 OMRON 公司的 CP1H 型 PLC，采用快闪存储器作为用户程序存储器，快闪存储器可以随时读写，方便操作，掉电时数据不会丢失，无需后备电池保护。

4）对动断触点的处理要区分动断触点的种类，因为在制动电路中有时用到动断触点（用动合触点更合理），此时动断触点本身是闭合状态，程序的编写要与梯形图符号相反（如图 7-12 中的制动按钮 I:0.03）。如果梯形图中的动断触点来自 PLC 内部辅助继电器的反馈触点，则程序的编写与梯形图符号相同。

5）对梯形图的并列支路编程时应先上后下、先左后右。

6）对于 PLC 的网络控制系统，应考虑 PLC 的联网通信功能，如通信协议、通信距离、通信接口和通信速率等。同时考虑是否连接可编程终端（触摸屏）、变频器、上位机或其他PLC 等。

■ 五、电磁干扰

　　控制系统中的 PLC 大多处于强电电路和强电设备环绕的强电磁环境中，用电设备电流或电压急剧变化，会导致在用电设备周围产生可变磁场，从而在设备中产生电位差，形成电磁干扰。电磁干扰会引起 I/O 信号工作异常，甚至损坏 PLC 系统 I/O 模块，造成逻辑数据变化，导致 PLC 的误动作和死机。根据不同干扰来源，电磁干扰主要分为以下几类：

　　1）电网干扰。电网网络中电源设备、用电设备多，电源设备的停送电操作浪涌、大容量设备的通断控制、交直流传动装置或变频器在起动和运行过程中引起的谐波以及电网短路暂态冲击都会产生电磁干扰。

　　2）信号线干扰。与 PLC 控制系统相连的各类信号线，除了传输各类有效的信息之外，还会受到空间电磁辐射感应的干扰，会引起输入、输出信号的工作异常，降低测量精度。

　　3）地线干扰。PLC 控制系统有多种地线，包括系统地、屏蔽地、交流地和保护地等。若各接地点电位存在电位差，易引起地环路电流，从而引起 PLC 逻辑电压波动。

　　4）线路中继电器、接触器等感性负载，在断电时会产生过电压和冲击电流，影响 PLC 的正常功能。

　　5）空间电磁辐射干扰。空间辐射电磁波主要是由电力网络、电气设备、雷电、无线电广播、电视、雷达等设备产生的，分布广且复杂。PLC 受到电磁辐射会对其内部电路感应产生干扰，辐射电磁波的大小及频率对干扰有直接影响，一般通过设置屏蔽电缆和 PLC 局部屏蔽进行保护。

　　为了提高 PLC 控制系统的可靠性，在设计、安装与使用中采取的防范措施主要包括以下几种：

　　1）设置独立的专用电源、配电箱，与其他负荷分别供电，尽量与中频、高频设备、非线性负荷分开，减少电源污染。

　　2）在 PLC 电源的输入端加隔离变压器和低通滤波器，以隔离高频干扰和高次谐波。

　　3）输入/输出信号线、交直流信号线分别使用独立缆线。

　　4）信号线与电源线间保持安全距离或相互屏蔽。

　　5）在信号线输入端与接地端之间加装并接电容，以减少共模干扰。

　　6）对电源变压器、中央处理器等主要部件，采用导电、导磁性良好的材料进行屏蔽处理。

　　7）采用软件数字滤波法有效提高有用信号的真实性和输入信号的信噪比。

■ 六、可编程控制器的外部设备接口

　　PLC 的外部接口主要包括 USB、RS232C、RS422A 和 RS485 等串行通信接口，用来实现与计算机、HMI、各种组件（如条形码阅读器、变频器、温度调节、智能传感器等）的串行通信。

　　USB 接口用于 PLC 与带 USB 口的计算机相连；RS232C 接口用于连接 PLC 与可编程终端、条形码阅读器、无 USB 口的计算机等设备；RS422A 接口可用于连接 PLC 与变频器等组件；RS485 接口适合在工业环境中，利用较少的信号线，构成分布式 PLC 网络，在远距离内实现通信任务。串行接口在制作通信缆线时需要注意以下几点：①使用屏蔽电缆；②确保

针脚连接正确；③焊接引脚时套上绝缘套管，避免虚焊或者短路；④避免在通信时插拔缆线。若联网通信的两台设备都具有同样类型的接口，可以直接通过适配的电缆连接实现通信。若两台设备的通信接口不同，则要采用适当的适配器进行接口类型的转换。

习题与思考题

7-1 用 PLC 设计电动机的顺序起动控制，要求当按下起动按钮时，电动机 1、电动机 2、电动机 3、电动机 4 顺序间隔 10s 依次起动，同时电动机 1、电动机 2、电动机 3、电动机 4 的指示灯相继点亮；按下制动按钮时，按照电动机 4、电动机 3、电动机 2、电动机 1 的顺序依次间隔 5s 停车，各自的指示灯相继熄灭。

7-2 用 PLC 设计交通信号指挥灯的人、车分行控制，要求：

交通灯由起动按钮控制，当按下起动按钮时，交通灯开始循环工作，当人行红灯亮时，南北红灯亮，东西绿灯亮或者东西红灯亮，南北绿灯亮；当人行绿灯亮时，东西和南北方向红灯均亮，具体时序如下：

东西绿灯亮维持 50s，然后开始闪亮，闪 3s 后东西黄灯亮，并维持 2s，然后东西红灯亮。东西绿灯亮的同时，南北红灯亮并维持 55s，东西黄灯亮同时南北黄灯亮，东西红灯亮时，南北黄灯同时熄灭，南北绿灯立即亮。南北绿灯亮维持 30s，然后闪亮，闪 3s 后南北黄灯亮，并维持 2s，之后南北红灯亮。此刻人行指示灯红灯灭、绿灯亮，并维持 20s，然后人行绿灯闪亮，3s 后人行红灯亮。人行指示灯由绿转为红时，东西黄灯亮 2s，然后与东西红灯一起熄灭，东西绿灯亮。一个循环结束后，然后周而复始。其中晚间 10 时至凌晨 6 时之间只有黄灯闪烁，当按下制动按钮时，交通灯停止工作。

7-3 设计高层楼房供水系统，要求：

高层楼房供水系统由 3 台电动机构成，正常运行时，水位在高水位，每台电动机循环工作 30min。当水位最低时，三台电动机同时起动，直到高水位标志；当水位到达高水位标志时，只有一台电动机起动，此时三台电动机分别间隔 30min 循环起动；当水位降至中水位标志时，只有两台电动机起动，三台电动机中同时循环起动两台，时间间隔为 30min。

7-4 设计自动售货机工作流程，要求：

能够完成辨识 1 元、5 元、10 元、20 元货币，当投币金额超过商品价格时能够实现自动售货、退款功能；当投币金额低于商品价格时，自动退币。过程如下：

首先投币，投币后，确认。当投币金额大于或等于饮料价格时，饮料指示灯亮；当投币金额大于或等于食品价格时，食品指示灯亮；当投币金额能够买二者其一时，两灯都亮。然后选择要购买的商品，一旦确认，出货口指示灯亮，显示正出商品，一会儿熄灭，如果需要找钱，则退币处的指示灯亮，显示正在进行退币工作，退币后，指示灯熄灭，等待下一次售货；当投币金额小于售货机上最低商品价格时，不能购买任何商品，此时无商品指示灯亮，按退币键，所投货币退出。

7-5 设计按行程原则的控制程序，检测元件是行程开关，工艺过程如图 7-23 所示，要求：动力头从原位 I：0.00 开始，快进到位置 I：0.01 转为工进 1，工进 1 到达位置 I：0.02 转为工进 2，工进 2 到达终点 I：0.03 转为快退，退回到原位 I：0.00 时停止，设计该动力头运动的梯形图程序。

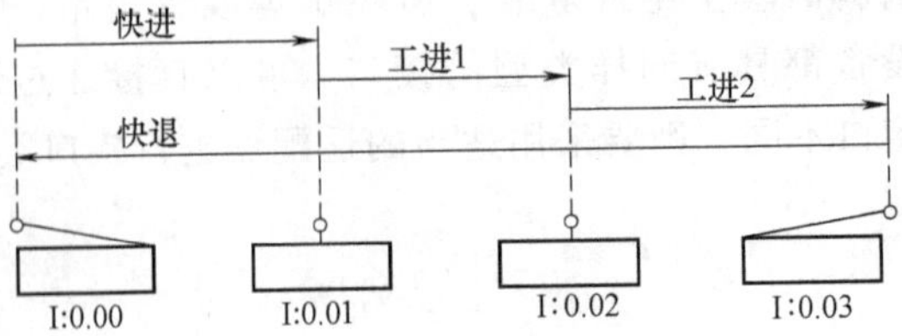

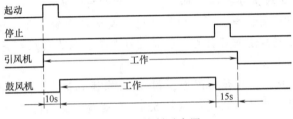

图 7-23　动力头运动过程

7-6　锅炉鼓风机和引风机的控制要求为：开机时，先起动引风机，10s 后起动鼓风机；停机时，先关闭鼓风机，15s 后再关闭引风机。引风机由接触器 QA1 控制，鼓风机由接触器 QA2 控制，控制时序图如图 7-24 所示，设计 PLC 控制程序。

图 7-24　控制时序图

附　　录

附录 A　电气设备常用图形符号和文字符号

名　称	图形符号 GB/T 4728.1~4728.13— 2008~2018	文字符号		说　明
		新国标 （GB/T 5094—2005~ 2018 GB/T 20939—2007）	旧国标 （GB/T 7159— 1987）	
		1. 电源		
正极	+	–	–	正极
负极	–	–	–	负极
中性（中性线）	N	–	–	中性（中性线）
中间线	M	–	–	中间线
直流系统 电源线	L+ L–			直流系统正电源线 直流系统负电源线
交流电源三相	L1 L2 L3	–	–	交流系统电源第一相 交流系统电源第二相 交流系统电源第三相
交流设备三相	U V W	–	–	交流系统设备端第一相 交流系统设备端第二相 交流系统设备端第三相
		2. 接地和接机壳、等电位		
接地	⏚	XE	PE	接地一般符号 地一般符号
				保护接地
				外壳接地
				屏蔽层接地
				接机壳、接底板

（续）

名　称	图形符号 GB/T 4728.1~4728.13— 2008~2018	文字符号		说　明
		新国标 （GB/T 5094—2005~ 2018 GB/T 20939—2007）	旧国标 （GB/T 7159— 1987）	
3. 导体和连接器件				
导线		WD	W	连线、连接、连线组 示例：导线、电缆、电线、传输通路，如用单线表示一组导线时，导线的数目可标以相应数量的短斜线或一条短斜线后加导线的数字 示例：三根导线
				屏蔽导线
				绞合导线
端子	水平画法 垂直画法	XD	X	连接、连接点
				端子
				装置端子
				连接孔端子
4. 基本无源元件				
电阻		RA	R	电阻器一般符号
				可调电阻器
				带滑动触点的电位器
				光敏电阻
电感			L	电感器、线圈、绕组、扼流圈
电容		CA	C	电容器一般符号
5. 半导体器件				
二极管		RA	V	半导体二极管一般符号
光电二极管				光电二极管
发光二极管		PG	VL	发光二极管一般符号

（续）

名　称	图形符号 GB/T 4728. 1~4728. 13— 2008~2018		文字符号		说　明
			新国标 （GB/T 5094—2005~ 2018 GB/T 20939—2007）	旧国标 （GB/T 7159— 1987）	
5. 半导体器件					
晶闸管			QA	VR	反向阻断晶闸管，P 型门极 （阴极侧受控）
					反向导通晶闸管，N 型门极 （阳极侧受控）
					反向导通晶闸管，P 型门极 （阴极侧受控）
					双向晶闸管
晶体管			KF	VT	PNP 型半导体管
					NPN 型半导体管
光电晶体管				V	光电晶体管（PNP 型）
光电耦合器					光电耦合器 光电隔离器
6. 电能的发生和转换					
双绕组变压器	样式 1		TA	T	双绕组变压器 画出铁心
	样式 2				双绕组变压器
自耦变压器	样式 1			TA	自耦变压器
	样式 2				
电抗器			RA	L	扼流圈 电抗器

（续）

名　称	图形符号 GB/T 4728.1～4728.13— 2008～2018		文字符号		说　　明
			新国标 （GB/T 5094—2005～ 2018 GB/T 20939—2007）	旧国标 （GB/T 7159— 1987）	
6. 电能的发生和转换					
电流互感器	样式1		BE	TA	电流互感器 脉冲变压器
	样式2				
电压互感器	样式1			TV	电压互感器
	样式2				
发生器	G		GF	GS	电能发生器一般符号 信号发生器一般符号 波形发生器一般符号
	G				脉冲发生器
蓄电池			GB	GB	原电池、蓄电池、原电池或 蓄电池组，长线代表阳极，短 线代表阴极
					光电池
变换器				B	变换器一般符号
整流器			TB	U	整流器
					桥式全波整流器
变频器	f_1 f_2		TA	—	变频器 频率由 f_1 变到 f_2，f_1 和 f_2 可 用输入和输出频率数值代替
电机			MA 电动机	M	电动机的一般符号； 　符号内的星号"＊"用下述 字母之一代替；C—旋转变流 机；G—发电机；GS—同步发 电机；M—电动机；MG—能作 为发电机或电动机使用的电动 机；MS—同步电动机
			GA 发电机	G	

（续）

名　称	图形符号 GB/T 4728.1～4728.13— 2008～2018	文字符号		说　明
		新国标 （GB/T 5094—2005～ 2018 GB/T 20939—2007）	旧国标 （GB/T 7159— 1987）	
6. 电能的发生和转换				
电机	M 3～	MA	MA	三相笼型异步电动机
	M		M	步进电动机
	MS 3～		MV	三相永磁同步交流电动机
7. 触点				
触点			KA KM KT KI KV 等	动合（常开）触点 本符号也可用作开关的一般 符号 动断（常闭）触点
延时动作触点		KF	KT	当操作器件被吸合时延时闭 合的动合触点 当操作器件被释放时延时断 开的动合触点 当操作器件被吸合时延时断 开的动断触点 当操作器件被释放时延时闭 合的动断触点
8. 开关及开关部件				
单极开关		SF	S	手动操作开关一般符号
	E-\		SB	具有动合触点且自动复位的 按钮
	E-/			具有动断触点且自动复位的 按钮
			SA	具有动合触点但无自动复位 的拉拔开关

（续）

名 称	图形符号 GB/T 4728.1~4728.13— 2008~2018	文字符号		说 明
		新国标 （GB/T 5094—2005~ 2018 GB/T 20939—2007）	旧国标 （GB/T 7159— 1987）	
8. 开关及开关部件				
单极开关		SF	SA	具有动合触点但无自动复位的旋转开关
				钥匙动合开关
				钥匙动断开关
位置开关		BG	SQ	位置开关、动合触点
				位置开关、动断触点
电力开关器件		QA	KM	接触器的主动合触点 （在非动作位置触点断开）
				接触器的主动断触点 （在非动作位置触点闭合）
			QF	断路器
		QB	QS	隔离开关
				三极隔离开关
				负荷开关 负荷隔离开关
				具有由内装的量度继电器或脱扣器触发的自动释放功能的负荷开关

（续）

名　称	图形符号 GB/T 4728.1~4728.13— 2008~2018	文字符号		说　明
		新国标 （GB/T 5094—2005~ 2018 GB/T 20939—2007）	旧国标 （GB/T 7159— 1987）	
9. 检测传感器类开关				
开关及触点		BG	SQ	接近开关
			SL	液位开关
		BS	KS	速度继电器触点
		BB	FR	热继电器常闭触点
		BT	ST	热敏自动开关（例如双金属片）
				温度控制开关（当温度低于设定值时动作），把符号"<"改为">"后，温度开关就表示当温度高于设定值时动作
		BP	SP	压力控制开关（当压力大于设定值时动作）
		KF	SSR	固态继电器触点
			SP	光电开关
10. 继电器操作				
线圈		QA	KM	接触器线圈
		MB	YA	电磁铁线圈
			K	电磁继电器线圈一般符号
		KF	KT	延时释放继电器的线圈

（续）

名　称	图形符号 GB/T 4728.1~4728.13— 2008~2018	文字符号		说　明
		新国标 （GB/T 5094—2005~ 2018 GB/T 20939—2007）	旧国标 （GB/T 7159— 1987）	
10. 继电器操作				
线圈		KF	KT	延时吸合继电器的线圈
	$U<$		KV	欠电压继电器线圈，把符号 "<"改为">"表示过电压继 电器线圈
	$I>$		KI	过电流继电器线圈，把符号 ">"改为"<"表示欠电流继 电器线圈
			SSR	固态继电器驱动器件
		BB	FR	热继电器驱动器件
		MB	YV	电磁阀
			YB	电磁制动器（处于未开动状 态）
11. 熔断器和熔断器式开关				
熔断器		FA	FU	熔断器一般符号
熔断器式开关		QA	QKF	熔断器式开关
				熔断器式隔离开关
12. 指示仪表				
指示仪表	V	PG	PV	电压表
			PA	检流计

（续）

名　称	图形符号 GB/T 4728.1~4728.13— 2008~2018	文字符号		说　明
		新国标 （GB/T 5094—2005~ 2018 GB/T 20939—2007）	旧国标 （GB/T 7159— 1987）	
13. 灯和信号器件				
灯信号、器件	 ⊗	EA 照明灯	EL	灯一般符号，信号灯一般符号
		PG 指示灯	HL	
	⊗ 闪光	PG	HL	闪光信号灯
			HA	电铃
		PB		
			HZ	蜂鸣器
14. 测量传感器及变送器				
传感器	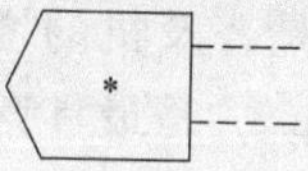 * 或 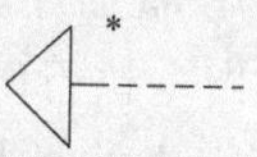 *	B	—	星号可用字母代替，前者还可以用图形符号代替，尖端表示感应或进入端
变送器	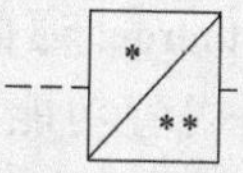 */ ** 或 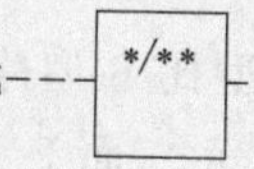 */**	TF	—	星号可用字母代替，前者还可以用图形符号代替，后者用图形符号时放在下边空白处，双星号用输出量字母代替
压力变送器	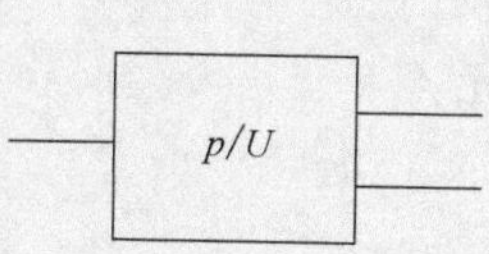 p/U	BP	SP	输出为电压信号的压力变送器通用符号。输出若为电流信号，可把图中文字改为 p/I，可在图中方框下部的空白处增加小图标表示传感器的类型
流量计	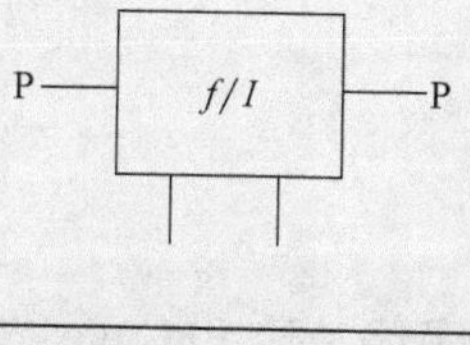 P— f/I —P	BF	F	输出为电流信号的流量计通用符号。输出若为电压信号，可把图中文字改为 f/U。图中 P 的线段表示管线。可在图中方框下部的空白处增加小图标表示传感器的类型
温度变送器	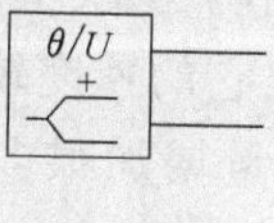 θ/U +	BT	ST	输出为电压信号的热电偶型温度变送器。输出若为电流信号，可把图中文字改为 θ/I。其他类型变送器可更改图中方框下部的小图标

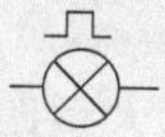

附录 B　常用 PLC 产品介绍

一、OMRON PLC 简介

OMRON 公司的 PLC 产品中，以小型 PLC 最受欢迎。一方面是由于其价位较低，性能价格比较高；另一方面是由于它配置着较强的指令系统，梯形图与语句表并重，用户在开发使用时感到比同类欧美产品更方便。因此，OMRON 公司的中小型 PLC 在我国得到了广泛的应用。

OMRON 公司主推 C 系列 PLC，分为超小型、小型、中型、大型四个档次。

1）SP 系列为超小型 PLC，又称袖珍 PLC，不到拳头大小，但指令速度极快，超过了大型 PLC，用 PC Link 单元可把 4 台 SP 连接在一起，最多可达 80 点，特别适用于小空间的机器人控制领域。

2）C 系列按处理器档次分为普及机、P 型机及 H 型机。普及机是指型号尾部不加字母者，如 C20、C40，它的特点是指令执行时间长（4~80μs）、内存小、功能简单、价格低廉；P 型机是指型号尾部加字母 P 者，如 C20P、C40P，P 型机是普及机的增强型，增加了许多功能，最多 I/O 点数可达 148 点，基本指令执行时间只用 4μs，是最具竞争力的产品；20 世纪 80 年代后期，OMRON 公司开发了 H 型机，它指型号尾部加字母 H 者，如 CP1H、C200H、C1000H，它的处理比 P 型机更强，速度更快（基本指令执行时间仅用 0.4μs），并配有 RS232C 接口，可以和计算机进行直接通信，I/O 单元可以在线插拔。C200H 曾用于太空实验站，开创业界先例。CP1E 价格优势明显，CP1L 具有 Ethernet 通信功能的 CPU 单元，CP1H 最高可支持 4 轴定位功能。CP1H/CP1L/CP1E 的特点是内置功能丰富，且扩展性强，适用于低成本小规模控制，例如简单的多伺服控制和变频控制。

3）C20H~C30H、CP1H 与 C20P~C60P 比较，差别为 H 型比 P 型速度快；H 型比 P 型程序容量大一倍；H 型机内配置了 HOST Link 单元与 ASCII 单元，而 P 型机需要另外配置；H 型机指令系统比 P 型机复杂，指令功能比 P 型机强大。

4）OMRON 公司提供下列主要的专用与智能 I/O 单元：

模拟量输入单元；

模拟量输出单元；

PID 单元（实现 PID 控制功能）；

高速计数器单元（对高速脉冲计数）；

位置控制单元（实现位置控制）；

凸轮定位单元（实现顺序控制）；

ASCII 单元（实现 PLC 与 ASCII 外设接口）；

温度传感器单元（把热电偶/铂热电阻输入转换为数字信号送 PLC）。

20 世纪 90 年代初期，OMRON 公司推出无底板模块式结构的 CQM1 小型机。CQM1 控制的 I/O 点数最多可达 256 点。CQM1 的指令已超过 100 种，它的速度较快，基本指令执行时间为 0.5μs，比 C200H 中型机还要快。CQM1 的 DM 区容量增加很多，虽为小型机，但 DM 区容量可达 6K 字，比中型机 C200H 的 2K 字大得多。CQM1 共有 7 种 CPU 单元，每种

CPU 单元都带有 16 个输入点（称为内置输入点），有输入中断功能，都可接增量式旋转编码器进行高速计数，计数频率为单相 5kHz、两相 2.5kHz。CQM1 还有高速脉冲输出功能，标准脉冲输出可达 1kHz。此外，CPU42 带有模拟量设定功能，CPU43 有高速脉冲 I/O 端口，CPU44 有绝对旋转编码器端口，CPU45 有 A-D、D-A 转换端口。CQM1 虽然是小型机，但采用模块式结构，像中型机一样，也有 A-D、D-A、温控等特殊功能单元和各种通信单元。CQM1 的 CPU 单元除 CPU11 外都自带 RS232C 通信接口。

在 CQM1 推出之前，OMRON 公司推出 CV 系列大型机，其性能比 C 系列大型 H 机有显著的提高，它极大地提高了 OMRON 公司在大型机方面的竞争实力。1998 年底，OMRON 公司推出了 CVM1D 双机热备份系统，它具有双 CPU 单元和双电源单元，不仅 CPU 可热备份，电源也可热备份。CVM1D 继承了 CV 系列的各种功能，可以使用 CV 的 I/O 单元、特殊功能单元和通信单元。CVM1D 的 I/O 单元可在线插拔。

OMRON 公司的 PLC 产品更新换代的速度很快，特别是在中型机和小型机上。

C200HS 于 1996 年进入中国市场，1997 年又出现全新的 C200Hα 中型机，其性能比 C200HS 有显著的提高。除基本功能比 C200HS 提高外，α 机突出的特点是它的通信组网能力强。例如，CPU 单元除自带的 RS232C 接口外，还可插上通信板，板上配有 RS232C、RS422A/RS485 接口，α 机使用协议宏功能指令，通过上述各种串行通信口与外围设备进行数据通信。α 机可加入 OMRON 公司的高层信息网 Ethernet，还可加入中层控制网 Controller Link 网，而 C200H、C200HS 不可以。1999 年 OMRON 公司推出了 CS1 系列机型，其功能比 α 机更加完美，具有实质性改变，而且还具有 CV 系列大型机的性能。

OMRON 公司在小型机方面也取得了很快的发展。1997 年，OMRON 公司在推出 α 机的同时，推出 CPM1A 小型机。CPM1A 体积很小，但是它的性能改进很大，通信功能也增强了，可实现 PLC 与 PLC 连接、PC 与上位机通信、PLC 与 PT 连接。具体性能已在第六章中详细介绍。

OMRON 公司于 1999 年推出 CS1 系列后，在小型机方面相继推出 CPM2A、CPM2C、CQM1H、CP1H 等机型。

CPM2A 是 CPM1A 之后的另一系列机型。CPM2A 的功能比 CPM1A 有新的提升，例如，CPM2A 指令的条数增加、功能增强、执行速度加快，可扩展的 I/O 点数、PLC 内部器件的数目、程序容量、数据存储器容量等也都增加了；所有 CPM2A 的 CPU 单元都自带 RS232C 接口，在通信联网方面比 CPM1A 改进不少。

CPM2C 具有独特的超薄、模块化设计。它有 CPU 单元和 I/O 扩展单元，也有模拟量 I/O、温度传感和 CompoBus/S I/O 链接等特殊功能单元。CPM2C 的 I/O 采用 I/O 端子台或 I/O 连接器形式。CPU 单元使用 DC 电源，带时钟功能。CPM2C 的 I/O 扩展单元输出是继电器或晶体管形式，最多可扩展到 140 点，单元之间通过侧面的连接器相连。

CQM1H 是 CQM1 小型机的升级换代产品。CQM1 拥有漂亮的外表以及齐全的功能。而 CQM1H 在延续原先 CQM1 所有优点的基础上，提升并充实了 CQM1 的多种功能。CQM1H 对 CQM1 有很好的兼容性，对原先使用 CQM1 的老用户来说，升级换代十分方便。CQM1H 的推出更加巩固了 OMRON 公司在中小型 PLC 领域的优势。CQM1H 在三大性能方面做了重大的提升和充实，如 I/O 控制点数、程序容量和数据容量均比 CQM1 增加一倍；提供多种先进的内装板，能胜任更加复杂和柔性的控制任务；CQM1H 可以加入 Controller Link 网，还支持协议宏通信功能。

CP1 系列机型价格低廉，功能丰富。CP1H 搭载 4 轴脉冲输出，可通过内置功能实现最多 4 轴的伺服电动机控制，支持编码器连接到内置输入产生高速脉冲输入，通过高速计数器实现长度或位置测量。变频控制的串行通信由 CPU 单独控制。CP1E-N 可提供 2 轴脉冲输出，可以根据装置所需伺服电动机的轴数选择相应的 CPU。CP1H 还具有 Modbus-RTU 通信主站功能，可通过 RS485 等串行通信接口连接变频器，仅需发送指令便可控制变频器，同时支持从站直接设定频率控制装置及传送带的速度。CP1H-EX、CP1L-EM/EL 型配备 Ethernet 通信端口，无须使用扩展单元、选件即可连接 PC，从而实现信息管理或在线连接 CX-Programmer。CP1H-EX、CP1L-EM/EL 型支持 FINS/TCP、FINS/UDP、Socket 通信协议，可与上位计算机、CP/CJ 系列可编程序控制器以及支持 Ethernet 功能的设备进行信息通信。CP1H 支持 HOST Link、Controller Link、Compobus/D 等通信功能。

除 I/O 单元外，CP1 系列机型还新增了高性能、多点模拟单元和温度传感器单元。模拟单元在一台扩展单元中最多内置 4 点模拟输入、4 点模拟输出，支持 12000 的高分辨率。温度传感器单元备有热电偶输入、模拟输入的多重输入及测温电阻体输入。CP1L-EM/EL 型搭载了 2 点内置模拟输入。通过安装模拟输入、输出选项板，最多可在一个 CPU 单元上搭载 6 点模拟输入、4 点模拟输出。CP1H-XA 型标配 4 点模拟输入、2 点模拟输出。CP1E-NA 型标配 2 点模拟输入、1 点模拟输出，模拟输入、输出可由 CPU 单独控制。不过模拟输入、输出选项板只可连接 CP1L-EM/EL 型。

二、西门子 S7 系列 PLC 简介

西门子公司是欧洲最大的电子、电气制造商之一，多年来，一直以品质精良的电子、电气产品而著称。西门子公司最早的 PLC 产品为 S3 系列，1975 年投放市场；1979 年西门子公司推出了 S5 系列；20 世纪 90 年代初，西门子公司研制了 S7 系列，并很快投放市场。

S7 系列 PLC 是西门子公司于 1997 年推出的产品，也是目前应用最多的机型，代表了西门子公司 PLC 产品的发展方向。

1）SIMATIC S7-200 PLC 适用于在低档性能范围中解决自动化问题，它结构紧凑，价格低。主要有高速 S7-200 微型 PLC 和全能 S7-200 微型 PLC，有 CPU221、CPU222、CPU224、CPU226 和 CPU224XP 等多种 CPU 单元模块可选择。

2）SIMATIC S7-300 PLC 适用于快速处理要求的自动化行业，属于中型模块化 PLC，各种单独的模块之间可进行广泛组合以用于扩展。SIMATIC S7-300 PLC 具有丰富的功能帮助用户编程、启动和维护。SIMATIC S7-300 PLC 具有多种不同的通信接口：可以连接 AS-I 接口和工业以太网、触点对触点的通信系统、CPU 集成的多点接口，用于同时连接 PC、人机界面系统以及其他 SIMATIC S7/M7/C7 等自动化控制系统。

3）SIMATIC S7-400 PLC 是用于中、高档性能范围的 PLC。模块化无风扇的设计，坚固耐用，易于扩展和具有强大的通信能力，容易实现分布式结构。简洁友好的操作使 SIMATIC S7-400 PLC 成为中、高档性能控制领域中首选的理想解决方案。SIMATIC S7-400 PLC 的应用领域包括：通用机械、汽车制造、立体仓库、机床与工具、过程控制、控制与装置仪表、纺织机械、包装机械、控制设备制造、专用机械等。

4）SIMATIC S7-200 SMART PLC 是西门子公司推出的高性价比小型 PLC，是国内广泛

使用的 S7-200 PLC 的替代品，因此其功能相当于 S7-200 PLC。但相对于 S7-200 PLC，S7-200 SMART PLC 本体配有以太网接口，集成了强大的以太网通信功能，而且 S7-200 SMART PLC 扫描速率更快，配备西门子专用高速处理器芯片，基本指令执行时间可达 0.15μs，在同级别小型 PLC 中遥遥领先。S7-200 SMART PLC 本体支持 3 轴运动控制。

5）SIMATIC S7-1200 PLC 是一款紧凑型、模块化的 PLC，可完成简单逻辑控制、高级逻辑控制、HMI 和网络通信等。CPU 将微处理器、集成电源、输入和输出电路、内置 PROFINET、高速运动控制 I/O 以及板载模拟量输入组合到一个设计紧凑单元中，形成功能强大的控制器。

6）SIMATIC S7-1500 PLC 是西门子新一代控制器，包含多种创新技术，提高了生产效率，适用于对速度和准确性要求较高的复杂设备装置。SIMATIC S7-1500 PLC 无缝集成到 TIA 博途组态软件中，极大地提高了工程组态的效率。

附表 B-1 列出了 SIMATIC S7-1200 PLC 触点指令，附表 B-2 列出了 SIMATIC S7-1200 PLC 线圈输出指令。

附表 B-1　SIMATIC S7-1200 PLC 触点指令

梯 形 图 符 号		指 令 功 能
标准触点	动合	动合触点与左侧母线相连接
		动合触点与其他程序段相串联
		动合触点与其他程序段相并联
	动断	动断触点与左侧母线相连接
		动断触点与其他程序段相串联
		动断触点与其他程序段相并联
取反		NOT　改变能流输入的状态
正负跳变	正	IN / P / M_bit　在分配的"IN"位上检测到正跳变时，该触点的状态为 TRUE 该触点逻辑状态随后与能流输入状态组合以设置能流输出状态
		OUT / P / M_bit　在分配的输入位上检测到正跳变时，输出逻辑状态为 TRUE
	负	IN / N / M_bit　在分配的"IN"位上检测到负跳变时，该触点的状态为 TRUE 该触点逻辑状态随后与能流输入状态组合以设置能流输出状态
		OUT / N / M_bit　在分配的输入位上检测到负跳变时，输出逻辑状态为 TRUE

附表 B-2　SIMATIC S7-1200PLC 线圈输出指令

梯 形 图 符 号		指 令 功 能
输出	OUT —( )—|	将运算结果输出到某个继电器
	OUT —(/)—|	将运算结果取反输出到某个继电器
置位与复位	OUT —(S)—|	S（置位）激活时，OUT 地址处的数据值设置为 1。S 不激活时，OUT 不变
	OUT —(R)—|	R（复位）激活时，OUT 地址处的数据值设置为 0。R 不激活时，OUT 不变

三、三菱 PLC 简介

日本三菱公司整体式 PLC 的结构紧凑、体积小、重量轻，具有很强的抗干扰能力和负载能力，有 F 系列（如 F1、F2）、FX 系列（如 FX1、FX2）和 A 系列（如 A0J2、A1N、A2N、A3N、A3H）等。它的最小系统由编程器和基本单元（主机）构成，基本单元由内部微处理器 CPU、存储器和输入/输出接口电路组成。另外还可以连接扩展单元，用于增加输入/输出点数，或者增加特殊模块（如高速计数模块、位置控制模块、PID 控制模块、模拟量输入/输出模块等）。

F1 系列 PLC 属于普通机型，常用于简单的控制系统，F2 系列 PLC 则用于较为复杂的控制场合。F1/F2 系列 PLC 的 CPU 为 8039 单片机芯片，执行时间为 $12\mu s/$ 步，F1 系列 PLC 的程序容量为 1K 步，F2 系列 PLC 的程序容量为 2K 步。存储方式有机内 RAM、EPROM 和 E^2PROM。输入为直流 24V，输出有继电器、晶闸管和晶体管三种形式。它们最大的 I/O 点数为 120 点，可任意组合。其中，F2—6A—E 模拟量控制单元可处理 4 路 A-D 和 2 路 D-A；F2—30GM 定位控制单元可进行位置控制、驱动伺服电动机和步进电动机；F2—30RM 凸轮控制器实现顺序控制等，可外接录音机、打印机、磁盘驱动器和 GP—80F2A—E 图形编程器，还可应用 F—MING 图像监控软件对过程进行图形监控等。

FX 系列 PLC 是三菱公司 20 世纪 90 年代推出的产品，它的最大特点是在小型机上实现大型机的功能，可与三菱公司其他系列 PLC 和计算机进行联网通信，组成三级通信网络，实现工厂自动化。

FX2 系列 PLC 基本指令如附表 B-3 所示。

附表 B-3　FX2 系列 PLC 的基本指令

指 令 名 称	助记符	指 令 功 能	目 标 元 件
取指令	LD	动合触点与母线相连	X、Y、M、T、C、S
取反指令	LDI	动断触点与母线相连	X、Y、M、T、C、S
输出指令	OUT	线圈驱动	Y、M、T、C、S、F
与指令	AND	动合触点串联连接	X、Y、M、T、C、S
与非指令	ANI	动断触点串联连接	X、Y、M、T、C、S
或指令	OR	动合触点并联连接	X、Y、M、T、C、S
或非指令	ORI	动断触点并联连接	X、Y、M、T、C、S
块或指令	ORB	电路块并联连接	无
块与指令	ANB	电路块串联连接	无

（续）

指 令 名 称	助记符	指 令 功 能	目 标 元 件
置位指令	SET	令元件自保持通态	Y、M、S
复位指令	RST	令元件自保持断态	Y、M、S、D、V、Z、T、C
上升沿产生脉冲指令	PLS	输入信号上升沿产生脉冲输出	Y、M
下降沿产生脉冲指令	PLF	输入信号下降沿产生脉冲输出	Y、M
移位指令	SFT	使移位寄存器内容移位	M
主控指令	MC	主控电路块起点	Y、M
主控复位指令	MCR	主控电路块终点	Y、M
空操作指令	NOP	使步序作空操作	无
程序结束指令	END	程序结束	无

三菱公司 A 系列 PLC 共有 A0J2、A1N、A2N、A3N 和 A3H 等几大机型。

A0J2 PLC 在结构上属于整体式 PLC，I/O 点数可在 28～336 点任意组合。A0J2 PLC 通过与模块式扩展机架连接，可共用 A 系列其他机型 I/O 模块和智能模块，从而使该系统 I/O 点数最大扩展到 480 点，当它挂在 MELSECNET 网络上时，可与 A 系列其他机型（A1N、A2N、A3N）进行通信。功能包括逻辑控制、模拟量控制、数据处理、通信联网以及 ASCII 字符显示等。

A1N、A2N、A3N 系列 PLC 在结构上属于模块式 PLC，除了 CPU 模块外，还有 I/O 模块、电源模块、智能模块（包括位置控制模块、PID 回路控制模块、A-D 转换模块和 D-A 转换模块、温度控制模块、通信模块等）。I/O 模块型式多种多样，输入模块有交流输入和直流输入型。直流输入型分为直流流入型、直流流出型及传感器输入型三种，其输入电压等级有交流 110V 和 240V，直流 12V、24V、28V。输出模块分为继电器输出、晶闸管输出、晶体管输出及 TTL/CMOS 输出四种形式；晶体管输出分为流入型和流出型。I/O 模块的点数有 16 点、32 点和 64 点。智能模块共有 26 种，不仅是顺序控制系统、过程控制系统的最佳选择，而且能完全满足任何工厂自动化的全面要求。智能模块比其他模块有更高级的功能，可以进行高速数据处理，包含 250 多条高级功能指令。除可完成逻辑运算、顺序控制、位置控制、模拟量控制等功能外，还可以进行 64 个回路的 PID 控制运算以及 BASIC 固有功能的高速运算（三角、倒数、反三角、对数、指数、开方和绝对值等）。通信模块实现 PLC 与 PLC、PLC 与上位机、PLC 与外设（打印机、显示器）之间的通信。通信网络为三级网络，全部产品均可联网通信（包括 F1/F2 系列），其容量为 4097 个工作站，速率为 4.8Mbit/s。

A1N、A2N、A3N 系列 PLC 的 CPU 均为 8086 微处理器。A1N 的程序容量为 6K 步，最大系列可达 256 点 I/O；A2N 的程序容量为 14K 步，最大系列可达 512 点 I/O；A3N 的程序容量为 30K 步，最大系列可达 2048 点 I/O；各个系列的 CPU 又分为通用型和带同轴电缆接口型或带光纤接口型三种，程序执行速度为 1.0～2.3μs/步。

A3H 系列 PLC 是超高速型 PLC，其 CPU 采用双 CPU 的硬件设计方式（一个 48 位 CPU 和一个 16 位 CPU），从而使系统获得最快 0.2μs/步的执行速度，构成超高速型控制系统。A3H 系列 PLC 可共用 A1N、A2N、A3N 系列 PLC 的 I/O 模块及智能模块和外设。

A 系列 PLC 的编程装置有 A7PU 简易型编程器、A6GPPE、A6PHPE 和 A6HGPE 便携式多功能编程器。其中 A6GPPE 编程器为 CRT 显示器，A6PHPE 为等离子显示器，A6HGPE 为 LCD 显示器。用户可用各种编程器编程，监视和修改参数。

参 考 文 献

[1] 齐占庆，王振臣. 机床电气控制技术 [M]. 5 版. 北京：机械工业出版社，2013.

[2] 王兰军，王炳实. 机床电气控制 [M]. 5 版. 北京：机械工业出版社，2015.

[3] 李仁. 电器控制 [M]. 3 版. 北京：机械工业出版社，2011.

[4] 天津电气传动设计研究所. 电气传动自动化技术手册 [M]. 2 版. 北京：机械工业出版社，2005.

[5] 王永华. 现代电气控制及 PLC 应用技术 [M]. 3 版. 北京：北京航空航天大学出版社，2013.

[6] MARK MASLAR. IEC 1131-3 Standardizes PLC Programming Languages [J]. CONTROL ENGINEERING. MID-MARCH, 1995.

[7] 周军. 电气控制及 PLC [M]. 3 版. 北京：机械工业出版社，2018.

[8] 霍罡，樊晓兵. 欧姆龙 CP1H PLC 应用基础与编程实践 [M]. 北京：机械工业出版社，2018.

[9] 王淑芳. 电气控制与 S7-1200 PLC 应用技术 [M]. 北京：机械工业出版社，2017.

[10] 日本 OMRON 公司. CP1H CPU 单元编程手册 [Z]. 2014.

[11] 日本 OMRON 公司. CP1H CPU 单元操作手册 [Z]. 2014.

[12] 日本 OMRON 公司. Controller Link Units Operation Manual [Z]. 2008.

[13] 日本 OMRON 公司. DeviceNet 模组使用手册 [Z]. 2014.

[14] 日本 OMRON 公司. DRT2 Series DeviceNet Slaves Operation Manual [Z]. 2016.

[15] 廖常初. PLC 编程及应用 [M]. 4 版. 北京：机械工业出版社，2014.

[16] 徐世许. 可编程序控制器原理、应用、网络 [M]. 3 版. 合肥：中国科学技术大学出版社，2015.

[17] 张风珊. 电气控制及可编程序控制器 [M]. 北京：中国轻工业出版社，2003.

[18] 邱公伟. 可编程序控制器网络通信及应用 [M]. 北京：清华大学出版社，2000.